Alwin Burgholte

Scheitert die Energiewende?
Fakten und technische Argumente

Alwin Burgholte

Scheitert die Energiewende?

Fakten und technische Argumente

Autor: Alwin Burgholte
Verlag & Druck: tredition GmbH, Halenreie 40-44, 22359 Hamburg

ISBN
Paperback: 978-3-347-33344-4
Hardvover: 978-3-347-33345-1
e.Book: 978-3-347-33346-8

Bibliografische Information der Deutschen Nationalbibliothek:
Die Deutsche Nationalbibliothek verzeichnet diese Publikation in der Deutschen Nationalbibliografie; detaillierte bibliografische Daten sind im Internet über http://dnb.d-nb.de abrufbar.

Fußnoten verweisen auf Internetquellen, die zum Zeitpunkt der Drucklegung erreichbar waren.

Vorwort

Die Energiewende soll unser Klima retten; deshalb die politischen Aktivitäten ohne Rücksicht auf die Konsequenzen:

Ausstieg aus der Kohleverstromung, Umstieg auf die Elektromobilität, CO_2-Bepreisung, Verbot von Öl- und Erdgasheizungen bis zu Flugscham und Essvorschriften. Unsere Politiker sind da sehr erfindungsreich; denn das Thema Klimarettung ist allgegenwärtig und bringt sogar tausende Kinder und Jugendliche auf die Straße. Schließlich sind das ja zukünftige Wähler, für die gehandelt werden soll. Doch wie sieht unser Energiealltag aus?

Unsere Abhängigkeit von einer gesicherten Stromversorgung wird uns immer erst dann bewusst, wenn kein Strom mehr geliefert wird, ob für Sekunden, Minuten, Stunden, Tage oder länger. Zuerst ist es nur ein wenig störend. Das Licht flackert oder der Rechner stürzt ab. Ärgerlicher ist dann schon die Verstellung aller Uhren, die synchron am Netz betrieben werden, weil keine konstante Frequenz mehr geliefert wird und wir deshalb zu spät zur Arbeit kommen.

Bleibt es dunkel, greifen wir spätestens nach einigen Stunden zum Telefon (sofern es noch geht) und rufen unseren Netzbetreiber an. Ist der Stromausfall großflächig, oder ist die Haussicherung ausgefallen? Doch das sind schon spezielle Fragen für den Fachmann. Die ganz große Mehrheit der Bevölkerung kann das Problem nur zur Kenntnis nehmen, jedoch nichts daran ändern.

Ist überhaupt Gefahr in Verzug?

Richtig ist auf jeden Fall die Zielvorgabe, Ressourcen zu schonen und langfristig auf fossile Energiequellen zu verzichten.

Noch hat Deutschland weltweit das sicherste Stromversorgungsnetz. 2017 betrug die durchschnittliche Unterbrechungsdauer nur 15,4 Minuten, 2018 nur 13,91 Minuten und 2019 nur 12,2 Minuten[1] von 52 560 Minuten eines Jahres. Aber Miniblackouts unter drei Minuten sind dabei nicht berücksichtigt.

Doch fragen wir zuerst, woher der Strom kommt und wie er verteilt wird. Da gibt es nicht nur technische Fragen. Zunehmend wirken sich auch wirtschaftliche Faktoren oder sogar spekulative Manipulationen auf die Stromversorgungssicherheit aus. So kommt es nahezu alle 15 Minuten zu Stabilitätsproblemen im Netz, weil alle 15 Minuten ein neuer Strompreis an der Strombörse veröffentlicht wird und dies zu Netzumschaltungen bei den Verbrauchern führt.

---

[1] https://www.bundesnetzagentur.de/SharedDocs/Pressemitteilungen/DE/2020/20201022_SAIDIStrom.html

Spannend wird es auch, wenn wir an den zukünftigen Bedarf elektrischer Leistung denken, wie er aus den Maßnahmen zur Sektorkopplung im Verkehr und in der Wärmeversorgung entstehen wird.

Technische Argumente werden in der politischen Argumentation nicht genannt. Voraussetzungen, die eine gesicherte Stromversorgung garantieren, werden verschwiegen, bewusst oder tatsächlich aus Unkenntnis? Wind- und Solaranlagen können nur in ein vorhandenes stabiles Stromversorgungsnetz einspeisen und kein eigenes Netz aufbauen. Auch die vorhandene Sicherheitstechnik gegen Kurzschlussströme versagt, weil die Anlagen nur geregelte Nennströme liefern können. Deshalb ist ein Strategiewechsel erforderlich, um eine »Energiewende« realisieren zu können.

Die Themen werden nicht wissenschaftlich und lehrbuchmäßig behandelt. Leicht verständlich, mit vielen Beispielen, können die Leser eine neue, auch kritische Einstellung zu diesem wichtigen Thema entwickeln und belegte wissenschaftliche Fakten hinterfragen.

Beachtet werden sollte dabei auch die Verhältnismäßigkeit der Forderungen und Beschlüsse.

Eine ergebnisoffene breite Diskussion ist lange überfällig.

Vielleicht finden sich auch Anregungen, wie eine individuelle Vorsorge getroffen werden kann.

Alwin Burgholte

Wilhelmshaven, Mai 2021

1. Stromerzeugung

Was ist Elektrizität, woraus besteht der elektrische Strom, und wie unterscheiden sich Leistung und Energie? Dabei spielen die beiden Größen elektrische Spannung und elektrischer Strom eine besondere Rolle.

Gleichspannungen treiben Gleichströme, Wechselspannungen Wechselströme, und in Drehspannungssystemen fließen Drehströme. Das Produkt aus Spannung mal Strom bildet zu gleicher Zeit die elektrische Leistung. Das Produkt der Leistung mit der Zeit, während sie fließt, ist dann die Energie. Per Definition kann die Energie Arbeit leisten. Elektrische Energie wird üblicherweise in kWh (Kilowattstunden) und Arbeit in J (Joule) gemessen. Dabei gilt der Zusammenhang 1 Ws = 1 J. Die Leistung wird in Watt oder in größeren Einheiten, Kilowatt (kW), Megawatt (MW) oder Gigawatt (GW) angegeben. Diese Zusammenhänge sollen noch an einigen praktischen Beispielen erläutert werden. Stellen Sie sich als Hausbesitzer vor, der eine neue Terrasse anlegen will und dafür einen Lastwagen mit Sand angeliefert bekommt. Da, wo der Sand jetzt liegt, soll aber nicht die Terrasse gepflastert werden. Der Sand muss also weiter mit der Schubkarre transportiert werden. Das bedeutet **Arbeit** und erfordert einen entsprechenden **Energie**aufwand. Schaffen Sie den Transport in einigen Stunden, ist das eine große **Leistung** gegenüber einer Zeitdauer von einigen Tagen.

Leistung P ist per Definition Energie [W] = Arbeit pro Zeit, P = W/t

Das kennen wir doch alle aus der Schule. Zur Findung der erforderlichen Zeugnisnoten mussten **Klassenarbeiten** geschrieben werden, die dann benotet wurden. Oft haben sich Schülerinnen und Schüler danach beklagt, dass die Bearbeitungszeit viel zu kurz war. Doch benotet wurden nicht nur die gelieferten Lösungen, sondern das Produkt daraus mit der Bearbeitungszeit. Denn mit der Note erhalten Schülerinnen und Schüler einen Leistungsnachweis, und Leistung errechnet sich aus Arbeit (Lösungsergebnisse) pro Bearbeitungszeit. Bei einer längeren Bearbeitungszeit, beispielsweise über eine Woche, hätten viele Schülerinnen und Schüler sicherlich alle Aufgaben lösen können. Ein Beispiel für die Wichtigkeit einer erforderlichen Leistung zeigt Bild 1. Stellen wir uns vor, dass ein Kleinwagen mit dem Leergewicht von ca. 1 t = 1000 kg um 1 m auf eine Arbeitsbühne gehoben werden soll. Um diese **Arbeit** zu leisten, ist **Energie** von ca. 10 kWs erforderlich!

Bild 1.   Durch Zufuhr potentieller Energie / Arbeit leisten

Mit einer Leistung von 10 kW wird die Arbeit in 1 Sekunde geliefert, mit einer Leistung von 1 kW werden 10 s und mit 100 W werden 100 s benötigt. Eine Person kann gut 100 W leisten, zwei Personen mit 200 W liefern die Energie in 50 s, heben aber nicht den Wagen, dafür müssten zehn Personen anfassen!!

Fazit:
Die verfügbare Energie muss die maximal erforderliche Leistung liefern, um die Arbeit leisten zu können!

Mehr dazu im Kapitel 1.4 über die regenerativen Energieanteile.

Elektrische Energie ist die edelste, hochwertigste Energieform. Auch Wärme ist Energie, allerdings mit dem niedrigsten Nutzungsfaktor. Die potentielle Energie, auch Lageenergie, nutzt die Schwerkraft der Erde zur Umsetzung in Arbeitsleistung. Das ist jedem sicherlich auch schon passiert, wenn einem etwas auf den Kopf oder Fuß fällt und man dann den Schmerz verspürt, der durch die potentielle Energie hervorgerufen wurde. Wasserkraftwerke formen die potentielle Energie der höher gelegenen Seen in elektrische Energie um, in dem das Wasser über eine Turbine, die einen Generator antreibt, nach unten fließt.

Die Bewegungsenergie, kinetische Energie, spielt im Straßenverkehr eine besondere Rolle. Im Fahrschulunterricht lernt man die Regel: Bei doppelter Geschwindigkeit den vierfachen Bremsabstand halten. Die Geschwindigkeit v geht nämlich quadratisch in die Berechnung der kinetischen Energie W ein. W = 1/2·m·v².

Dass kinetische Energie die Fähigkeit hat, Arbeit leisten zu können, sieht man eindrucksvoll nach einem Unfall. Fährt ein Auto gegen einen Baum, wird Verformungsarbeit geleistet, das Auto ist zerbeult.

Energie kann nicht einfach verschwinden oder in der Menge schlagartig verändert werden. Es ist immer nur die Umwandlung von einer Energieform in eine andere möglich. Im letzten Zustand der Energieform, wenn sich beispielsweise ein warmer Körper abgekühlt hat und die Wärme an die Umgebung abgegeben wurde, ist diese Energie zur Entropie geworden. Das Wasser eines Gebirgssees besitzt potentielle Energie. Fließt das Wasser ohne Kraftwerksnutzung bis ins Meer, wurde die gesamte potentielle Energie zur Entropie. Entropie ist ein Kunstwort und beschreibt die extensive Zustandsgröße eines physikalischen Systems, das in der Thermodynamik benutzt wird.

Festzuhalten ist, dass die industrielle Entwicklung und damit unser Wohlstand erst begann, als Energie preiswert, großflächig und für jeden nutzbar wurde.

Nach der Erfindung der Dampfmaschine entwickelte sich eine neue Antriebstechnik. Mit der Elektrizität lösten Elektromotoren die alten Transmissionswellen ab und führten zu einer dezentralen Einzelanwendung. Die Elektronik veränderte die Kommunikationstechnik fundamental, und die neuesten zu erwartenden Entwicklungen werden unter den Schlagworten Digitalisierung und künstliche Intelligenz kommentiert. All das wird nur mit der elektrischen Energie zu realisieren sein. So benötigen heute schon große Rechenzentren Kraftwerksleistungen im MW (Megawatt) Bereich für Infrastruktur, Server, Speicher, Netzwerke, Klimatisierung und unterbrechungsfreie Stromversorgungen. Der Bedarf an Kraftwerksleistungen für zukünftige Rechenzentren der vierten Generation steigt. Zwar bleibt der Bedarf unter 10 kW pro Rack der Standard, aber in Hyperscale-Einrichtungen sind inzwischen 15 kW keine Seltenheit mehr bzw. sie nähern sich bei einigen sogar 25 kW an[2].

In einer Studie des Fraunhofer Institutes IZM im Auftrag des Bundesministeriums für Wirtschaft und Energie wird prognostiziert, dass der Energiebedarf der Rechenzentren bis zum Jahr 2025 auf 45 Mrd. kWh ansteigen wird[3], das sind 45 Terawattstunden (TWh). Ein durchschnittlicher Vierpersonen-Haushalt benötigt im Jahr etwa 3500 kWh; die Bundesrepublik benötigte 2020 knapp 500 TWh. Absehbar ist auch, dass der Bedarf an elektrischer Energie künftig erheblich steigen wird. Immer mehr elektrisch betriebene Geräte werden eingesetzt. Es soll zukünftig elektrisch gefahren und auch geheizt werden. Woher dann der ganze Strom kommen soll, wird uns noch ausführlich beschäftigen.

---

[2] https://it-rebellen.de/2017/12/05/trendprognose-fuer-2018-das-rechenzentrum-der-4-generation-kommt/
[3] https://www.bmwi.de/Redaktion/DE/Downloads/E/entwicklung-des-ikt-bedingten-strombedarfs-in-deutschland-abschlussbericht.pdf?__blob=publicationFile&v=3

1.1 Kraftwerke als Leistungserzeuger

Im Prinzip kann jede Energieform in eine andere umgewandelt werden. Wirtschaftlich wird die Umwandlung aber erst, wenn die eingesetzte Primärenergieform preisgünstig und in großer Menge verfügbar ist. Bild 2 zeigt die möglichen Wandlungsarten, um elektrische Energie zu erzeugen[4].

Kraftwerke zur Erzeugung elektrischer Leistung			
mechanisch	Windkraftwerk	onshore	
		offshore	
	Wasserkraftwerk	Laufwasser, Pumpspeicher	
ohne Generator	Brennstoffzelle		
	Photovoltaik		
Wärmekraftprinzip	nuklear		
	geothermisch		
	solarthermisch		
	fossil		Dampfturbine
			Gas- und Dampfturbine
			Stirlingmotor

Bild 2.   Wandlungsarten für die Erzeugung elektrischer Energie

Die vermehrte Anwendung der Elektrizität führte im letzten Jahrhundert zum Aufbau vieler Kraftwerke, vorzugsweise in der Nähe der großen Stromverbraucher. Als Primärenergieträger wurden bevorzugt Uran, Braun- und Steinkohle eingesetzt; Rohstoffe, die in Deutschland oder auch weltweit in großen Mengen verfügbar sind. So sind auch heute noch die Kern- und Kohlekraftwerke die wichtigsten Erzeugerquellen für die **elektrische Leistung**.

In den 1960er Jahren begann eine Diskussion über die Verknappung von Rohstoffen und die schädliche Wirkung von Kohlendioxyd. Verstärkt wurde dann Anfang der 70er Jahre in Großbritannien die negative Stimmung gegen den Einsatz von Kohle zur Stromerzeugung durch den Bergarbeiterstreik. Die damalige Premierministerin Thatcher wollte deshalb Kohlekraftwerke durch Kernkraftwerke ersetzen.

In Deutschland trat am 1. Januar 1960 das *Gesetz über die friedliche Verwendung der Kernenergie und den Schutz gegen ihre Gefahren* (kurz Atomgesetz)[5] in Kraft. RWE baute in Gundremmingen 1967 mit 237 MW, PreußenElektra (heute UNIPER) 1967 in Würgassen und 1968 in Stade je mit 640 MW die ersten Atomkraftwerke. Seit der *Vereinbarung zwischen der Bundesregierung und den Ener-*

[4] https://group.vattenfall.com/de/unternehmen/geschaeftsfelder/strom-gas/wie-wird-strom-erzeugt
[5] https://www.gesetze-im-internet.de/atg/BJNR008140959.html

gieversorgungsunternehmen vom 15. Juni 2000 (dem sogenannten Atomkonsens)[6] ist die Nutzung der vorhandenen Kernkraftwerke nur noch zeitlich begrenzt, und es gilt ein Neubauverbot (keine Genehmigungen für den Bau neuer Kernkraftwerke).

Aufgrund des Nuklearunfalles von Fukushima erteilte die Bundeskanzlerin Merkel am 15. März 2011 ein »Atom-Moratorium[7,8]«. Danach sollten die sieben ältesten deutschen Kernkraftwerke sofort während des Moratoriums sowie das Kernkraftwerk Krümmel und alle weiteren Kernkraftwerke bis 2022 abgeschaltet werden.

Deutschland hatte sich 1968 unter der Kanzlerschaft von Willy Brandt für den schnelleren Aufbau von Kernkraftwerken entschieden. Die Kernkraftwerke sollten langfristig die Kohlekraftwerke ersetzen, um so die Kohlendioxydemissionen zu reduzieren. Das hat aber heute keine Gültigkeit mehr. Das Ende der Kernkraftwerke ist aufgrund der derzeitigen Klimadiskussion beschlossen, auch wenn inzwischen Kernkraftwerke der vierten Generation, wie die **Thorium Reaktoren**[9] mit Flüssigsalzkühlung entwickelt wurden, die sogar Atommüll verbrennen können. Politisch wird vorgegeben, dass die **gesamte Energieversorgung** zukünftig aus regenerativen Quellen erfolgen soll.

Die verlustarme Leistungs-/Energieübertragung auf großen Strecken erfolgt heute dreiphasig mit Höchstspannungen von 380 kV, 220 kV oder 110 kV. Neuerdings findet auch die Gleichstromübertragung vermehrt Anwendung. Für den Transport sehr großer Leistungen über weite Entfernungen hat sich die Hochspannungs-Gleichstromübertragung (HGÜ) und neuerdings auf den »Stromautobahnen« die HVDC-Technik bewährt. Das Herz der HVDC Umrichterstationen ist ein mehrstufiger leistungselektronischer Wandler, der die Konvertierung von der Drehstrom-(AC-) zur Gleichstromübertragung (DC) und umgekehrt realisiert[10,11].

1.2 Prinzipielle Wirkungsweise konventioneller Kraftwerke

Dazu gehören alle Kraftwerke, die aus einer Wärmequelle Wasser erhitzen und mit dem Wasserdampf eine Turbine antreiben. Die Wärme kann aus dem Verbrennen von Braun- oder Steinkohle, aus dem radioaktiven Zerfall von Uranisotopen oder aus Biogasanlagen kommen. Auch die Sonne kann direkt in den solar-

---

[6] https://www.bmu.de/download/vereinbarung-zwischen-der-bundesregierung-und-den-energieversorgungsunternehmen-vom-14-juni-2000/

[7] https://www.bundesregierung.de/breg-de/suche/moratorium-616608

[8] https://www.faz.net/aktuell/politik/energiepolitik/merkels-atom-moratorium-sieben-kernkraftwerke-gehen-vorerst-vom-netz-1613287.html

[9] https://dual-fluid-reaktor.de/

[10] https://www.itwissen.info/Hochspannungs-Gleichstrom-Uebertragung-HGUe-high-voltage-direct-current-HVDC.html

[11] https://www.abb-kundenmagazin.de/energietechnik/hohe-kompetenz-im-hvdc-service/

thermischen Anlagen Wärme und somit auch Dampf erzeugen. Der Dampfkraftprozess ist ein thermischer Kreisprozess, der die Phasenumwandlung flüssig-gasförmig zur Energieaufnahme und -abgabe nutzt. Arbeitsmedium ist in aller Regel Wasser. Es werden zwei Wasserkreisläufe ausgeführt. Ein innerer, der aus der Temperatur des Brennkessels oder Reaktors den Wasserdampf erzeugt, und ein äußerer Kühlkreislauf, der den Dampf kondensieren lässt und das Wasser dem inneren Wasserkreislauf wieder zuführt.

Ein ähnlicher Prozess findet sich auch in einem Kompressor-Kühlschrank. Dort wird ein gasförmiges Kältemittel durch einen Kompressor adiabatisch verdichtet, wodurch sich das Kältemittel erwärmt. Im Verflüssiger, der aus schwarzen, an der Rückseite des Geräts angebrachten Kühlschlangen besteht, wird die Wärme an die Umgebung abgegeben, das Medium kondensiert. So wird die Wärme aus dem Kühlschrank nach außen abgeführt, und im Kühlschrank wird es kälter.

Für den Betrieb von Dampfkraftwerken wird Wasser für den geschlossenen Kreisprozess und das Kühlwasser benötigt. Das Kühlwasser gibt die Wärme über Kühltürme an die Luft oder an Fluss- oder Meerwasser ab. Die intensiven weißen Dampfschwaden über den Kühltürmen zeigen den Kühlbetrieb an. Umwelttechnisch ergibt sich eine Einschränkung für die zulässige Leistungsabgabe der Kraftwerke bei dem Kühlwasser aus Flüssen und dem Meer. So dürfen die beiden Kohlekraftwerke in Wilhelmshaven die Leistung reduzieren, damit sich die Wassertemperatur des Jadebusens nicht über 3 Kelvin erhöht und es zu keiner Erhöhung der Planktonproduktion kommt. Besonders oft eingeschränkt in ihrer Leistungsabgabe werden Kraftwerke, die über das Flusswasser kühlen. In Frankreich führen diese Leistungseinschränkungen bei den Kernkraftwerken regelmäßig im Hochsommer zu einer Leistungsbegrenzung und damit zu Strommangel, so dass Frankreich Strom importieren muss.

Moderne Kohlekraftwerke erreichen Wirkungsgrade im Bereich von 46%, GuD-Kraftwerke über 60%. **GuD-Kraftwerke**[12] sind große Kraftwerke, die mindestens eine **G**asturbine **u**nd eine **D**ampfturbine haben. In der Regel wird die Gasturbine mit Erdgas befeuert, und das noch heiße Abgas dient über einen Abhitzekessel zum Betrieb einer nachgeschalteten Dampfturbine. Idealerweise erfolgt die Dampferzeugung in mehreren Druckstufen; Stand der Technik ist der Drei-Druck-Prozess.

Von besonderer Bedeutung ist dabei, dass die Turbine eine konstante Drehzahl hat, um die konstante Netzfrequenz zu garantieren.

---

[12] https://www.trianel.com/presse/wirtschaftlich-zwischen-waermenetz-strommarkt-und-speicher

1.3 Prinzipielle Wirkungsweise von Blockheizkraftwerken

Block**heiz**kraftwerke (BHKW)[13] liefern Wärme und gleichzeitig elektrischen Strom; es findet eine gekoppelte Energieproduktion statt. In einem BHKW sind verschiedene Komponenten in einem einzigen Block (Modul) zusammengefasst. Außerdem ist die Funktionsweise eines BHKW darauf ausgelegt, Leitungsverluste möglichst zu vermeiden. Dies wird dadurch realisiert, dass BHKW`s dort produzieren, wo in der Nähe sowohl Wärme als auch Strom benötigt wird. Während ein herkömmliches Kraftwerk Wirkungsgrade von 40 bis 60 Prozent erreicht, liegt der Wirkungsgrad eines BHKW zwischen 80 und 95 Prozent. Aber Blockheizkraftwerke sind alle temperaturgeführt; erzeugt wird die benötigte Wärme und parallel dazu die dabei anfallende elektrische Energie. Der gute Wirkungsgrad wird auch nur dann erreicht, wenn das BHKW unter Volllast gefahren und die Wärme benötigt wird.

Die Bundesregierung fördert mit dem Kraft-Wärme-Kopplungsgesetz (**KWK**)[14,15] die Modernisierung und den Neubau von **KWK**-Anlagen, den Neu- und Ausbau von Wärme- und Kältenetzen sowie den Neubau von Wärme- und Kältespeichern, in die Wärme oder Kälte aus **KWK**-Anlagen eingespeist werden (zur Förderung der KWK-Anlagen mehr im Kapitel 7.2).

1.4 Regenerative Energieerzeugungsanlagen

Regenerative Energieerzeugungsanlagen nutzen Energiequellen, die in der Natur frei verfügbar sind. Das sind Sonne und Wind sowie nachwachsende Pflanzen. Auch die Nutzung der Wasserkraft und die Geothermie wird den regenerativen Energiequellen zugeordnet.

1.4.1 Biogas Kraftwerke

Biogas Kraftwerke arbeiten wie die konventionellen Gaskraftwerke. Sie verbrennen keine Kohle, sondern erzeugen Biogas durch Vergärung von Biomasse. In landwirtschaftlichen Biogasanlagen werden meist Energiepflanzen (Mais) und tierische Exkremente (Gülle, Festmist) als Substrat eingesetzt. In nichtlandwirtschaftlichen Anlagen wird Material aus der Biotonne verwendet oder Abfallprodukte aus der Lebensmittelproduktion. Als Nebenprodukt fällt ein Gärrest an, der als Dünger weiterverwendet wird. Bei den meisten Biogasanlagen wird das entstandene Gas vor Ort in einem Blockheizkraftwerk (BHKW) zur Strom- und Wärmeerzeugung genutzt. Andere Biogasanlagen bereiten das gewonnene Gas zu Biomethan auf und speisen es ins Erdgasnetz ein. Die Erzeugung wesentlich größerer Mengen von Biogas scheitert an dem dafür erforderlichen Flächenbedarf für

---

[13] https://heizung.de/bhkw/funktionsweise/#Funktion
[14] https://www.gesetze-im-internet.de/kwkg_2016/
[15] https://www.bhkw-infozentrum.de/rechtliche-rahmenbedingungen-bhkw-kwk/kwk-gesetz-2019-2020.html

den Anbau der Energiepflanzen. Es entsteht auch ein Konflikt innerhalb der Landwirtschaft, ob Lebensmittel oder Energie erzeugt werden soll.

Der Einsatz von nachwachsenden Energiepflanzen hat den Vorteil einer günstigen CO_2-Bilanz. Der CO_2-Anteil, der bei der Verbrennung des Biogases entsteht, wurde zuvor von der Pflanze aus der Luft aufgenommen. Die wesentliche zeitliche Verzögerung dieses Kreislaufprozesses wird dabei nicht berücksichtigt. Auf den Nachteil des enormen Flächenbedarfs für den Anbau von Energiepflanzen wurde schon hingewiesen. Mit der Förderung und Wirtschaftlichkeit dieser Anlagen befasst sich Kapitel 7.3 näher. In Deutschland waren 2019 ca. 12 001 Biogaskraftwerke in Betrieb[16].

1.4.2 Wasserkraftwerke

Wasserkraftwerke sind wie Windmühlen die ältesten Energieerzeugungsanlagen. Wasserkraft erlebt derzeit einen globalen Aufschwung. Seit Jahrtausenden drehten sich Wasserräder im Fluss. 1767 entdeckte der englische Ingenieur John Smeaton, dass ein gusseisernes Wasserrad viel belastbarer und leistungsfähiger ist als sein Vorgänger aus Holz: Die industrielle Revolution kam in Schwung. Wurde zunächst nur mechanische Leistung (Drehmoment mal Drehzahl) als Einzelantrieb genutzt wie Wassermühlen oder Wasserpumpen, konnte später mit dem von Werner von Siemens erfundenen elektrodynamischen Generator auch Strom aus Wasserkraft erzeugt werden. Bild 3 zeigt die vielfältigen Nutzungsmöglichkeiten der Wasserkraft[17].

Bild 3.   Möglichkeiten, Wasserkraft in CO_2-freien Strom umzuwandeln

Wasserkraftanlagen können sowohl bei Talsperren oder in fließenden Gewässern nach Bild 4, als Laufwasserkraftwerke[18] ausgeführt werden. Auch sind Gezeitenkraftwerke oder auch Pumpspeicherkraftwerke technisch realisiert.

---

[16] https://heizung.de/gasheizung/wissen/biogas-nachwachsender-rohstoff-aus-biologischen-abfaellen/
[17] https://www.landeskraftwerke.bayern/kraftwerkstypen.htm
[18] https://www.enbw.com/unternehmen/konzern/energieerzeugung/neubau-und-projekte/rheinkraftwerk-iffezheim/

Bild 4.   Rheinkraftwerk Iffezheim (Foto: EnBW/Daniel Meier-Gerber)

Genutzt wird die kinetische Energie im Wasser, die mit Hilfe von Turbine und Generator in elektrische Energie gewandelt wird. Für die Erhöhung des nutzbaren Energieinhalts werden bei Laufwasserkraftwerken auch Staustufen, wie zum Beispiel bei Talsperren, ausgeführt. Eine Leistungssteuerung wird mit unterschiedlichen technischen Ausführungen der Wasserturbinen[19,20] möglich. Realisiert sind Leistungen im Bereich 200 Watt bis zu tausenden Megawatt für die unterschiedlichen technischen Ausführungen der Wasserturbinen. Die Drehzahl der Turbine muss dabei über die Durchflussmenge konstant geregelt werden, damit der Generator eine konstante Frequenz erzeugt. Die erforderliche Generatorleistung kann auch über die Durchflussmenge eingestellt werden.

Das Drei-Schluchten-Projekt ist das größte Infrastrukturprojekt Chinas. Dabei wird der Jangtsekiang als drittlängster Fluss der Welt auf 660 km Länge aufgestaut. Die dort installierten Wasserkraftwerke liefern 18,2 GW Leistung und pro Jahr 84,7 Mrd. kWh (84,7 TWh). In 2020 nimmt China ein weiteres sehr großes Wasserkraftwerk mit 10,2 GW in Betrieb[21].

Die Stromproduktion aus Wasserkraft schwankte in den letzten Jahren in Deutschland je nach Niederschlagsmengen und aufgrund der Vorgaben zur Leistungsreduktion nach EEG netto zwischen 17 Terawattstunden (TWh) und 20 TWh. 2018 lag die Produktion bei 16,9 TWh, 2019 bei 20,1 TWh und 2020 bei 18,3 TWh, das entsprach einem Anteil von 3,7% der gesamten erzeugten Energie[22].

---

[19] https://de.wikipedia.org/wiki/Wasserkraftwerk
[20] https://de.wikipedia.org/wiki/Wasserturbine
[21] https://www.iwr.de/news/china-nimmt-weiteres-gigantisches-wasserkraftwerk-in-betrieb-news36852
[22] https://de.statista.com/statistik/daten/studie/233230/umfrage/anteil-der-wasserkraft-an-der-stromerzeugung-in-deutschland/

Wasserturbinen haben hohe Wirkungsgrade bis zu 95%. Die Bauarten unterscheiden sich nach ihrer Abhängigkeit vom Volumenstrom, Drehmoment und der Drehzahl[20]. In Deutschland waren 2020 nach Bild 5 insgesamt 7300 Wasserkraftwerke mit 5,6 GW in Betrieb. Ein weiterer Zubau ist aus geografischen Gründen kaum vorstellbar[23]. Die meisten Anlagen befinden sich in Süddeutschland.

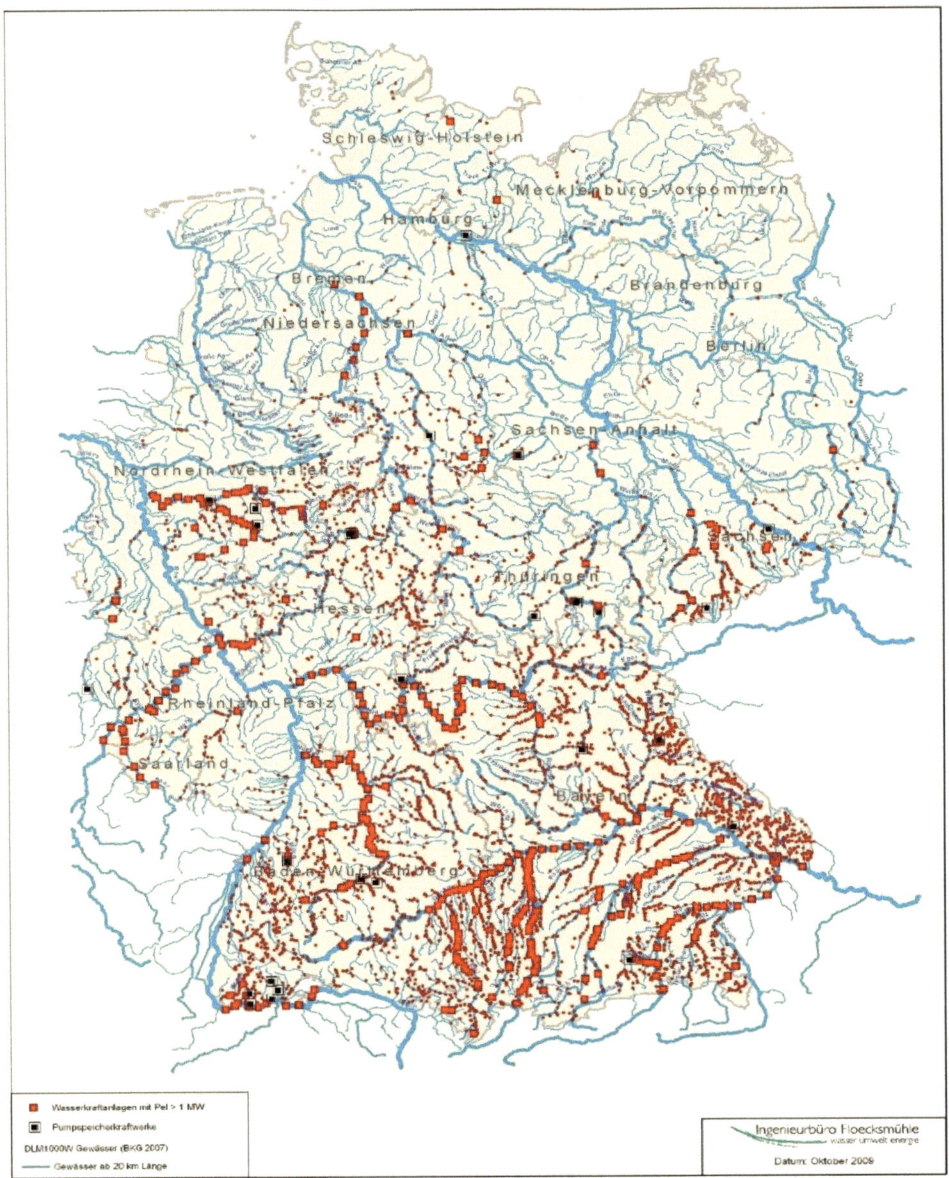

Bild 5.   Bestand der Wasserkraftanlagen in Deutschland

---

[23] http://www.floecksmuehle-fwt.de/images/08_downloads/WW_2010%20Wasserkraftpotenzial%20in%20Deutschland.pdf

Auch die Nutzung von **Gezeitenkraftwerken** ist geografisch stark begrenzt, weil dafür ein Tidenhub von mehr als 5 Meter erforderlich ist. Am 13. Mai 2016 wurde das Pilotprojekt von EDF Energies Nouvelles im Departement Côtes d'Armor in der Bretagne gestartet. Ab Sommer 2017 sollten zwei Turbinen 2,2 MW liefern[24].

Untersucht und erprobt werden auch so genannte **Wellenkraftwerke**[25], die die Energie aus den Meereswellen nutzen. Bisher scheiterten die Wellenkraftwerke an mangelnder Rentabilität (VDI-Nachrichten 20.03.2020).

1.4.3   Prinzipielle Wirkungsweise der Pumpspeicherkraftwerke[26]
In Deutschland war 2017 eine Pumpspeicherleistung von insgesamt etwa 6,7 GW (Gigawatt) installiert. Die Speicherkapazitäten reichen dabei täglich für 4 bis 8 Stunden Dauerbetrieb. Daraus ergab sich 2017 eine Gesamtspeicherkapazität von 37,4 GWh. Im Jahr 2006 erzeugten die deutschen Pumpspeicherkraftwerke 4042 GWh (4,042 TWh) elektrische Energie. Dem stand eine Pumparbeit von 5829 GWh gegenüber, so dass der durchschnittliche Wirkungsgrad bei etwa 70 % bis 80% lag.
Der Jahresenergiebedarf der Bundesrepublik beträgt ca. 600 TWh, das sind 600 000 GWh[27].

2019 waren 31 Pumpspeicherkraftwerke in Betrieb[28,29].

Moderne Pumpspeicherkraftwerke haben einen Wirkungsgrad von über 80% und können innerhalb von 90 Sekunden zwischen der vollen Stromerzeugung und der vollen Pumpleistung umgeschaltet werden. Bei Strombedarf fließt das Wasser vom Ober- ins Unterbecken, die Turbine treibt den Generator an, der den benötigten Strom liefert. Bei Überschuss an elektrischer Leistung im Stromnetz arbeitet der Generator als Elektromotor und treibt die Pumpe an, die das Wasser wieder in das Oberbecken pumpt. Ein wirtschaftlicher Betrieb dieser Anlagen ist aber nur möglich, wenn ein konstanter Wechsel zwischen den beiden Betriebsarten durchführbar ist.

Die Vollkosten, um elektrische Energie in einem Pumpspeicherkraftwerk für einen Tag zu speichern, liegen bei 3 bis 5 Cent/kWh. Die Speicherdauer beeinflusst die Kosten. Je länger gespeichert wird, desto höher die Kosten; je kürzer gespeichert wird, desto niedriger die Kosten. Um einen wirtschaftlichen Betrieb zu er-

---

[24] https://wind-turbine.com/magazin/innovationen-aktuelles/umwelt/6009/frankreich-edf-baut-weltweit-erstes-gezeitenkraftwerk-im-offenen-meer.html
[25] https://www.bhkw-infozentrum.de/innovative-energien/wellenkraft-energiequelle-der-zukunft.html
[26] https://www.thueringen.de/de/publikationen/pic/pubdownload1272.pdf
[27] https://www.dena.de/themen-projekte/energiesysteme/flexibilitaet-und-speicher/pumpspeicher/
[28] https://www.net4energy.com/wiki/pumpspeicherkraftwerk
[29] http://www.poppware.de/PSP/01-Funktionsprinzip.htm

reichen, müsste ein Pumpspeicherwerk eine Mindestzahl von Jahresvollaststunden erreichen und einen zyklischen Wechsel zwischen Pump- und Turbinenbetrieb fahren[30,31].

Die so genannte Schluchseegruppe[32] im Schwarzwald nach Bild 6 wird aus drei Pumpspeicherkraftwerken gebildet, die hintereinander kaskadiert sind und so zusammen den größten Wasserkraft-Komplex in Deutschland bilden. Die mittlere Fallhöhe der Gesamtanlage beträgt 610 m, die kumulierte Stollenlänge 24,853 km und die jährlich erzeugte Strommenge 520 Mio. kWh, das sind 520 GWh.

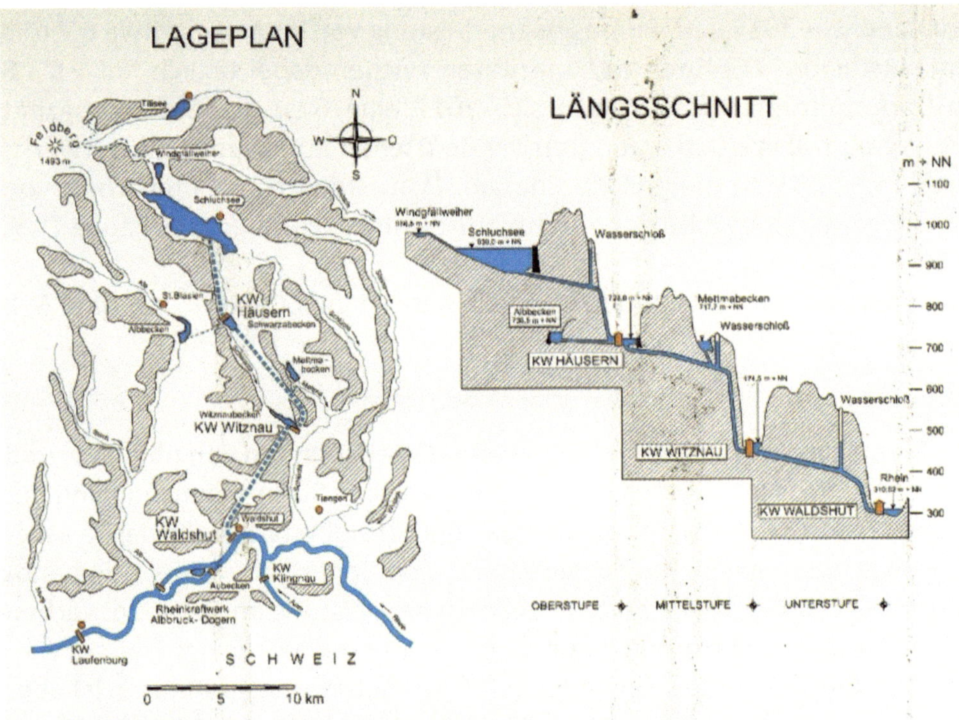

Bild 6.   Pumpspeicherkraftwerke (Schluchseewerk AG im Schwarzwald)

Als Langzeitspeicher sind die Anlagen ohnehin nicht geeignet, weil ein kontinuierlicher Betrieb mit Aufnahme und Abgabe elektrischer Leistung erforderlich ist. Mit zunehmendem Ausbau der Solar- und Windenergieanlagen wird ein wirtschaftlicher Betrieb immer schwieriger. Das hat dazu geführt, dass erste Stillle-

---

[30] http://www.wasserkraft.info/application/media/documents/Broschuere_PSW-Studie_Voith_April_2014.pdf
[31] https://www.stmwi.bayern.de/fileadmin/user_upload/stmwi/Themen/Energie_und_Rohstoffe/Dokumente_und_Cover/2014-Pumpspeicher-Rentabilitaetsanalyse.pdf
[32] https://www.schluchseewerk.de/wo-wir-sind/schluchseegruppe/kraftwerk-haeusern

gungsanträge für Pumpspeicherkraftwerke vorliegen und Planungen für neue Anlagen eingestellt werden[33]. Auch ist aus geografischen Gründen der Aufbau weiterer Pumpspeicherkraftwerke in Deutschland erheblich eingeschränkt. Der erforderliche Platzbedarf und die Höhenunterschiede sind kaum noch verfügbar.

1.4.4 Solaranlagen

Die Sonne ist die natürliche und wichtigste Energiequelle der Erde. Die Energie, die die Sonne in den Weltraum abstrahlt, ist relativ konstant und beträgt $3,8 \cdot 10^{26}$ Ws, das entspricht $1,06 \cdot 10^{11}$ TWh, eine unvorstellbare große Menge. Zur Erde gelangt davon nur ein ganz kleiner Teil. Die auf die Erdoberfläche auftreffende Strahlung beträgt weltweit im Tagesdurchschnitt (bezogen auf 24 Stunden) noch ungefähr 165 W/m² mit erheblichen Schwankungen je nach Breitengrad, Höhenlage und Witterung. Letztlich wird ein großer Teil der Sonnenenergie in Form von reflektiertem Licht und Wärmestrahlung wieder an den Weltraum abgegeben. Der gesamte Energiebedarf der Erde könnte damit komplett abgedeckt werden, wenn diese Energie zu 100% genutzt werden könnte.

Nahezu die gesamte Erdenergie ist letztendlich umgewandelte Sonnenenergie. Pflanzen wandeln den CO_2-Gehalt der Luft mit Hilfe der Photosynthese in Sauerstoff und Biomasse, Blätter oder Holz um. So ist auch die Kohle entstanden.

Solarzellen in Fotovoltaikanlagen können die Sonnenenergie direkt in elektrischen Strom wandeln. Der Wirkungsgrad ist dabei abhängig von der Art der Solarzelle und den Modulen in der Photovoltaikanlage. Er schwankt zwischen 8% bei amorphen Siliziumzellen bis 20% bei monokristallinen Zellen. Galliumarsenid-Zellen haben Wirkungsgrade bis 25% [34]. Die so genannten CIGS-Module nutzen eine Kombination aus Kupfer, Indium, Gallium und Diselenid und erreichen in Massenherstellung heute einen Wirkungsgrad von fast 15 Prozent.

Das Fraunhofer Institut ISE schreibt dazu in der Studie **»Aktuelle Fakten zur Photovoltaik«** auf Seite 41[35]:

Der nominelle Wirkungsgrad von kommerziellen waferbasierten PV-Modulen (d.h. Module mit Solarzellen auf Basis von Siliciumscheiben) aus neuer Produktion stieg in den letzten Jahren um ca. 0,3%-Punkte pro Jahr auf Mittelwerte von ca. 17,5% und Spitzenwerte von 22%. Pro Quadratmeter Modul erbringen sie damit eine Nennleistung von 175 W, Spitzenmodule bis 220 W.

[33] https://www.welt.de/wirtschaft/energie/article145126011/Absurde-Regelung-verhindert-neue-Oekostrom-Speicher.html
[34] https://www.photovoltaik.org/wissen/photovoltaik-wirkungsgrad
[35] https://www.ise.fraunhofer.de/de/veroeffentlichungen/studien/aktuelle-fakten-zur-photovoltaik-in-deutschland.html

*Eine heute installierte PV-Anlage erreicht über das Jahr PR-Werte von 80 bis 90% inkl. aller Verluste durch erhöhte Betriebstemperatur, variable Einstrahlungsbedingungen, Verschmutzung und Leitungswiderständen, Wandlungsverlusten des Wechselrichters und Ausfallzeiten. In Deutschland werden je nach Einstrahlung und **PR** spezifische Erträge um 900-950, in sonnigen Gegenden über 1000 kWh/kWp erzielt. Pro Quadratmeter Modul entspricht dies ca. 150 kWh, bei Spitzenmodulen ca. 180 kWh.*

PR, Performance Ratio (engl. *performance* für »umgesetzte Leistung« und *ratio* für »Verhältnis« benennt das Verhältnis zwischen tatsächlichem und idealem Ertrag. *Ein durchschnittlicher 4-Personen-Haushalt verbraucht pro Jahr ca. 4400 kWh Strom, dies entspricht dem Jahresertrag von 30 m^2 neuen Modulen mittleren Wirkungsgrades. Die ungefähr nach Süden orientierte und mäßig geneigte Dachfläche eines Einfamilienhauses reicht somit rechnerisch aus, um den Jahresstrombedarf einer Familie in Summe über eine PV-Anlage mit ca. 20 Modulen zu erzeugen*

Nachteilig ist aber der Temperatureinfluss. Mit steigender Zellentemperatur vermindert sich die Zellenspannung und reduziert dadurch die abgegebene Leistung; je stärker die Sonne scheint, um so wärmer wird die Zelle und damit der Wirkungsgrad kleiner. Im Rahmen der Energiewende spielen Photovoltaikanlagen auf Dächern[36] und als Freifeldanlagen eine besondere Rolle.

Freifeldanlagen können bis zu Leistungen im MW-Bereich gebaut werden. Zu den größten Anlagen hierzulande gehören der 2012 eröffnete Solarpark Neuhardenberg (145 MW)[37] sowie der Park in Senftenberg (168 MW)[38] seit 2011. Bemerkenswert ist die Größe der bebauten Fläche, die für keine andere Nutzung mehr zur Verfügung steht. Bereits seit 2020 ist der Solarpark in Weesow-Willmersdorf[39] als größter Solarpark Deutschlands auf 164 ha mit 465 000 Modulen, 187 MWp Leistung, im Bau[40]. Er soll 180 GWh pro Jahr Energie einspeisen.

Auch schwimmende Solarparks werden erprobt, wie die VDI-Nachrichten am 20.03.2020 unter dem Titel »Geparkt im Baggersee« berichten.

---

[36] https://www.energie-fachberater.de/strom-solar/solar/photovoltaik/einspeiseverguetung-fuer-photovoltaik-anlagen.php
[37] https://www.ecos-energy.de/portfolio/solarpark-neuhardenberg/
[38] https://www.agrar-grossraeschen.com/Solarpark
[39] https://www.enbw.com/erneuerbare-energien/solarenergie/solarpark-weesow/
[40] https://www.photovoltaik.eu/generator-zubehoer/enbw-baut-180-megawatt-solarpark-brandenburg

Solaranlagen und Windanlagen können nur Strom erzeugen, wenn die Sonne scheint und der Wind weht. Das führt zu einer stark fluktuierenden Einspeiseleistung, wie Bild 7 zeigt. Auch kurzzeitige Wolkenabdeckungen reduzieren die Einspeiseleistung erheblich.

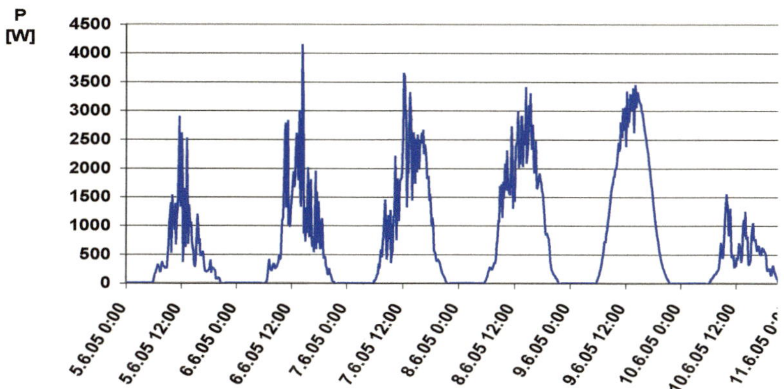

Bild 7.   Leistung einer Solaranlage mit 5 kW Spitzenleistung[41]

Bild 8 zeigt die fluktuierende Leistungseinspeisung von Solar- und Windanlagen in den Jahren 2010 bis 2020.

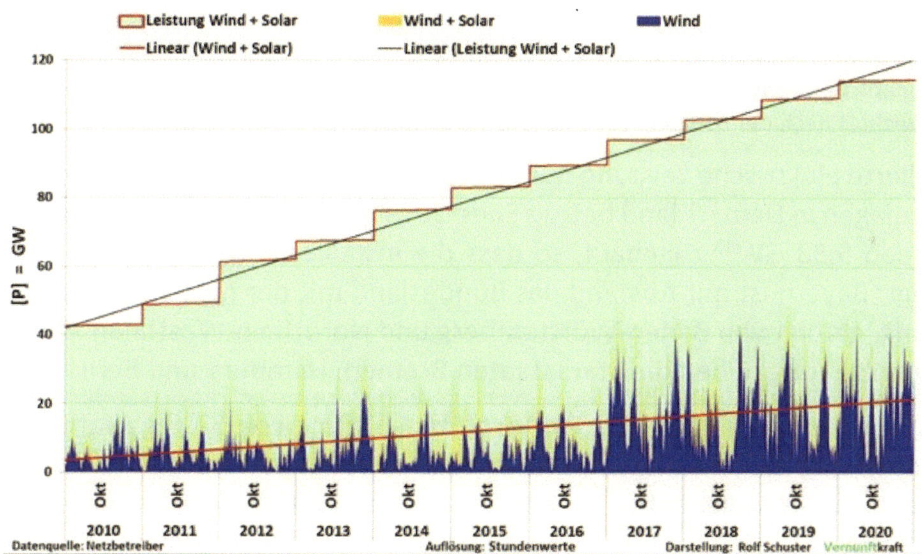

Bild 8.   Fluktuierende Leistungseinspeisung von Solar- und Windanlagen[42]
oben rot installierte Leistung aller Wind- und Solaranlagen
unten Leistungseinspeisung alle Solar- und Windanlagen Deutschlands,
blau: Wind, gelb: Solar

---

[41] Diplomarbeit Thomas Staggenborg, Power Quality bei dezentraler Energieeinspeisung unter besonderer Berücksichtigung von Solargeneratoren, Sommersemester 2005, Labor für Leistungselektronik, Jade-HS, WHV
[42] https://www.vernunftkraft-odenwald.de/grafiken-von-rolf-schuster-zur-energiewende/

Von den 8760 Jahresstunden scheint in den einzelnen Bundesländern die Sonne nur eine begrenzte Zeit. Die durchschnittliche Anzahl der Sonnenscheinstunden je Monat, gewichtet nach der Leistung von Photovoltaikanlagen, zeigt Bild 9[43]. 30 Tage im Monat haben720 Stunden!

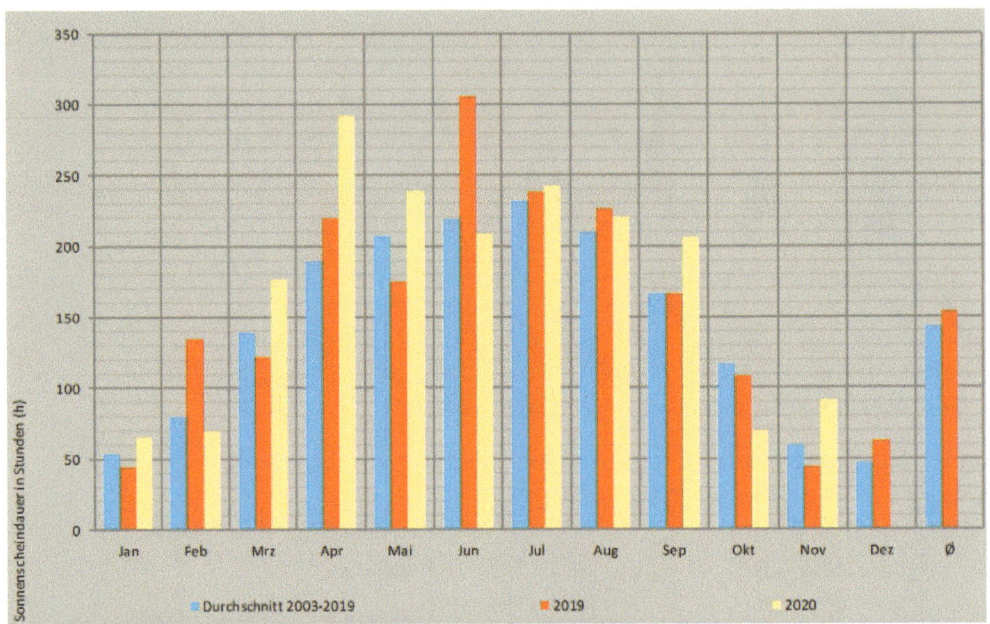

Bild 9.   Monatliche Sonnenscheindauer in Stunden (h), gewichtet nach der Leistung von Photovoltaikanlagen

Die kumulierte elektrische Leistung der über 1,7 Millionen netzgekoppelten Photovoltaikanlagen in Deutschland betrug Ende 2019 rund 49,78 Gigawattpeak[44], in 2020 wurden 5,33 GW[45] zugebaut, so dass die installierte Peak-Leistung 55,11 GW beträgt. Bayern ist mit Abstand das Bundesland mit der höchsten installierten Leistung, gefolgt von Baden-Württemberg und Nordrhein-Westfalen. Die geringste Nennleistung haben die Stadtstaaten Bremen, Hamburg und Berlin.

Beim Erreichen einer installierten Photovoltaik-Leistung von 52 Gigawatt sollte ein Ende der Förderung für Dachanlagen und kleine Freiflächenanlagen nach dem EEG erfolgen, dieser so genannte Deckel wurde im Mai 2020 vom Bundeskabinett aufgehoben[46].

In 2020 produzierten die Solaranlagen mit 51,42 TWh (10,5%) mehr als die Steinkohlekraftwerke mit 35,58 TWh und fast soviel wie die Gaskraftwerke mit 59,11

---

[43] https://de.statista.com/statistik/daten/studie/36178/umfrage/sonnenstunden-im-sommer-nach-bundeslaendern/
[44] https://de.statista.com/statistik/daten/studie/13547/umfrage/leistung-durch-solarstrom-in-deutschland-seit-1990/
[45] https://www.solarbranche.de/ausbau/deutschland/photovoltaik
[46] https://www.pv-magazine.de/2020/01/31/photovoltaik-zubau-in-deutschland-schrammt-2019-knapp-an-vier-gigawatt-marke-vorbei/

TWh. Insgesamt wurden in 2020 von allen Erzeugerquellen netto 488,7 TWh erzeugt, coronabedingt weniger als in 2019 mit 515,6 TWh[47,48].

Der Bundesverband der Solarwirtschaft (BSW) stellt zusammenfassend in der Vorabversion der Studie »***Energiewende im Kontext von Atom- und Kohleausstieg – Perspektiven im Strommarkt bis 2040«***[49] fest, dass der *Umbau des deutschen Kraftwerkparks einen starken Ausbau von Windenergie und Photovoltaik erfordert. Die Studie ermittelt anhand des entwickelten Energiemarktmodells einen notwendigen Anstieg der kumulierten installierten PV-Bruttoerzeugungskapazität auf 102 GW in 2025, 162 GW in 2030 und 252 GW in 2040. Dabei wird vor allem das Segment der Freiflächen- /Großanlagen ab 500 kWp von heute ca. 15,7 GW auf 126,7 GW installierter Leistung anwachsen. Im Segment Gewerbeanlagen bis 500 kWp wird die installierte Leistung von heute ca. 24 GW auf ca. 91 GW im Jahr 2040 zunehmen. Für das Segment der PV-Kleinanlagen bis 10 kWp, das die privaten Haushalte abbildet, wird eine Steigerung der installierten PV-Leistung von heute ca. 6,6 GW auf 35 GW im Jahr 2040 erwartet.*

Natürlich steht in der Nacht keine und bei bedecktem Himmel nur eine stark begrenzte elektrische Leistung zur Verfügung. Die zur Abhilfe erforderlichen Speicher werden im Kapitel 2 behandelt.

Solarthermie-Anlagen nutzen die Wärmestrahlung direkt, die in kleinen Anlagengrößen zur Warmwassererzeugung oder der Heizung dienen. Mit großen Anlagen können solarthermische Kraftwerke betrieben werden. Dabei wird die Sonnenstrahlung mit speziellen Spiegeln fokussiert auf die Sonnenkollektoren gelenkt, die Spiegel können auch dem Gang der Sonne nachgeregelt werden.

Marokko baut in der Wüste gewaltige Parks für erneuerbare Energien auf und will sich vom Öl lösen[50]. In Deutschland fand diese Technik bisher keine Anwendung. Das geplante Großprojekt DESERTEC[51] in Marokko wurde nicht realisiert.

1.4.5 Windenergieanlagen

Die Windenergie wird politisch als wichtigste zukünftige Energiequelle eingeschätzt. Der Bundesverband der Windenergie (BWE) veröffentlicht die jeweils aktuellen Daten[52]. Ende 2020 waren 29 608 Anlagen mit 54,9 GW, verteilt auf die einzelnen Bundesländer, installiert. Diese gesamte installierte Leistung lieferte

---

[47] https://www.ise.fraunhofer.de/de/presse-und-medien/news/2019/oeffentliche-nettostromerzeugung-in-deutschland-2019.html
[48] https://www.ise.fraunhofer.de/de/presse-und-medien/news/2020/nettostromerzeugung-in-deutschland-2021-erneuerbare-energien-erstmals-ueber-50-prozent.html
[49] https://www.solarwirtschaft.de/fileadmin/user_upload/EuPD_zusammenfassung_studie_strommarkt.pdf
[50] https://www.welt.de/wirtschaft/plus207651067/Solarenergie-Der-Traum-von-billigem-Oekostrom-aus-der-Wueste.html?cid=onsite.onsitesearch
[51] https://de.wikipedia.org/wiki/Desertec
[52] https://www.wind-energie.de/themen/zahlen-und-fakten/

132 TWh von der gesamten erzeugten Nettoenergie 488,7 TWh, das sind 27%. Insgesamt stand damit die erzeugte Windleistung von den abzudeckenden 8760 Jahresstunden nur mit 2402,7 Volllaststunden zur Verfügung, was im Mittel nur 27,3% der installierten Windleistung sind.

Tabelle 1 listet für 2020 die installierten Leistungen und die Gesamtzahlen aller Windenergieanlagen auf.

Jahr	gesamt		Onshore		Offshore	
	Anlagen	Leistung	Anlagen	Leistung	Anlagen	Leistung
2020	29 608	54 938 MW	28 107	47 168 MW	1 501	7 770 MW

Tabelle 1.   Installierte Leistungen und Anzahl aller Windenergieanlagen in 2019

Windanlagen können nur wetterabhängig Leistung einspeisen, somit ist die Energieausbeute stark schwankend und auch insgesamt gering.

Die Windleistung hängt von der dritten Potenz der Windgeschwindigkeit ab. Die typische Anlaufwindgeschwindigkeit liegt bei ca. 3 m/s, das entspricht einer Windstärke von 3 Beaufort (Bft). Bei doppelter Windgeschwindigkeit verachtfacht sich die Leistung. Die Nennleistung der Anlagen wird durchschnittlich erst bei 12 m/s erreicht, das sind 6 Beaufort (Bft).

Bild 10 zeigt den Windatlas in 100 Meter Höhe für Europa[53].

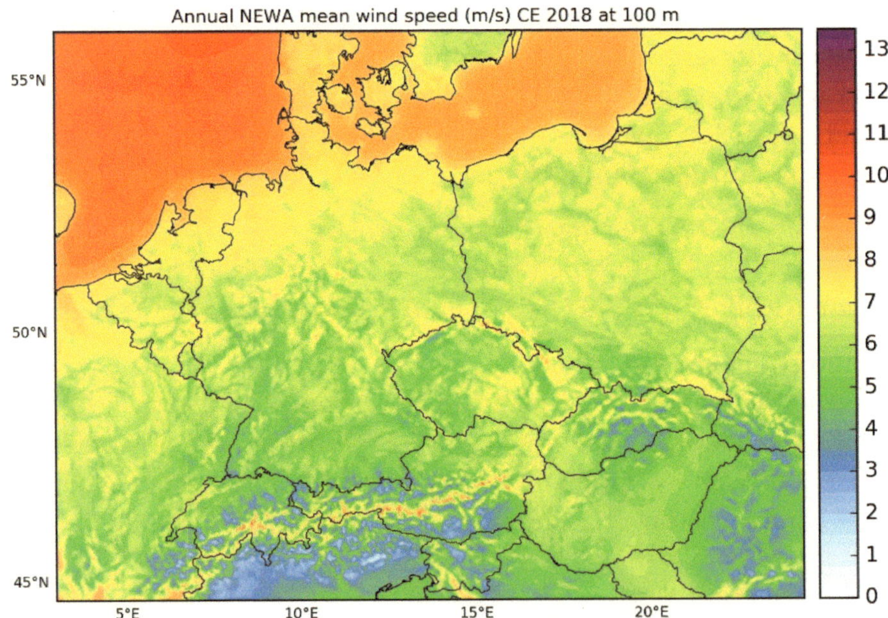

Bild 10. Mittel der Windgeschwindigkeit (1989-2018) in 100 m Höhe
Quelle: B. Witha, ForWind, Universität Oldenburg, NEWA,
map.neweuropeanwindatlas.eu

---

[53] https://www.forwind.de/de/presse/news/20190702-neuer-windatlas-fur-europa-fertiggestellt/

In Süddeutschland werden großflächig nur ca. 5 bis 6 m/s und in Norddeutschland ca. 7 m/s in 100 m Höhe erreicht. Bild 11 zeigt die durchschnittliche Windstärke in Deutschland für die Jahre 2019 und 2020. Mit einer mittleren Windstärke von ca. 4 m/s in den Monaten April bis Dezember kann keine große Windleistung erwartet werden.

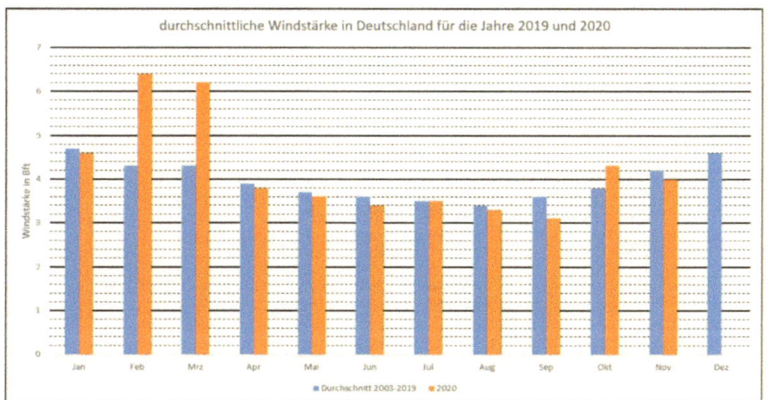

Bild 11. durchschnittliche Windstärke in Deutschland für die Jahre 2019 und 2020
  Quelle: DWD; Stand: Dezember 2020
  Windstärke 3 entspricht 3,4 – <5,5 m/s, Windstärke 4 entspricht 5,5 – <8 m/s

Bild 12 zeigt die typische Leistungskennlinie einer modernen Windenergieanlage[54]. Die Anlaufgeschwindigkeit beträgt ca. 3,5 bis 4 m/s, die Nennleistung von 4,2 MW erreicht die Anlage erst bei 15 m/s.

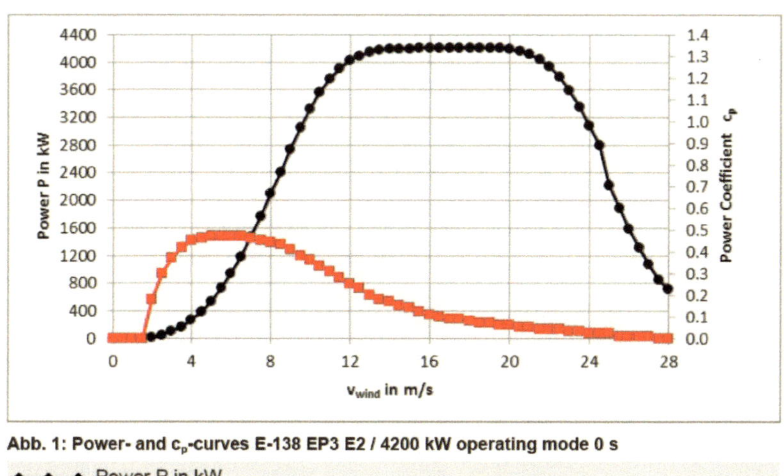

Bild 12. Leistungskurve der Enercon E-138 EP3 E2[41] (copyright ENERCON)

---

[54] https://www.enercon.de/de/produkte/ep-8/e-126/

Enercon nennt für diese Schwachwindanlage folgende Daten:
Nabenhöhe 81 / 111 / 131 / 160 m,
Rotordurchmesser 138,6 m,
Nennleistung 4,2 MW bei 12,5 m/s (Windstärke 6)
Einschaltgeschwindigkeit 2,5 m/s,
bei 4 m/s (Windstärke 3) werden 300 kW geliefert, das entspricht 7,1% von P_N,
bei 6 m/s (Windstärke 4) werden 1,2 MW geliefert, das entspricht 28,6% von P_N,
bei 8 m/s (Windstärke 5) werden 2 MW geliefert, das entspricht 47,6% von P_N,
Bei 34 m/s wird die Anlage aus Sicherheitsgründen abgeschaltet.

Die Abhängigkeit der Leistung von der dritten Potenz der Windgeschwindigkeit verdeutlicht auch das folgende Bild 1Bild 123.

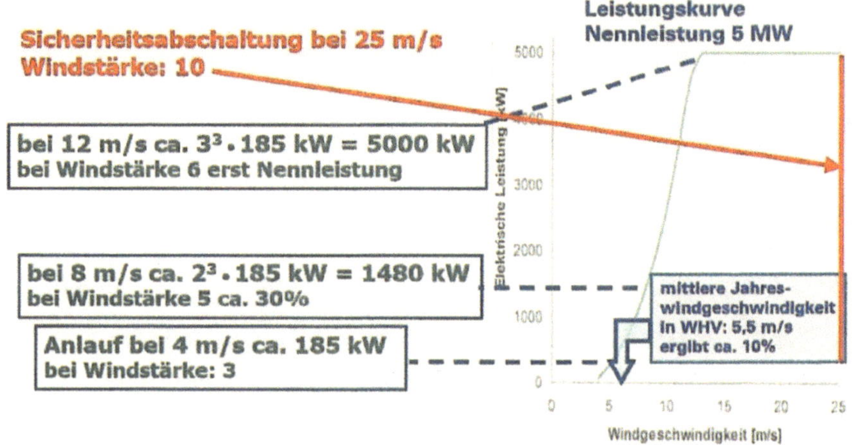

Bild 13. Leistungswerte einer 5 MW-Anlage in Abhängigkeit der Windgeschwindigkeit

Bild 14 zeigt die begrenzte nutzbare Jahresleistung von Windanlagen.

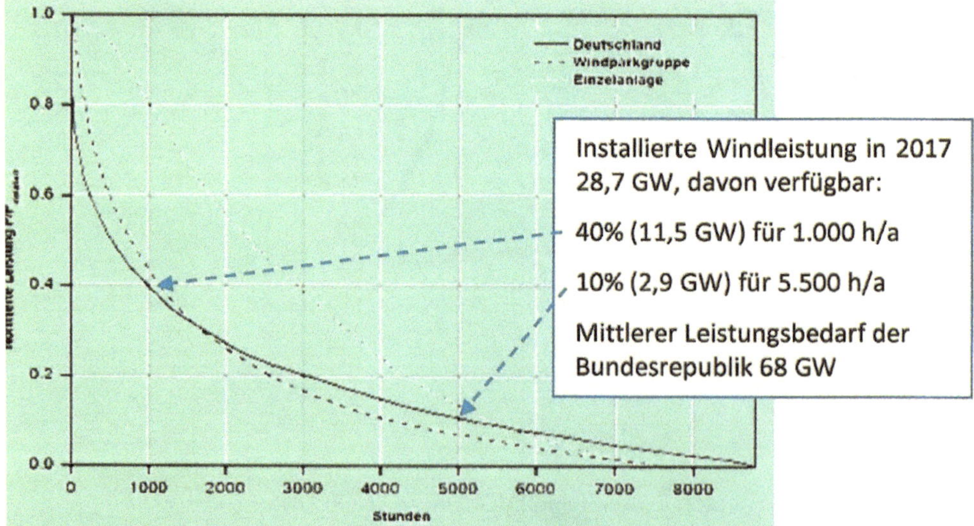

Bild 14. Jahresleistung von Onshore Anlagen in Abhängigkeit der Jahresstunden
Quelle: Institut für Solare Energieversorgungstechnik ISET e.V.

Moderne Windenergieanlagen unterscheiden sich durch ihre Konstruktion und damit in den technischen Möglichkeiten, Leistung mit den erforderlichen Netzparametern einzuspeisen. Aus Preisgründen werden oft doppelt gespeiste Asynchronmaschinen als drehzahlvariable Anlagen (»Doubly-Fed Induction Generator«, DFIG) nach Bild 15 verbaut[55]. Die Statorwicklungen der Asynchrongeneratoren mit Schleifringläufer werden direkt auf das Netz geschaltet. Über einen Pulsumrichter wird dem Läufer die Schlupfleistung zugeführt. Die Läuferfrequenz (f_2) ist dabei aus der Differenz der variablen mechanischen Drehfrequenz (f_n) und der konstanten Netzfrequenz (f_1) vorzugeben ($f_2=f_1- f_n$).

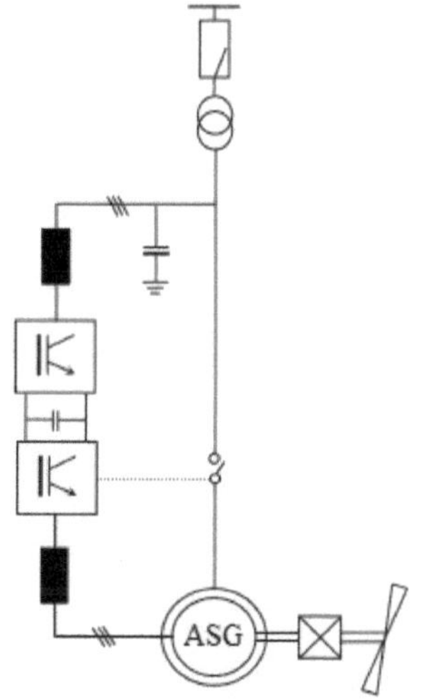

Bild 15. Doubly-Fed Induction Generator (DFIG) für Windenergieanlagen

Weil der Wechselrichter nur für (10-40) % der Nennleistung ausgelegt werden muss, reduziert sich der Anlagenpreis.

Diese Anlagen sind aber nicht in der Lage, ein eigenes 50 Hz-Netz aufzubauen. Die Einspeisefrequenz wird nur vom Netz vorgegeben, eine Frequenzregelung ist damit nicht möglich.

Leistungsfähiger sind Windenergieanlagen mit Vollumrichter nach Bild 16.

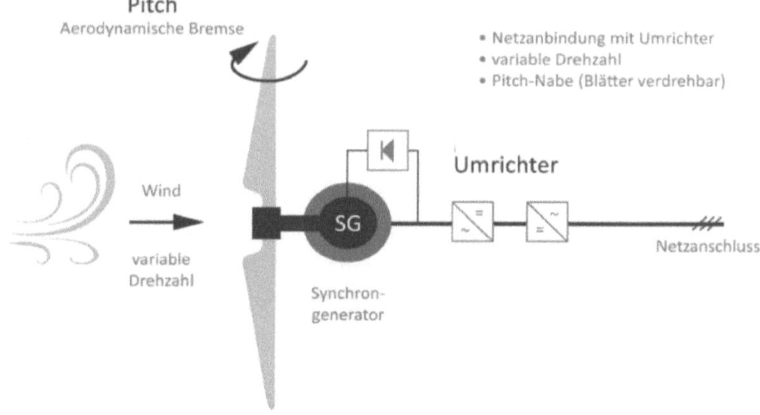

Bild 16. Prinzip einer getriebelosen Windenergieanlage mit Vollumrichter[56]

[55] http://web.mit.edu/kirtley/binlustuff/literature/wind%20turbine%20sys/DFIGinWindTurbine.pdf
[56] https://www.wind-energie.de/themen/anlagentechnik/anlagenkonzepte/generatorenkonzepte/

Sie haben technologisch das beste Konzept, **können** Inselnetze aufbauen und Blindleistung liefern, werden aber dafür nicht benutzt. **Diese Anlagen haben den höchsten Preis und überschreiten deshalb bei den Windparkausschreibungen oft die vorgegebene maximale Preisgrenze für eine Kilowattstunde.**

Windenergieanlagen nur mit einem Asynchrongenerator direkt am Netz, sogenannte **Stallanlagen**, werden heute nicht mehr verbaut.

Bezogen auf die erzeugte elektrische Leistung haben Windenergieanlagen einen erheblichen Platzbedarf. Bild 17 zeigt einen Onshore Windpark, der auch optisch ein gewisses Störpotential besitzt.

Bild 17. Onshore Windpark mit großem Platzbedarf und störender Optik (privat)

Der Flächenbedarf für die Offshore Windenergieanlagen im Windpark Nordergründe, etwa 15 Kilometer östlich der Insel Wangerooge, 18 WEA des Typs Senvion 6.2M126 mit je 6,15 MW Nennleistung, Gesamtleistung 110,7 MW, beträgt 10 km^2 = 1000 ha. Hinzu kommt eine Sicherheitszone um die äußeren Anlagen von 500 m, so dass das gesamte Planungsgebiet 20 km^2 groß ist. Der Abstand zwischen den Anlagen beträgt mindestens   300 m.

Zum Vergleich: das **ONYX,** früher **ENGIE, 800 MW Kohlekraftwerk** in Wilhelmshaven ist auf einer Fläche von 22 ha gebaut und kann die Nennleistung für mehr als 6000 Stunden im Jahr liefern. Der Windpark benötigt das 328-fache der Fläche eines konventionellen Kraftwerks, mit Berücksichtigung der Sicherheitsfläche von insgesamt 20 km^2 sogar das 656-fache bei einer wesentlich reduzierten Verfügbarkeit. Das Kraftwerk wurde Ende 2019 an die niederländische Investmentgesellschaft Riverstone Holdings verkauft.

Auf dem Meer gibt es verbesserte Windangebote. Offshore Parks werden für fünftausend Jahresvolllaststunden geplant, in der Praxis werden knapp 4000 erreicht. Die Zahl der Jahresvolllaststunden gibt das Verhältnis der erreichbaren Einspeiseenergie in kWh zur installierten elektrischen Leistung in kW an. Die geplanten Offshore-Parkleistungen erreichen bis zu einigen 100 MW.

Bild 18 zeigt Anlagen mit unterschiedlichen Turmkonstruktionen aus dem Forschungswindpark Alpha Ventus[57].

Bild 18.   Offshore Anlagen im Forschungswindpark Alpha Ventus (privat)
links: Multibrid-Anlagen mit Serviceschiff   rechts: Repower-Anlagen

Die Leistung der Anlagen steigt stetig[58]. 2018 stellte Vestas die 10 MW Anlage vor, 2019 GE die 12 MW Anlage und Siemens Gamesa die 14 MW Anlage[59].

---

[57] https://www.alpha-ventus.de/ueberblick
[58] https://www.entega.de/blog/windkraftanlage-leistung/
[59] https://www.windkraft-journal.de/2020/05/30/siemens-gamesa-baut-14-15-mw-turbine-in-den-groessten-offshore-windpark-der-usa/148933

Bekanntlich weht der Wind mit unterschiedlicher Stärke. Bild 19 zeigt für die Jahre 2010 bis Februar 2021 die eingespeiste gesamte Windleistung in Deutschland[60]. Mit Zunahme der installierten Leistung erhöhen sich die Einspeiseleistungsspitzen, aber eine Grundlast bildet sich nicht aus. Große Zeitabschnitte, in denen die Windleistung vernachlässigbar klein ist, bleiben weiterhin existent.

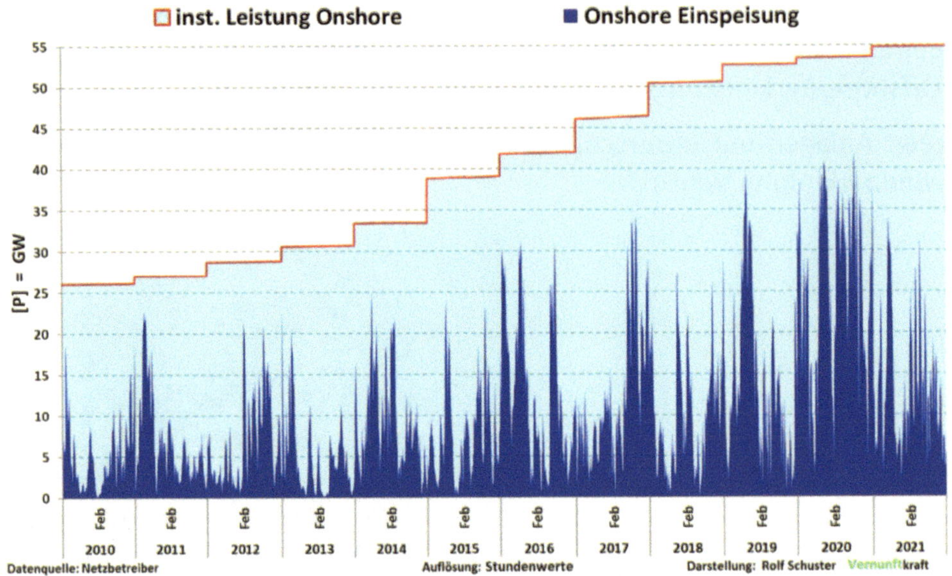

Bild 19. Fluktuierende Leistung aller Windanlagen (installierte Leistung 54,9 GW)

Nachteilig ist auch, **dass alle Windanlagen derzeit kein eigenes 50 Hz-Netz aufbauen können**. Sie sind somit auf einen Netzanschluss angewiesen. Das führt zu Problemen, wenn dieser Anschluss nicht verfügbar ist, wie am 14.02.2014 die EWE (AG) für den Offshore Windpark Riffgat meldete[61].

Verbaut wurden dort

- 30 Windenergieanlagen mit einer Leistung von insgesamt 108 MW, die angeblich 200 000 Haushalte mit Strom versorgen könnten:
  - ➡ Siemens-Windkraftanlagen der 3,6 Megawatt-Klasse, Modell SWT-3.6-120 mit einer Gesamthöhe von 150 Metern auf 6 km² = 600 ha.
  - ➡ wenn 120 000 Haushalte á 3 500 kWh/a versorgt werden sollen, würden dafür 420 Millionen kWh benötigt, die der Windpark in   3 889 Stunden mit Nennleistung liefern könnte! Das ist praktisch unmöglich.
- Der Netzanschluss erfolgt über ein 80 Kilometer langes 155 kV-Drehstromkabel

---

[60] https://www.vernunftkraft-odenwald.de/grafiken-von-rolf-schuster-zur-energiewende/
[61] https://www.t-online.de/finanzen/immobilien-wohnen/mietrecht-wohnen/id_64889050/-riffgat-nordsee-windpark-vor-borkum-wird-mit-diesel-betrieben.html

Der Windpark »Riffgat« war fertiggestellt, konnte aber nicht ins Netz einspeisen, weil das Netzkabel noch nicht fertig war. Um die Anlagen überwachen und im Standby halten zu können, wurden Notstromaggregate mit Diesel betrieben, die **22 000 Liter pro Monat verbrauchten. Warum der Dieselbetrieb[62]??**

Der Aufbau eines Inselnetzes zur Selbstversorgung ist mit dem Windpark nicht möglich!! Auch wenn es vielleicht bald »Fliegende Windkraftanlagen« geben wird, werden diese grundsätzlichen Probleme nicht gelöst.

1.4.6   Brennstoffzelle

Brennstoffzellen liefern elektrischen Strom, der aus der Umwandlung von Wasserstoff mit Sauerstoff aus der Luft zu Wasser gewonnen wird. Das Prinzip der Brennstoffzelle wurde bereits 1838 von Christian Friedrich Schönbein erkannt, als er zwei Platindrähte in verdünnter Schwefelsäure mit Wasserstoff bzw. Sauerstoff umspülte und zwischen den Drähten eine elektrische Spannung bemerkte. Sir William Grove entdeckte zusammen mit Schönbein, dass mit der Umkehrung der Elektrolyse das Erzeugen von Strom und Spannung möglich wird. Die technischen Anforderungen und die Kosten sind hoch. Die prinzipielle Wirkungsweise zeigt Bild 20[63].

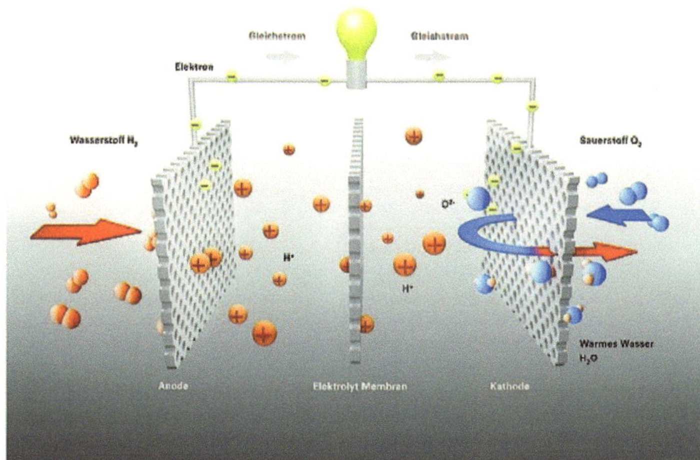

Bild 20. prinzipielle Wirkungseise einer Brennstoffzelle

Technische Anwendungen ergaben sich aber zunächst nicht, weil elektrische Generatoren besser und mehr elektrische Leistung zur Verfügung stellen konnten.

Erst in den 1950er Jahren wurde die Idee wieder aufgegriffen, weil in der Raumfahrt und beim Militär kompakte und leistungsfähige Energiequellen benötigt wurden. Die Brennstoffzelle wurde ab 1963 erstmals an Bord eines Satelliten und

---

[62] https://www.focus.de/finanzen/news/riffgat-in-der-nordsee-windpark-braucht-tausende-liter-diesel-niedersachsen-feiert-trotzdem-eroeffnung_aid_1068067.html
[63] https://www.energie-experten.org/heizung/brennstoffzelle.html

für die Gemini- und Apollo-Raumkapseln eingesetzt. Ende der 1990er Jahre galt die Brennstoffzelle als Technik der Zukunft. Großkraftwerke und Hochspannungsleitungen sollten überflüssig werden, Autos sollten ohne Abgase fahren und jedes Haus seinen eigenen Strom erzeugen können, ohne Lärm und völlig umweltfreundlich – soweit die Hoffnungen. Doch dann wurde es ruhiger um die vermeintlichen Wunderzellen.

Die theoretische Spannung einer Wasserstoff-Sauerstoff-Brennstoffzelle beträgt 1,23 V bei einer Temperatur von 25°C. Im Praxisbetrieb werden jedoch nur Spannungen von 0,5 bis 1 V erreicht. Nur im Ruhezustand oder bei kleinen Strömen werden Spannungen oberhalb 1 V erreicht. Für höhere Spannungen müssen entsprechend viele Zellen in Reihe geschaltet werden.

Die Zusammenschaltung erfolgt überwiegend in Sandwich-Bauweise. Die einzelnen Zellen werden aufeinandergestapelt, und zwischen den einzelnen Zellen werden sogenannte bipolare Platten eingefügt, die sowohl die Zufuhr der Reaktanden (Luft und Wasserstoff) zu den Elektroden als auch die Stromableitung in der Stapelachse gewährleisten. Bild 21 gibt einen Überblick der verschiedenen Zellentypen mit ihren möglichen Einsatzgebieten[48].

Brennstoffzelle	Betriebstemperatur	Elektrolyt	Brennstoff	Oxidant	Einsatzgebiet
Alkalische Brennstoffzelle (Alkaline Fuel Cell AFC)	80 °C	Kalilauge	Wasserstoff	Sauerstoff	Verkehr
Membran-Brennstoffzelle (Polymer Elektrolyt Membran Fuel Cell PEMFC)	80 °C	Festpolymer	Wasserstoff, Methanol	Sauerstoff/ Luft	Verkehr, BHKW
Phosphorsäure-Brennstoffzelle (Phosphoric Acid Fuel Cell PAFC)	200 °C	Phosphorsäure	Erdgas	Luft	BHKW
Karbonatschmelze-Brennstoffzelle (Molten Carbonate Fuel Cell MCFC)	650 °C	Lithium- und Kaliumkarbonat	Erdgas, Kohlegas	Luft	Kraftwerke, Heizkraftwerke
Oxidkeramik-Brennstoffzelle (Solid Oxide Fuel Cell SOFC)	800 bis 1.000 °C	Zirkondioxid	Erdgas, Kohlegas	Luft	Kraftwerke, Heizkraftwerke

Bild 21. Überblick der verschiedenen Brennstoffzellen mit ihren Einsatzgebieten

Bei den zwei für die Hausenergieversorgung gängigsten Typen handelt es sich um die PEMFC (engl. Proton Exchange Membrane Fuel Cell) und die SOFC (engl. Solid Oxide Fuel Cell) Brennstoffzellen. Darüber hinaus gibt es noch zahlreiche andere Brennstoffzellentypen.

Das Hessische Ministerium für Umwelt, Energie, Landwirtschaft und Verbraucherschutz hat eine Broschüre *Wasserstoff und Brennstoffzellen*[64] veröffentlicht, in der die vielfältige Technik mit ihren Potentialen beschreiben wird.

1.4.7 Geothermie

Geothermie nutzt die Erdwärme zum Heizen, Kühlen und zur Stromerzeugung. Das Umweltbundesamt erläutert in seinem Beitrag Geothermie den Unterschied zwischen **Oberflächen-** und **Tiefengeothermie**[65].

Mit Erdwärme aus Tiefengeothermie werden Wärmenetze gespeist und ganze Stadtviertel mit Heizwärme versorgt. Ist das Temperaturniveau hoch genug, kann mit einem Geothermiekraftwerk auch Strom erzeugt werden. Geothermie ist nicht von Wettereinflüssen abhängig und kann das ganze Jahr über annähernd ununterbrochen umweltfreundlichen Strom liefern. Eine Auswertung der Umwelteffekte bei der Stromerzeugung mit tiefer Geothermie hat ergeben, dass diese gegenwärtig und zukünftig einen Beitrag zur nachhaltigen Energieversorgung leisten kann.

Für Schülerinnen und Schüler der 7. bis 10. Jahrgänge hat das Umweltbundesamt eine Broschüre zusammengestellt, in der das Thema leicht verständlich beschrieben wird[66].

Das Umweltbundesamt schätzt das Nutzungspotential für Deutschland sehr hoch ein[67,68]:

Das Potential zur energetischen Nutzung der Geothermie ist sehr groß. Das Büro für Technikfolgen-Abschätzung (TAB) beim Bundestag rechnet mit einem jährlichen technischen Angebotspotential für die geothermische Stromerzeugung in Deutschland in Höhe von 312 TWh pro Jahr über einen geschätzten Nutzungszeitraum von 1.000 Jahren. Derzeit sind 18 tiefe Geothermieanlagen mit rund 7,3 MW elektrischer und rund 188 MW thermischer Leistung in Betrieb, die im Jahr 2010 etwa 0,028 TWh Strom erzeugten. Darüber hinaus befinden sich 13 Anlagen im

---

[64] https://www.energieland.hessen.de/pdf/H2BZ_WEB.pdf
[65] https://www.umweltbundesamt.de/themen/klima-energie/erneuerbare-energien/geothermie#oberflachennahe-geothermie
[66] https://www.umweltbundesamt.de/publikationen/geothermie-energie-aus-heissen-planeten
[67] https://www.mags-projekt.de/MAGS/DE/Downloads/BMU_Nutzung.pdf?__blob=publicationFile&v=1
[68] https://www.umweltbundesamt.de/service/uba-fragen/wie-viel-potenzial-steckt-in-der-geothermie

Bau und 81 Anlagen in Planung. Die Bereitstellung von Wärme aus Geothermie stieg von 1,5 TWh im Jahr 2000 auf 5,6 TWh im Jahr 2010.

Auch in ScienceBlogs wird das Nutzungspotential als theoretisches Leistungsvermögen mit Hilfe der Frackingmethode in Deutschland vorgestellt[69].

Andere Gutachter sehen das Fracking-Verfahren, wie es zur Erdgasförderung und bei der Geothermie eingesetzt wird, aber sehr kritisch: So berichtet Wolfgang Richter in Planet Wissen über entstandene Schäden durch Geothermie[70]. *...**unschöne Nebenwirkungen**: In Staufen im Breisgau kam es 2007 nach Erdwärmebohrungen hinter dem Rathaus zu massiven Gebäudeschäden. Offenbar war bei der Bohrung Grundwasser in Schichten mit dem Mineral Anhydrit eingedrungen, worauf sich der Stoff in Gips umwandelte und aufquoll. In der Folge hob sich die Erde um einen halben Meter und beschädigte praktisch die gesamte Altstadt. Das gleiche Bild in Böblingen 2009: In 80 Häusern zeigten sich immer größer werdende Risse. Der Verdacht erhärtete sich, dass die Ursache die gleiche wie in Staufen ist – das sogenannte Gipskeuperquellen.*

Doch nicht nur Hebungen können Folge der Anwendung oberflächennaher Geothermie sein. Nach einer Erdwärmebohrung in der Nähe der Keplerschule in Schorndorf (Rems-Murr-Kreis) senkten sich 2009 die Klassenzimmer, auch bei fast einem Dutzend anderer Häuser wurden Beschädigungen festgestellt. Im Juli 2011 wurden in Leonberg durch eine Erdwärmebohrung versehentlich zwei Grundwasserschichten miteinander verbunden. Das Wasser floss nach unten ab, der Boden sackte weg. Etwa 25 Häuser aus einem benachbarten Wohnviertel wurden zum Teil schwer beschädigt.

Mit noch mehr Skepsis betrachten viele Bürger Projekte der »tiefen Geothermie«. An einigen Standorten kam es durch den Betrieb von Geothermie-Kraftwerken bereits zu kleinen Erdbeben. Eine Stärke von 3,4 erreichte im Dezember 2006 ein Beben in Basel. Oberflächenwasser wurde mit zu hohem Druck in den Untergrund gepumpt. Das Geothermie-Kraftwerk Basel ist inzwischen stillgelegt. In Landau in der Pfalz kam es im Sommer 2009 zu leichten Erderschütterungen, vermutlich ebenfalls vom ortsansässigen Geothermie-Kraftwerk verursacht. Die Mikro-Erdbeben hatten nur eine Magnitude von 2,5; größere Schäden gab es wie auch in Basel zwar nicht, aber die psychologische Wirkung auf die Anwohner war enorm.... Und als sich im Februar 2014 Risse in der Straße am Kraftwerk bildeten und ein Bahndamm leicht absackte, schaltete der Betreiber das Geothermie-

---

[69] https://scienceblogs.de/wasgeht/2015/04/30/geothermie-und-fracking/
[70] https://www.planet-wissen.de/technik/energie/erdwaerme/pwiechancenundrisikendergeothermie100.html

Kraftwerk aus Sicherheitsgründen vorläufig ab. Auch hier gab es offenbar Probleme im Untergrund durch das Einpressen von Oberflächenwasser.

Wie das Bundesumweltamt die hohen geschätzten Potentiale zur energetischen Nutzung der Geothermie bei diesen Zweifeln begründen kann, erschließt sich keinem Pragmatiker und bleibt äußerst fragwürdig.

Im Kapitel 4 werden die Anforderungen an eine gesicherte Stromversorgung, der Bedarf von Primärenergie und die Netto-Stromerzeugung aus den einzelnen Erzeugerquellen beschrieben.

2. Stromspeicher

Stromspeicher für große Energiemengen sind weder technisch noch physikalisch und heute auch nicht wirtschaftlich absehbar.

- Batterien sind als Speichermedium nur für Sekunden, Minuten oder Stunden geeignet.

- Derzeit speichern 36 Pumpspeicherwerke 37,4 GWh. Sie könnten eine maximale Leistung von 6,7 GW für 4 bis 8 Stunden liefern. Eine Überbrückung von 14 Tagen Dunkelflaute würde 21 TWh erfordern. Dafür wären insgesamt 20 000 Pumpspeicherkraftwerke erforderlich, was absolut nicht realisierbar ist. Außerdem kann die Wirtschaftlichkeit von Pumpspeicherkraftwerken nur erreicht werden, wenn im Tagesrhythmus Ein- und Ausspeicherung stattfindet und die Einkaufs- und Verkaufspreise dazu passen.

Bild 22 zeigt eine Übersicht der erreichbaren gemittelten Werte der Volllaststunden regenerativer Anlagen für die Jahre 2018 bis 2030 in Deutschland[71].

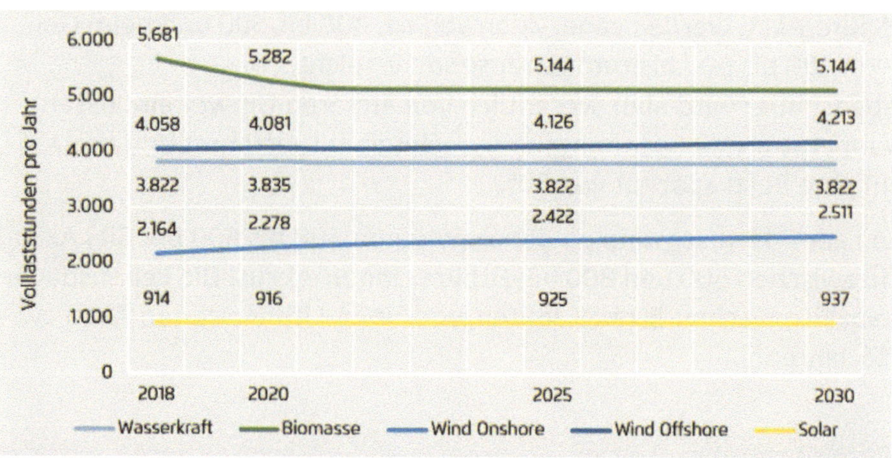

Bild 22. Volllaststunden für ganzjährig betriebene Anlagen (Quelle: Öko Institut)

[71] https://www.oeko.de/

Zur Abdeckung der fehlenden Volllaststunden sind Speicher erforderlich:
- ➡ bei Solarenergie für 7853 Stunden,
- ➡ bei Wind Onshore-Anlagen für 6338 Stunden und
- ➡ bei Wind Offshore-Anlagen für 4938 Stunden

5000 Stunden, das sind 208 Tage oder 57% eines ganzen Jahres!

7853 Stunden, das sind 327 Tage oder 90% eines ganzen Jahres!

2.1 Akkumulatoren

Akkumulatoren und Batterien speichern elektrische Energie in Form chemischer Energie. Akkumulatoren sind wieder aufladbar, Batterien können nur einmal entladen werden. Die physikalische Grundlage dafür bietet die elektrochemische Spannungsreihe, eine Auflistung von Redox-Paaren nach ihrem Standardelektrodenpotential[72].

Seit vielen Jahrzehnten hat sich der **Bleiakkumulator** (kurz **Bleiakku**) bewährt. Genutzt wird bei ihm die Potentialdifferenz zwischen den Elektroden Bleioxyd (Pluspol) und Blei (Minuspol). Über den Elektrolyten Schwefelsäure fließen die Elektronen beim Entladen über die Last vom Pluspol zum Minuspol und bauen so die Oxydschicht ab. Durch Stromzufuhr dreht sich dieser Vorgang um; die Oxydschicht wird wieder aufgebaut. Bekannt sind aber auch die Nachteile dieses Verfahrens:

- Mit 0,11 MJ/kg, das entspricht 30 Wh/kg oder 0,03 kWh/kg, ist der Bleiakku relativ schwer und hat eine geringe Speicherfähigkeit.
- Die Nennspannung einer Zelle beträgt 2 V. Diese Spannung schwankt jedoch je nach Ladezustand und Lade- oder Entladestrom zwischen ca. 1,75 V und 2,4 V.
- Beim Säure-Akku werden Ladezyklen von ca. 300 bis 500 und beim Gel-Akku von 400 bis 600 bis zum Lebensende erreicht.
- Die Lebensdauer wird aber wesentlich von äußeren Umwelteinflüssen wie Temperatur und Spannungsüberwachung mitbestimmt und bezieht sich auf eine Restkapazität von 80%.

Die möglichen Ladezyklen schwanken dabei zwischen 300 bis 600 bei Blei Akkumulatoren und zwischen 500 und 800 bei Lithium-Ionen-Akkus. Die Lebensdauer liegt beim Bleiakku zwischen 5 bis 8 Jahren und beim Lithium-Ionen-Akku zwischen 10 bis 15 Jahren[73].

---

[72] https://de.wikipedia.org/wiki/Elektrochemische_Spannungsreihe
[73] http://www.akku-abc.de/akku-lebensdauer.php

Auf dem Gebiet der Elektromobilität hat der Lithium-Ionen-Akku inzwischen eine dominierende Stellung eingenommen. Er zeichnet sich durch eine hohe Energiedichte und Lebensdauer aus. Die Nenn-Zellenspannung beträgt 3,7 Volt, seine gespeicherte Energiedichte beträgt 170 Wh/kg, das sind 0,17 kWh/kg. Mit Lithiumkobaltnickel (LiNiCo) erreicht man sogar bis 240 Wh/kg. Die Ladeschlussspannung liegt bei 4,1 bzw. 4,2 Volt und muss auf 50 Millivolt genau eingehalten werden, sonst wird die Zelle zerstört. Die unterste Spannungsgrenze liegt bei 2,5 Volt. Darunter wird die Zelle beschädigt. Eine Tiefentladung unterhalb 2,4 V kann den Akku dauerhaft schädigen, ebenso wie eine zu hohe Zellentemperatur. Hersteller empfehlen eine Lagerung bei 15°C und einem Ladestand von 60 %, um einen Kompromiss zwischen beschleunigter Alterung und Selbstentladung zu erreichen. Ein Akku sollte etwa alle sechs Monate auf 40 bis 60 % nachgeladen werden. Zurzeit gilt die Faustregel, dass in einem E-Mobil ein Li-Ionen-Akku nach ca. fünf Jahren ca. 30 % seiner Kapazität eingebüßt hat[74]. Der Kapazitätsverlust ist abhängig von dem Alter und den Ladezyklen. Generell sollte das Entladen unter 40 % vermieden werden, weil es bei »tiefen Zyklen« zu größeren Kapazitätsverlusten aufgrund irreversibler Reaktionen in den Elektroden kommen kann. Grundsätzlich ist es besser, Li-Ionen-Akkus »flach« zu zyklen, wodurch sich deren Lebensdauer verlängert. Tesla weist deshalb auch darauf hin, dass Schnellladungen nur höchstens dreimal nacheinander durchgeführt werden sollten.

Die Brandgefahr der Li-Ionen Akkus wurde am Mittwoch, 13. Mai 2020 deutlich. Gleich sechs elektrobetriebene Streetscooter-Transporter der Post wurden im Verteilzentrum Peine geladen und standen um 0:00 Uhr plötzlich in Flammen, ähnlich dem Fall Ende März 2020 in Weyhe bei Bremen, wo auch Streetscooter brannten. Auch sind schon viele E-Mobile in Flammen aufgegangen. So am 17.02.2021 ein nagelneuer VW-Golf-Hybrid, Tachostand 300 km, der während der Fahrt explodierte und dann erst gelöscht werden konnte, nachdem er komplett unter Wasser getaucht wurde[75].

Auch kleinere Li-Ionen-Akkus sind gefährlich. So warnt der Südwestrundfunk vor Akkubränden in PCs, Smartphones, E-Bikes oder E-Zigaretten[76].

Intensiv wird an neuen Akkukonzepten geforscht. So hat Tesla mit einem chinesischen Hersteller den kobaltfreien Eisenphosphat Akku (LiFePO) eingeführt[77].

---

[74]
https://www.sgsgroup.de/~/media/Local/Germany/Documents/White%20Papers/SGS_Batterie_Lebensdauer_im_Elektrofahrzeug_DE_1015.ashx?force=1
[75] https://www.pcwelt.de/news/Neuer-Golf-Hybrid-explodiert-waehrend-der-Fahrt-10979033.html
[76] https://www.swrfernsehen.de/marktcheck/akku-brand-explosion-100.html
[77] https://www.auto-motor-und-sport.de/tech-zukunft/alternative-antriebe/tesla-china-lithium-eisen-phosphat-akku-model-3-billiger/

Im März 2017 kündigte die EWE (AG) den Bau eines Batterie-Hybridgroßspeichers in Varel zur Netzunterstützung an[78,79]. 24 Millionen Euro investierte das japanische Konsortium Nedo in die neue Technologie, die Energie speichert und verteilt. Die Einspeisung erfolgt in das 20 kV-Netz, die Kapazität wird mit 22,5 MWh und die maximale Leistung mit 11,5 MW angegeben. Geworben wird damit, dass 25 000 Haushalte fünf Stunden mit Strom versorgt werden können. Rechnet man aber einmal nach, wieviel Leistung dann jedem Haushalt zur Verfügung stünden, ist man doch sehr erstaunt. 22,5 MWh geteilt durch 25000 Haushalte x 5 h, entspricht 180 W verfügbarer Dauerleistung über fünf Stunden je Haushalt. Mit der genannten Leistung von 11,5 MW für 25000 Haushalte gerechnet, ergeben sich 460 W durchschnittliche Leistung pro Haushalt. Eine Notbeleuchtung ist damit gesichert! EWE hat die Anlage im Mai 2020 in den regulären Netzbetrieb übernommen.

All dies sind verwirrende Zahlen, die für die Allgemeinheit nicht nachvollziehbar sind, aber entsprechenden Optimismus suggerieren sollen.

Auch der Vergleich der Batterie-Investitionskosten von 24 Millionen Euro mit den Investitionskosten für Kraftwerke geht sehr negativ aus. Für eine nur begrenzt verfügbare Leistung von 11,5 MW sind 2174 € pro 1 kW Investitionskosten erforderlich. Die Investitionskosten für Kohlekraftwerke liegen im Bereich 1000 bis 1800 €/kW oder bei GuD-Kraftwerken bei 500 bis 1000 €/kW. Dazu kommt noch, dass die Kraftwerke eine Verfügbarkeit zwischen 4000 bis 8000 Stunden im Jahr haben und ihre Lebensdauer mehr als 40 Jahre beträgt, die Lebensdauer der Akkus dagegen nur 10 bis 15 Jahre.

Alternativ plant EWE einen Redox-Flow-Speicher in Salzkavernen!

Die EWE-Tochter für Gasspeicher will nach eigenen Angaben die größte Batterie der Welt bauen. Dabei soll das bekannte Prinzip der Redox-Flow-Batterie (erstes Patent wurde 1949 Walther Kangro von der TU Braunschweig erteilt), bei dem elektrische Energie in einer Flüssigkeit gespeichert wird, mit neuen, umweltverträglichen Komponenten in unterirdischen Salzkavernen angewendet werden[80].

Die elektrische Energie wird dabei in zwei Elektrolyten aus gelösten Salzen getrennt gespeichert. Die Zusammensetzung der Elektrolyte bestimmt die Zellenspannung und die Energiedichte. In der Praxis werden die Systeme mit geschlossenen Kreisläufen ausgeführt. Die eigentliche galvanische Zelle wird durch eine Membran in zwei Halbzellen geteilt. An der Membran fließt der Elektrolyt vorbei.

---

[78] https://www.ewe.com/de/presse/pressemitteilungen/2018/11/intelligente-grobatterie-in-varel-feierlich-in-betrieb-genommen-ewe-ag
[79] https://be-storaged.de/referenzen/referenzprojekt-hybridgrossspeicher-varel/
[80] https://www.photovoltaik.eu/energiewende/ewe-plant-redox-flow-speicher-salzkavernen

---

Die Halbzelle wird durch eine Elektrode abgegrenzt, an der die eigentliche chemische Reaktion in Form einer Reduktion oder Oxidation abläuft[81,82,83].

Größter Schwachpunkt aktueller Redox-Flow-Batterien ist ihre Abhängigkeit von der hochpreisigen Ressource Vanadium, das auch in der Stahlindustrie begehrt ist. Deshalb konzentrieren sich die aktuellen Forschungen u.a. auf die Verwendung von Lignin als Ausgangsstoff. Lignin gilt aufgrund seiner chemischen Eigenschaften in Kombination mit seiner Umweltfreundlichkeit, seiner weiten Verfügbarkeit und seiner niedrigen Kosten als vielversprechender Rohstoff für metallfreie Redox-Flow-Batterien zur Energiespeicherung in großen stationären Speichern, wie sie die Kavernen bieten. Es wird für möglich gehalten, dass Flowzellen auf Ligninbasis zukünftig einen Speicherwirkungsgrad von 90% und Speicherkosten von ca. 3 ct/kWh aufweisen werden. Inbetriebnahme ist in 2025 geplant.

2.2 Wärmespeicher

»Power to heat« ist ein neues Forschungsthema als Beispiel für die Kopplung von Strom- und Wärmesektor. Die Power to Heat-Anlage »Karoline« 2019 in Hamburg wurde als Teil des Großprojekts NEW 4.0 – Norddeutsche Energie Wende 4.0 eingeweiht[84,85]. Mit dem Projekt soll erforscht werden, wie technische, ökonomische und regulatorische Rahmenbedingungen gestaltet sein müssen, um eine für die Energiewende sinnvolle Anlage wie diese wirtschaftlich betreiben zu können. Diese ist zunächst nur für die Wärmeversorgung geplant, soll grundsätzlich aber auch für ein Wärmekraftwerk zur Stromerzeugung nutzbar sein. Dabei möge man sich daran erinnern, dass Wärme die Energieform mit dem niedrigsten Nutzungsfaktor ist, Elektrizität die Energieform mit dem höchsten.

Eine Umwandlung **Strom-Wärme-Strom** hat den schlechtesten Wirkungsgrad.

Entwickelt werden auch Hochtemperaturspeicher mit induktiver Erwärmung. Diese zeichnen sich durch eine hohe Dynamik bei der Aufnahme von Leistungsspitzen aus. Die Rückverstromung erfolgt direkt mit der hohen gespeicherten Temperatur größer 900°C. Nachteilig ist der geringe elektrische Systemwirkungsgrad von 29% bei Kleinanlagen bis ca. 525 kW und von 33% bis 54% bei Großanlagen von 6,8 MW. (Quelle: BWK, Heft 03, 2020, Seite 6 bis 14).

2.3 Power to Gas Umwandlung

Allein die Speicherlösung durch Power to Gas (**PtG-Umwandlung) bietet eine langfristige Perspektive**. Für eine Langzeitspeicherung müsste überschüssiger

[81] https://www.energie-experten.org/erneuerbare-energien/photovoltaik/stromspeicher/redox-flow-batterie
[82] https://www.ict.fraunhofer.de/content/dam/ict/de/documents/medien/ae/AE_Redox_Flow_Batterie_V03-1_de.pdf
[83] https://www.uni-jena.de/200925_Polymerelektrolyte
[84] https://new4-0.erneuerbare-energien-hamburg.de/de/new-40-blog/details/power-to-heat-anlage-karoline-eingeweiht.html
[85] https://www.haw-hamburg.de/cc4e/ueber-uns/blog-und-events/norddeutsches-reallabor-will-sektorkopplung-voranbringen/

regenerativer Strom mit Hilfe der Elektrolyse in Wasserstoff und danach mit CO_2 in Erdgas oder flüssige Kraftstoffe umgewandelt werden. **Allerdings wäre der Gaspreis dafür wesentlich höher als der derzeitige Marktpreis für Erdgas!!** (Mehr dazu im Kapitel 5.9.2).

Wasserstoff wird in großen Mengen in der Industrie benötigt. Er wird nicht nur zur Raffination von Rohöl oder zur Herstellung von Düngemitteln und chemischen Produkten benutzt, sondern auch bei der Zement-, Eisen- und Stahlerzeugung. Bei der Herstellung wird zwischen grünem, grauem, blauem und türkisem Wasserstoff unterschieden.

Grüner Wasserstoff wird ausschließlich mit regenerativem Strom in Eletrolyseuren hergestellt.

Grauer Wasserstoff wird unter Hitze aus Erdgas unter Abgabe von CO_2 umgewandelt (Dampfreformierung). Das CO_2 wird anschließend ungenutzt in die Atmosphäre abgegeben.

Blauer Wasserstoff ist grauer Wasserstoff, dessen CO_2 bei der Entstehung jedoch abgeschieden, gespeichert (Carbon Capture and Storage, CCS) oder zur Erzeugung von Erdgas, Kraft-, Treib- oder Grundstoffen verwendet wird (Carbon Capture and Utilization, CCU). Das Kværner-Verfahren[86] trennt in einem Plasmabrenner bei 1600 °C Erdgas vollständig in Aktivkohle (reinen Kohlenstoff) und Wasserstoff [CH_4 + Energie $\rightarrow$ C + 2 H_2]. Dem BMBF zufolge ist das **türkiser Wasserstoff.** Voraussetzungen für die CO_2-Neutralität des Verfahrens sind die Wärmeversorgung des Hochtemperaturreaktors aus erneuerbaren Energiequellen sowie die dauerhafte Bindung des Kohlenstoffs.

In **E-Fahrzeugen mit Brennstoffzellen** wird der Wasserstoff direkt in elektrischen Strom gewandelt. Das Problem der Tankstellen zur Verteilung in der Fläche muss dafür aber noch gelöst werden. Es gibt Vorschläge, den Wasserstoff mit Solarstrom im Sonnengürtel der Erde herzustellen, um ihn oder das daraus hergestellte Erdgas oder Amoniak verflüssigt per Schiff nach Deutschland zu bringen. Die Verstromung in Gaskraftwerken könnte nach ersten Kalkulationen zu ca. (6 bis 10) Cent/kWh realisiert werden. Diese Umsetzung erfordert aber einen wesentlich längeren Zeitraum!!

3. Derzeitige Energieversorgung

Die elektrische Stromerzeugung erfolgt bisher überwiegend in Kraftwerken, also in Braun- und Steinkohlekraftwerken, Kernkraft-, Gas-, Öl- und Müllverbrennungskraftwerken. Dabei muss deckungsgleich genau so viel elektrische **Leistung**

---

[86] https://www.energie-lexikon.info/kvaerner_verfahren.html

erzeugt werden, wie benötigt wird. Zahlenangaben zur **Energie** sagen nichts über eine verfügbare Leistung aus.

Für Wärme und Verkehr werden Kohle, Gas und Öl als Primärenergieträger genutzt. Tabelle 2 listet den Primärenergieverbrauch (brutto) und den Nettoenergieverbrauch für die Jahre 2014 bis 2020 auf. Zur Erinnerung: Energie in Terawattstunden ist gleich Leistung in Gigawatt multipliziert mit der Zeit in Stunden. **Verbraucher benötigen für ihre Anwendungen aber die erforderliche Leistung.**

3.1 Primärenergieverbrauch in Deutschland

Jahr	Primärenergiever-brauch (brutto)	Veränderung gegen Vorjahr	Energiever-brauch (netto, elektrisch)	Veränderung gegen Vorjahr
2020	11.619 [PJ] [87]	8,7%	488,7 [TWh][88]	-8,5%
2019	12.815 [PJ][89]	-2,4%	574,0 [TWh]	+11,3%
2018	13.129 [PJ]	-2,9%	515,6 [TWh]	-0,39%
2017	13.523 [PJ]	+0,24%	517,6 [TWh]	+0,7%
2016	13 491 [PJ]	+1,7%	513,9 [TWh]	+0,12%
2015	13 262 [PJ]	+0,6%	513,3 [TWh]	+0,17%
2014	13 180 [PJ]		512,4 [TWh]	

Tabelle 2.   Energieverbrauch für die Jahre 2014 bis 2020

3.2 Elektrische Energieerzeugung

2020 wurden 488,7 TWh elektrische Netto-Energie erzeugt (Bild 23), das sind 282 TWh mehr als in 2019[90],[91]. 2020 lieferten die regenerativen Quellen 247 TWh oder 50,5% und 2019 (46%) 238 TWh. Bezogen auf die in 2020 hinzu gekommene installierte Leistung bei Wind- und Solaranlagen von 4,7 GW, sind 9 TWh ein sehr geringer Zuwachs. Mit anderen Worten: Die zusätzlich installierten Wind- und Solaranlagen mit 4,7 GW speisten von den 8760 Jahresstunden nur 1915 Stunden ihre Nennleistung ein. Die Leistung stand nur für knapp ein Viertel der Jahresstunden zur Verfügung, (die Zahlen differieren je nach benutzter Quelle geringfügig).

---

[87] https://www.bdew.de/energie/primaerenergieverbrauch-in-deutschland-nach-energietraegern-2020/
[88] https://www.ise.fraunhofer.de/de/presse-und-medien/news/2020/nettostromerzeugung-in-deutschland-2021-erneuerbare-energien-erstmals-ueber-50-prozent.html
[89] https://www.umweltbundesamt.de/daten/energie/primaerenergieverbrauch#primarenergieverbrauch-nach-energietragern
[90] https://www.laborpraxis.vogel.de/wie-gruen-ist-strom-aus-deutschland-a-990423/
[91] https://www.ise.fraunhofer.de/de/presse-und-medien/news/2020/nettostromerzeugung-in-deutschland-2021-erneuerbare-energien-erstmals-ueber-50-prozent.html

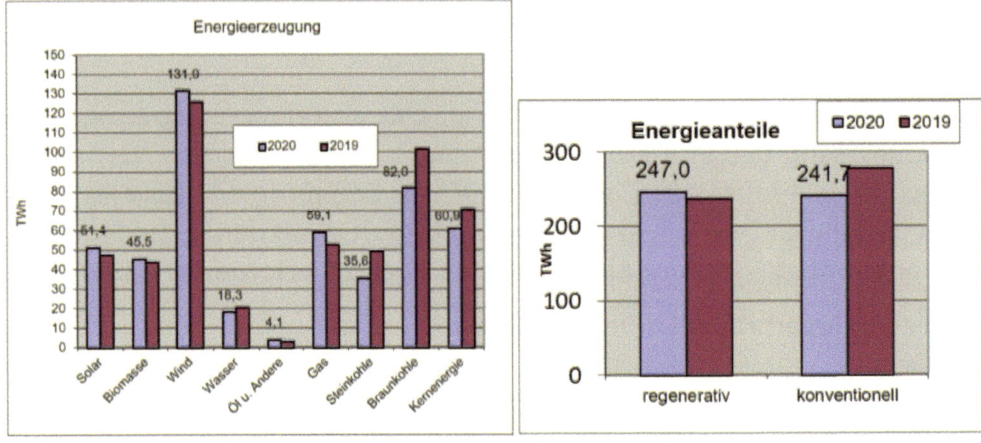

Bild 23. Nettoenergieerzeugung in Deutschland für 2020 - 2019

Die elektrische Energie von 488,7 TWh wird zu 98% in den Sektoren   Industrie, Gewerbe, Handel und Dienstleistungen eingesetzt[92], also Bereiche, die die meisten Arbeitsplätze bieten. Bild 24 zeigt die einzelnen Anteile. Die Überschrift »Stromverbrauch« im Chart ist nicht gerechtfertigt, weil Energieanteile dargestellt sind. Bemerkenswert ist der hohe Bedarf von 45% für die Industrie und 26% für Gewerbe, Handel und Dienstleistungen, zwei Sektoren, die den größten Teil der Arbeitsplätze zur Verfügung stellen. Im Verkehr werden nur 2% benötigt. Dieser geringe Anteil elektrischer Energie betrifft ausschließlich elektrisch betriebene Fahrzeuge, überwiegend bei der Bahn.

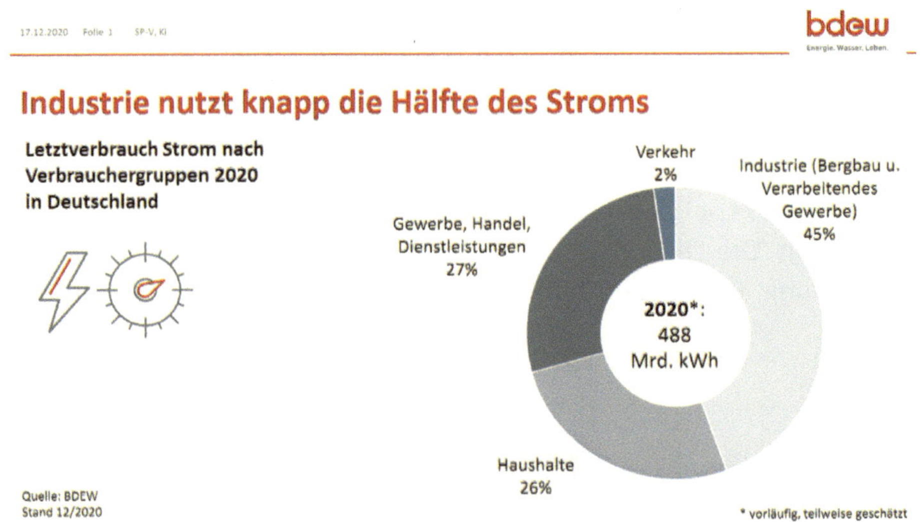

Bild 24. Energieverbrauch in Deutschland nach Verbrauchergruppen

---

[92] https://www.bdew.de/service/daten-und-grafiken/stromverbrauch-deutschland-verbrauchergruppen/

3.3 Anteile der einzelnen Erzeugeranlagen

Mit einer gesamten installierten **Windleistung** in 2020 von **54 938 MW aus 29 608 Anlagen** erzeugten diese einen Energieanteil von 132 TWh, das sind 27%. **Solaranlagen** waren mit **49 780 MW** aus über **1,7 Millionen** Anlagen installiert und lieferten 51,42 TWh, also 10,5% des **Nettoenergiebedarfs**. Leider sagen die Energieanteile nichts über die gelieferte Leistung aus, die jederzeit für den Verbraucher verfügbar sein muss, auch wenn die Charts mit »Stromerzeugung« beschriftet sind. Tabelle 3 listet alle in 2020 verfügbaren Erzeugeranlagen mit ihren installierten Leistungen auf[93].

(Die Zahlen variieren je nach verwendeter Datenquelle)

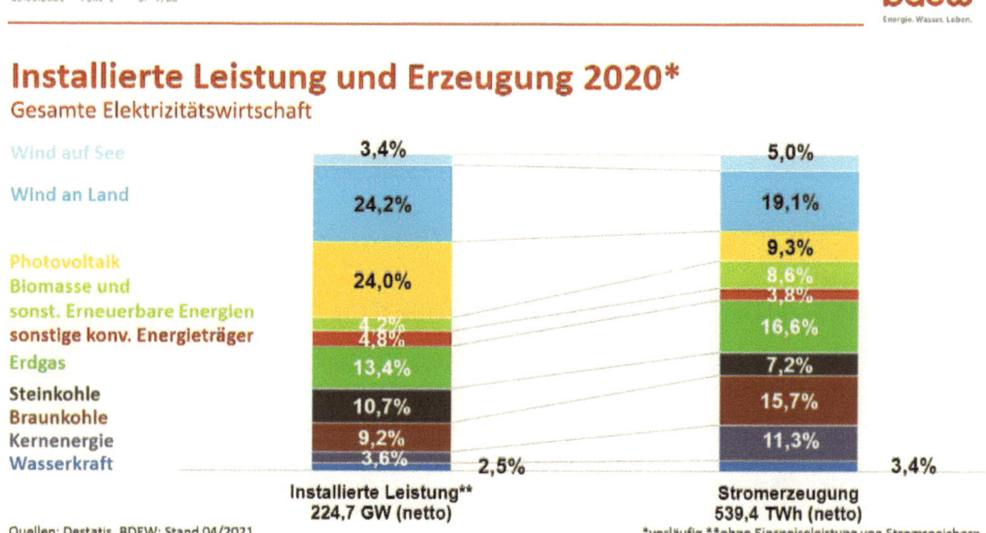

Tabelle 3.   in 2020 verfügbare Erzeugeranlagen mit ihren installierten Leistungen

In 2020 betrug die gesamte installierte Solar- und Windleistung 116 GW, die 33,4% des Energiebedarfs lieferten. Konventionelle Kraftwerke lieferten mit einer installierten Leistung von 82,9 GW 50,8% des Netto-Energieverbrauchs! Der elektrische Nettoenergieerzeugung 2020 mit 539,4 TWh, verteilt sich auf folgende Erzeugerquellen:

- 45,4% oder 244,9 TWh regenerativ
- 39,5% oder 213,2 TWh auf Kohlenstoffbasis (Braun-, Steinkohle, Erdgas)
- 11,3% oder 60,9 TWh auf Kernenergie

Braun- und Steinkohle lieferten mit 44,7 GW installierter Leistung allein 123,5 TWh des elektrischen Energiebedarfs, das entspricht 22,9%.

---

[93] https://www.bdew.de/service/daten-und-grafiken/installierte-leistung-und-erzeugung/

3.4 Verfügbarkeit elektrischer Leistung

Zur Erinnerung: elektrische Leistung wird in Watt, kW, MW oder GW gemessen und angegeben. Die Energie, die sich aus der über eine Zeitspanne bezogenen Leistung berechnet, wird in Wattsekunden(Ws) bzw. für große Energiemengen in Kilowattstunden (kWh), Megawattstunden (MWh), Gigawattstunden (GWh) oder Terawattstunden (TWh) angegeben. Ein Vierpersonenhaushalt benötigt ca. 3500 kWh in einem Jahr. Der Bedarf für die gesamte Bundesrepublik liegt bei ca. 600 TWh, das sind 600 Milliarden kWh. Dabei schwankt der monatliche Bedarf nach Jahreszeit und Monat zwischen 60,4 TWh im Januar und 43,4 TWh im Juni 2019. Im Durchschnitt beträgt der monatliche Bedarf 50,3 TWh, das sind 70 GW über 24 Stunden (Bild 25)[94]. Auch hier wird wieder von Bruttostromerzeugung gesprochen und Energieanteile dargestellt. 2020 verringert sich der Bedarf um ca. 9,5%.

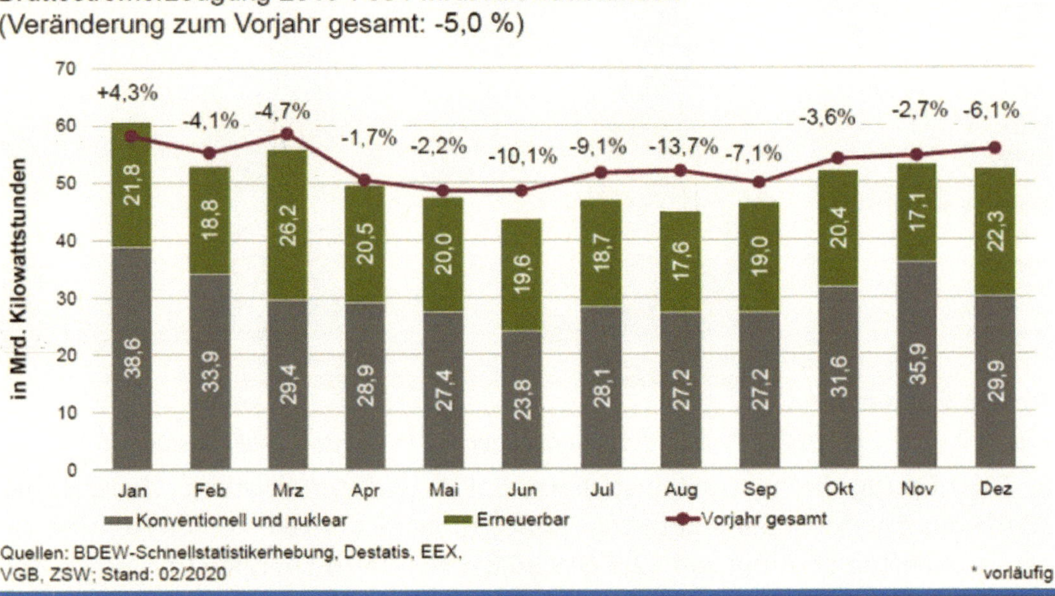

Bild 25. Monatliche **Energieerzeugung** in Deutschland

4. Stromversorgung - heute

Eine gesicherte Stromversorgung garantiert, dass der benötigte Strom beim Einschalten einer Last in der erforderlichen Höhe auch fließt. Die konventionellen Kraftwerke konnten bisher die aus den unterschiedlichen Lastbedarfen entstehende schwankende Leistung durch eine interne Leistungsregelung problemlos

---

[94] https://www.bdew.de/service/daten-und-grafiken/monatliche-stromerzeugung-deutschland/

zur Verfügung stellen. Aus Netzstabilitätsgründen ist dafür eine konventionelle **Mindesterzeugerleistung**[95] erforderlich, die nicht ohne Weiteres vom Netz genommen werden darf. Die konventionellen Kraftwerke halten auch dynamisch (kurzfristig) durch ihre gespeicherte kinetische Energie in den rotierenden Massen die Netzfrequenz konstant. Probleme gibt es mit den regenerativen Energieanlagen. Wird mehr Leistung benötigt als die regenerativen Anlagen liefern können, müssen die konventionellen Kraftwerke einspringen. Steht dafür keine Reserveleistung mehr zur Verfügung, werden unter Anwendung der **demand side management (DSM) Maßnahmen**[96] Verbraucher abgeschaltet. Liefern die regenerativen Anlagen mehr Leistung als benötigt wird, müssen die konventionellen Kraftwerke aus Netzstabilitätsgründen regional verteilt weiterhin ca. 25% bis 30% der Leistung ins Netz einspeisen, dürfen also nicht beliebig weit abgeregelt werden. Damit entsteht eine Überschussleistung, für die es keine Abnehmer gibt. Hier werden wieder DSM-Maßnahmen aktiv, um Verbraucher zu suchen[97] *(Bericht über die Mindesterzeugung 2019, Seite 66)* .

Bei zu großem Leistungsüberschuss aus regenerativen Anlagen muss dieser entsorgt werden. Er wird ins Ausland exportiert, häufig sogar mit negativen Strompreisen. Das EEG verhindert, dass aus wirtschaftlichen Überlegungen Windenergieanlagen abgeregelt oder gar abgeschaltet werden, so wie bei den konventionellen Kraftwerken. So lange die Leistung über die Leitungen abtransportiert werden kann, muss sie auch bezahlt, abgeführt und teilweise zu negativen Strompreisen entsorgt werden, wie beispielsweise die Bilder 31 und 32 für den 5. Juli 2020 zeigen[98].

4.1 Leistungserzeugung und -bedarf im Jahresverlauf

Die Leistung der Solar- und Windanlagen hängt aber von den jeweiligen Wetterbedingungen ab. Die witterungsbedingte Abhängigkeit der Leistungseinspeisung zeigen die Bilder 26 bis 28 für die Jahre 2018 bis 2020. Mehrere Wochen/Monate gab es kaum Windleistung.

---

[95] https://www.bundesnetzagentur.de/DE/Sachgebiete/ElektrizitaetundGas/Unternehmen_Institutionen/Versorgungssicherheit/Erzeugungskapazitaeten/Mindesterzeugung/Mindesterzeugung_node.html
[96] https://de.wikipedia.org/wiki/Laststeuerung
[97] https://www.bundesnetzagentur.de/SharedDocs/Downloads/DE/Sachgebiete/Energie/Unternehmen_Institutionen/Versorgungssicherheit/Erzeugungskapazitaeten/Mindesterzeugung/BerichtMindesterzeugung_2019.pdf?__blob=publicationFile&v=2
[98] https://www.agora-energiewende.de/service/agorameter/chart/power_generation_price/05.07.2020/10.07.2020/

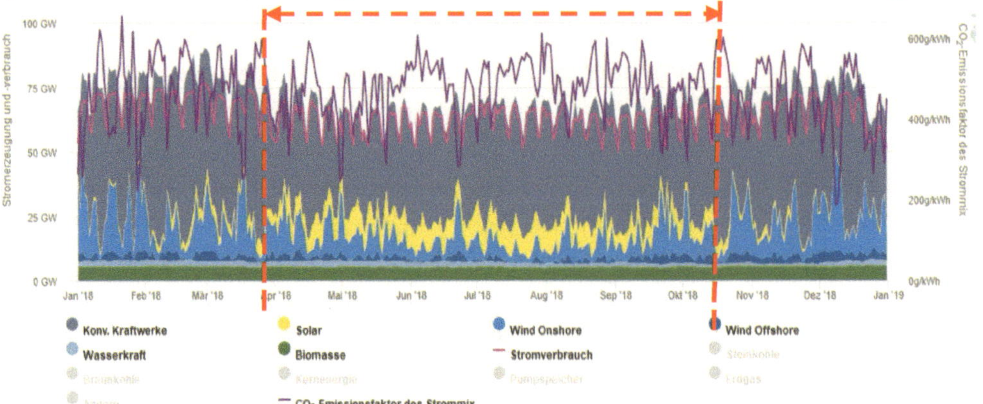

Bild 26. elektrische Leistung im Zeitraum vom 1. Januar bis 31. Dezember 2018[99]

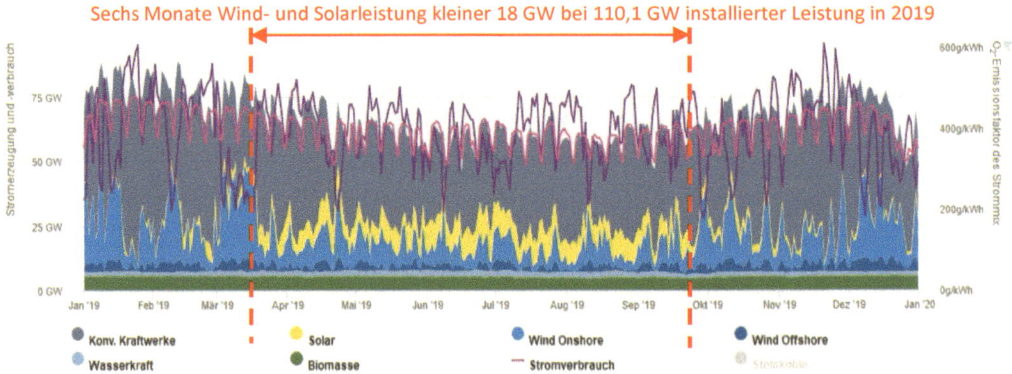

Bild 27. elektrische Leistung für den Zeitraum 1. Januar bis 31. Dezember 2019[100]

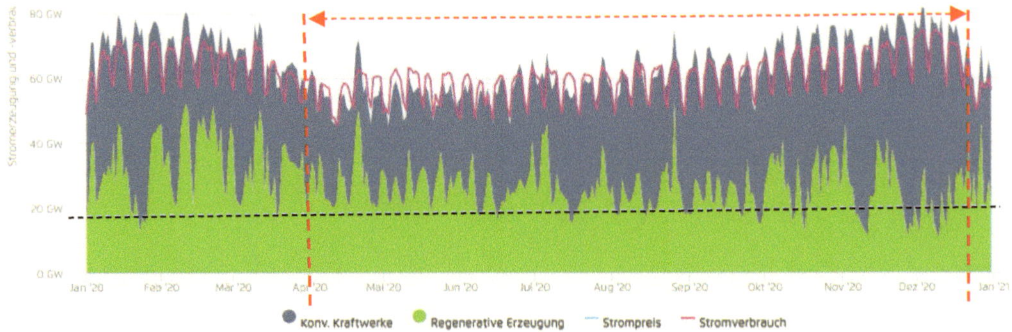

Bild 28. elektrische Leistung für den Zeitraum 1. Januar bis 31. Dezember 2020[101]

---

[99] https://www.agora-energiewende.de/service/agorameter/chart/power_generation/01.01.2018/31.12.2018/
[100] https://www.agora-energiewende.de/service/agorameter/chart/power_generation/01.01.2019/31.12.2019/
[101] https://www.agora-energiewende.de/service/agorameter/chart/power_generation_price/01.01.2020/31.12.2020/

Zu einer »Dunkelflaute« kam es vom 15. bis zum 25.01.2017, wie Bild 29 zeigt. An zehn Tagen betrug die Wind- und Solareinspeisung weniger als 5 GW. Alle verfügbaren Kraftwerke waren am Netz, und es gab keine Reserveleistung mehr. Der maximale Leistungsbedarf betrug 85 GW, und knapp 80 GW mussten von den konventionellen Kraftwerken geliefert werden.

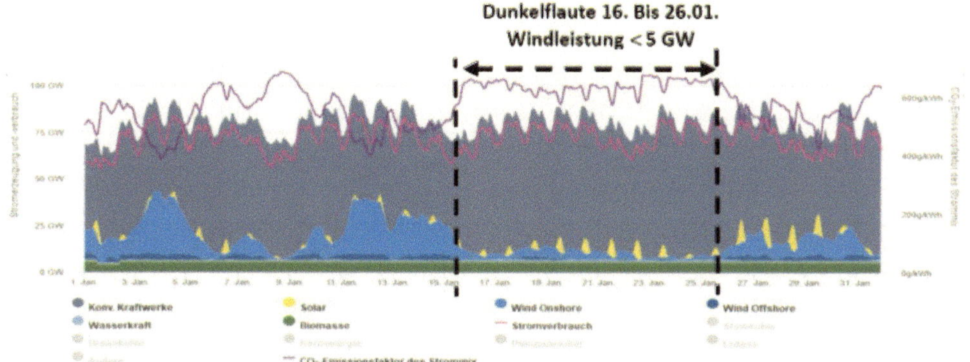

Bild 29. elektrische Leistung vom 1. Januar bis 31. Januar 2017 mit Dunkelflaute[102]

4.2 Überschussleistung führt zu negativen Strompreisen

Anders am Sonntag, 5. Juli 2020 von 11:00 bis 16:00 Uhr. Der Leistungsbedarf war 61 bis 54 GW, regenerativ wurden 57 bis 49 GW erzeugt, das entspricht 92%. Es fehlten noch 4 bis 5 GW. Konventionell wurden 15 GW erzeugt; d.h. 10 GW mehr, was 16% bis 18% des Bedarfs[103] entspricht, damit die Netzstabilität garantiert werden konnte (Bilder 30, 31).

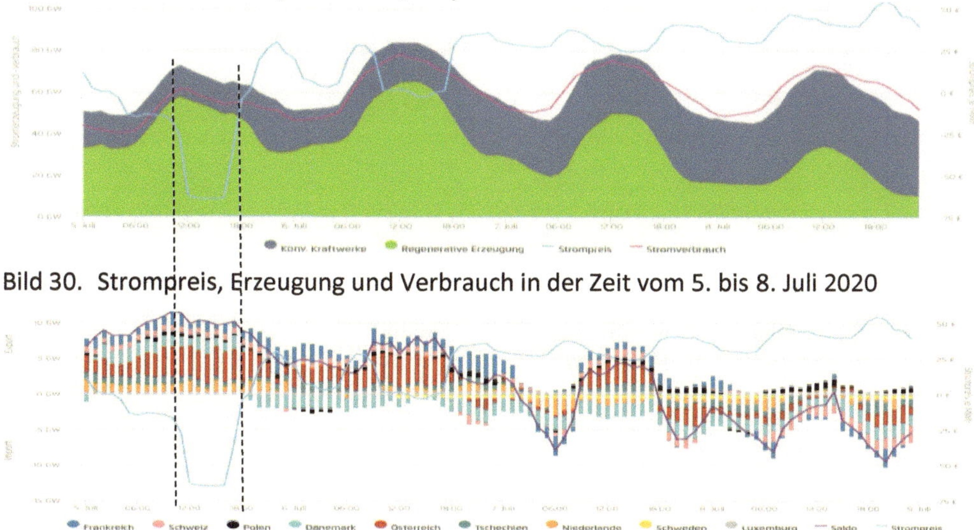

Bild 30. Strompreis, Erzeugung und Verbrauch in der Zeit vom 5. bis 8. Juli 2020

Bild 31. Leistungsimport- und -export in der Zeit vom 5. bis 8. Juli 2020[100]

---

[102] https://www.agora-energiewende.de/service/agorameter/chart/power_generation/01.01.2017/31.01.2017/
[103] https://www.agora-energiewende.de/service/agorameter/chart/power_generation_price/05.07.2020/08.07.2020/

Es kam zu einem negativen Strompreis von 65 €/MWh (6,5 Cent/kWh). Vier Stunden lang wurden 11 GW zu diesem Preis exportiert.

Das kostete 2,86 Millionen Euro!!

Aber man lernt nicht aus der Vergangenheit. Schon vom 6. bis 9. Dezember 2019 gab es eine sehr hohe regenerative Stromeinspeisung, wie Bild 32 zu entnehmen ist[104]. Es wurden zwischen 42 GW und 54 GW regenerativ erzeugt, was einem Anteil von 80% bis 82% des Bedarfs von 52 GW bis 66 GW entsprach. Rein rechnerisch hätten danach für eine 100% Abdeckung die konventionellen Kraftwerke nur eine Leistung von 20% zusätzlich bereitstellen müssen. Aus Netzstabilitäts-gründen und zur Konstanthaltung der Frequenz von 50 Hz mussten aber 40% zusätzlich erzeugt werden. Damit gab es Strom, den keiner benötigte. Durch den Stromexport von 12 GW am 8. Dezember 2019 in der Zeit von 5:00 bis 10:00 Uhr zu einem Strompreis von -50 €/MWh entstanden Kosten von drei Millionen Euro. (12 GW*5h = **60 GWh* 50 €/MWh = 3 Millionen Euro).**

In den Medien wird dieser Stromexport als Erfolg vermeldet. Dass die Kohlekraft-werke weiterliefen, interpretierten die Energieexperten als »Gier der Stromkon-zerne«, die damit ein Geschäft machen würden. Im Kapitel 4.3 mehr über die Strompreisbildung.

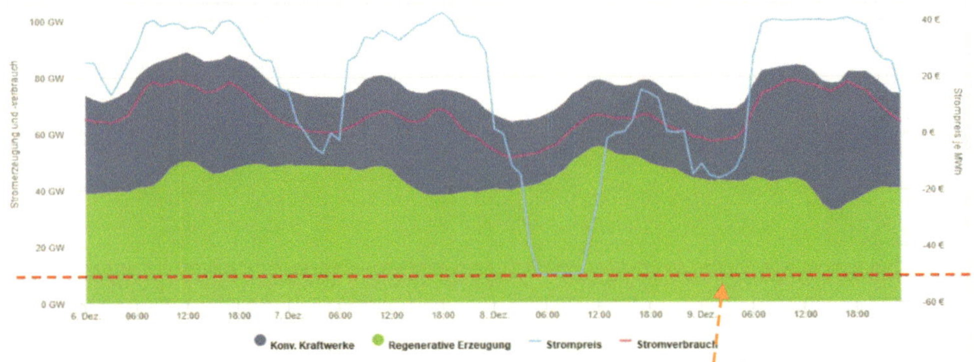

Bild 32. Strompreis, Verbrauch und Erzeugung vom 6. bis 9. Dezember 2019 maximaler negativer Strompreis 50 Euro/MWh = 5 Cent/kWh

Bild 33 zeigt Erzeugung, Verbrauch und Strompreise vom 28. bis 31. Oktober 2017 während des Herbststurmes Herwart mit Windgeschwindigkeiten bis zu 100 km/h (28 m/s), das entspricht Windstärke 10[105]. Auch hier kam es zu den gleichen Zuständen, dass Überschussleistung zu negativen Strompreisen exportiert werden musste.

[104] https://www.agora-energiewende.de/service/agorameter/chart/power_generation_price/06.12.2019/09.12.2019/
[105] https://www.agora-energiewende.de/service/agorameter/chart/power_generation_price/28.10.2017/31.10.2017/

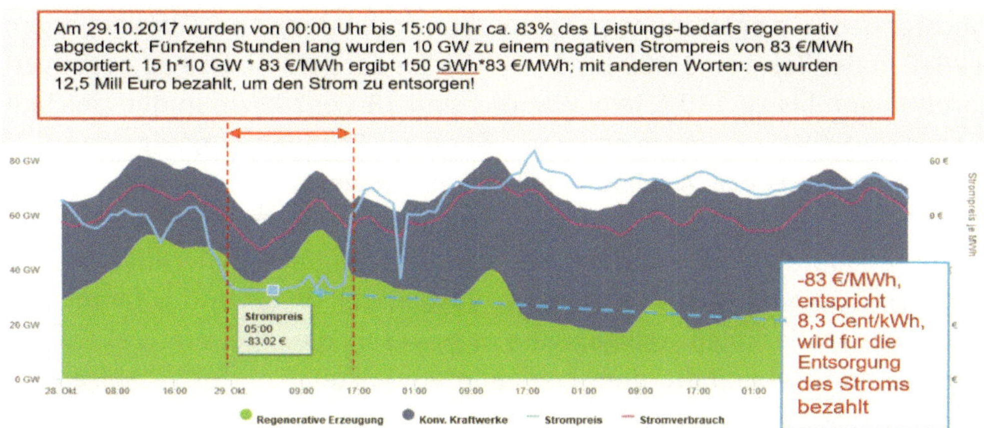

Bild 33.   Strompreise, Stromerzeugung und Verbrauch vom 28. bis 31. Oktober 2017:

Auch am Sonntag, 8. Mai 2016, lag der Leistungsbedarf zwischen 67 GW und 60 GW, wovon die regenerativen Anlagen 83% zur Verfügung stellten   (Bilder 34 und 35)[106]. Es fehlten noch 12 GW, konventionell erzeugt wurden aber 20 GW, weil die konventionellen Kraftwerke zur Aufrechterhaltung der Netzstabilität nicht ihre Leistung reduzieren durften.

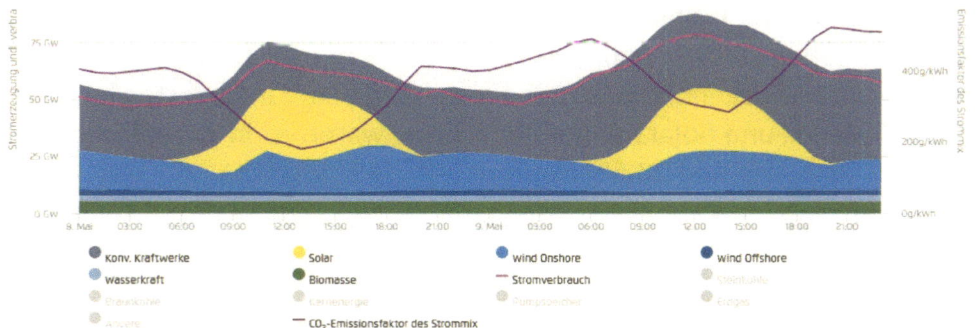

Bild 34. Stromerzeugung und Stromverbrauch am 8. Mai 2016

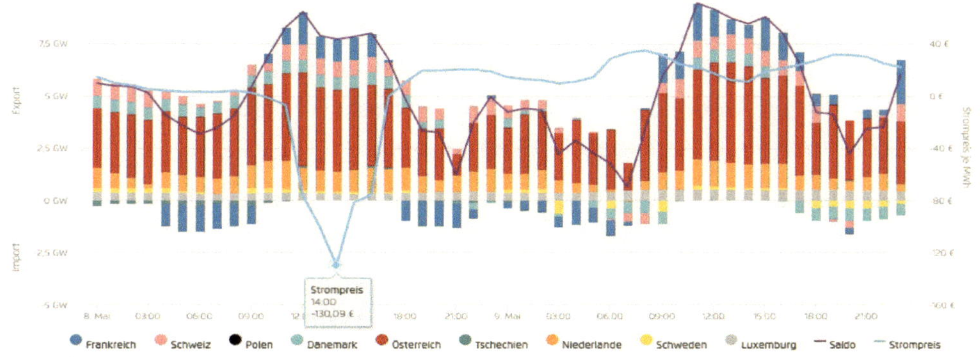

Bild 35. Strom-Import/Export am 8. Mai 2016   (130 €/MWh sind 13 Cent/kWh)

---

[106] https://www.agora-energiewende.de/service/agorameter/chart/power_generation/08.05.2016/09.05.2016/

Aufgrund der dadurch entstandenen Stromüberproduktion von 8 GW kam es am 8. Mai 2016 in der Zeit von 11:00 bis 17:00 Uhr an der Strombörse zu negativen Strompreisen von bis zu 130 € je MWh, das sind 13 Cent/kWh. In der gleichen Zeit wurden ca. 8 GW Leistung exportiert[73]. Für diese Stromentsorgung von 8 GW über 6 Stunden mussten 6,24 Millionen Euro bezahlt werden. »Verkauft«, besser entsorgt, wurde also nicht der Kohlestrom, wie immer wieder von den »Energie-experten« behauptet wird, sondern der zuviel erzeugte regenerative Strom. Doch diese Entwicklung wird sich mit dem Ausbau der Wind- und Solaranlagen immer häufiger wiederholen. Billiger wäre es gewesen, die regenerative Leistung gar nicht abzunehmen und nur den so genannten Geisterstrom zu bezahlen.

Das Bundesministerium für Wirtschaft und Energie stellte aber hoch erfreut fest, dass die erneuerbaren Energien ihren Beitrag zum gesamten Energieverbrauch im ersten Halbjahr 2020 gesteigert hätten. Windkraft und Solarenergie verzeich-neten aufgrund günstiger Witterung ein Plus von zehn Prozent. Beiläufig wurde erwähnt, dass aufgrund der CORONA Pandemie der Energieverbrauch bis Ende 2020 um sieben bis zwölf Prozent gesunken war. Weil sich die Bezugsgröße redu-zierte, erhöhte sich entsprechend der regenerative Anteil. Nicht erwähnt wurde auch, dass aufgrund der Frühjahrsstürme von Januar bis März 2020 im Mittel ca. 10 GW, das sind etwa 20 TWh, exportiert wurden. Zeiten mit stark schwankender Einspeisung kommen regelmäßig vor, sind aber nicht planbar. Lieferten im ersten Quartal 2020 Wind- und Solaranlagen 58,7 TWh, waren es in der gleichen Zeit 2021 nur 41,9 TWh, das sind 28,6% weniger.

Auch die von Politikern und den selbsternannten »Energieexperten« vorgetra-gene Interpretation, dass eine ausreichende regenerative Leistung für den Export zur Verfügung stünde, verfälscht die Tatsachen und täuscht die Öffentlichkeit. Die Überschussleistung wird bei unseren europäischen Nachbarn entsorgt. Diese bekommen noch Geld obendrauf, wenn sie unsere überschüssigen Kilowattstun-den abnehmen. Man könnte annehmen, dass darüber große Freude entsteht. Aber das Gegenteil ist der Fall. Durch diese Stromschwemme müssen die eigenen Kraftwerke abgeregelt und können somit nicht mehr wirtschaftlich betrieben werden. Das sind dann die Redispatch Maßnahmen.

So entsteht das Paradoxon, dass in der Schweiz und in Österreich kein Wasser-kraftwerk mehr wirtschaftlich zu betreiben ist. Zur Abschottung haben die Nie-derlande und Polen »Stromsperren« gebaut, mit denen sie den einfließenden Strom drosseln oder gar verhindern können. Dennoch wird das für den deutschen Stromkunden nur unwesentlich besser. Es muss zwar kein negativer Strompreis mehr bezahlt werden; teuer bleibt es aber trotzdem. Wenn der regenerative Überschussstrom nicht mehr abgenommen werden kann, weil kein Abnehmer da ist, müssen Windparks abgeschaltet werden. Die Betreiber bekommen dennoch Geld für ihren »Geisterstrom«. Bezahlt wird die theoretisch mögliche erzeugte Energiemenge während der Abschaltzeit. Von Januar bis Anfang April 2019 wurden dafür 3,23 Milliarden Kilowattstunden Windstrom während der Frühjahrsstürme zwangsweise »abgeregelt«, und es wurden 364 Millionen Euro an die Betreiber der Anlagen gezahlt. Ein Jahr zuvor waren es nur 228 Millionen gewesen.

4.3 Strompreisbildung

Strom ist bekanntlich ein Produkt mit Qualitätsmerkmalen. Produkte werden gehandelt, Angebot und Nachfrage bestimmen den Preis. Gehandelt wird der Strom an der Leipziger Strombörse eex[107]. Bild 36 zeigt die Entwicklung Börsenstrompreis am EPEX-Spotmarkt für Deutschland/Luxemburg von Januar 2020 bis Januar 2021 in Euro pro Megawattstunde.

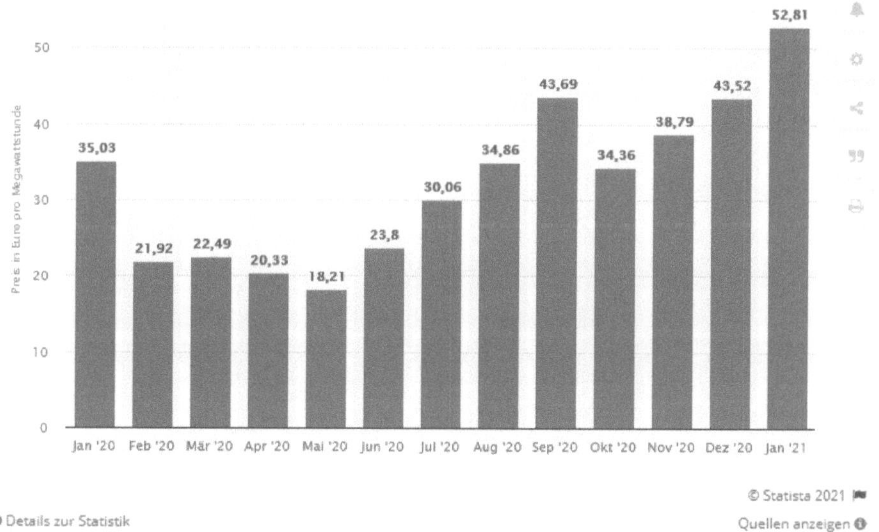

Bild 36.   Börsenstrompreis am EPEX-Spotmarkt für Deutschland/Luxemburg in 2020
           (1 €/MWh entspricht 0,1 cent/kWh)

Gesteigerte Einspeiseleistungen von Solar- und Windanlagen führen automatisch zur Reduktion der konventionellen Kraftwerksleistung und des Strompreises an der Strombörse, oft bis zu negativen Preisen. Das Merit Order Prinzip und das Gesetz zur bevorrechtigten Einspeisung regenerativer Energien (EEG) führen zu diesen Effekten. Der Merit-Order-Effekt führt zur Verdrängung der teuer produzierenden Kraftwerke durch den Markteintritt eines Kraftwerks mit geringeren variablen Kosten. Davon sind aber nicht die Biogaskraftwerke, die Solar- und

---

[107] https://de.statista.com/statistik/daten/studie/289437/umfrage/strompreis-am-epex-spotmarkt/

Windanlagen betroffen. Dank EEG erhalten diese die ihnen für 20 Jahre garantierte feste Einspeisevergütung. Während bei sehr geringer regenerativer Einspeisung die konventionellen Kraftwerke fast die komplette geforderte Leistung liefern müssen, kommt es bei hoher Einspeisung der erneuerbaren Energien zu einer erheblichen Leistungsreduktion dieser Kraftwerke bis zur vollständigen Abschaltung. Jeder weitere Zubau von Wind- und Solaranlagen führt bei Beibehaltung der bestehenden Förderung nach dem EEG vermehrt zu Zeiten mit negativen Strompreisen, wie Bild 37 zeigt[108]. Die Residuallast ist die Differenz zwischen benötigter Leistung und der von nicht steuerbaren Kraftwerken erbrachter Leistung in einem Stromnetz. Die Residuallast muss von den konventionellen Kraftwerken zeitsynchron und variabel geliefert werden.

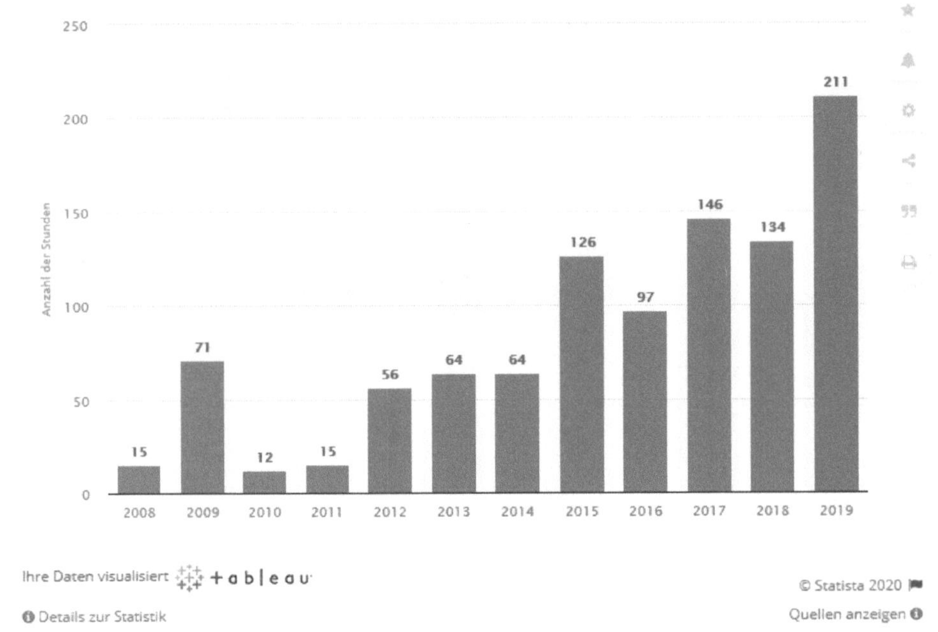

Bild 37.   Entwicklung der Stunden mit negativen Strompreisen in 2008 bis 2019

Für Privathaushalte steigt der Strompreis aber immer weiter an (Bild 38)[109]

---

[108] https://de.statista.com/statistik/daten/studie/618751/umfrage/anzahl-der-stunden-mit-negativen-strompreisen-in-deutschland/
[109] https://strom-report.de/_b35

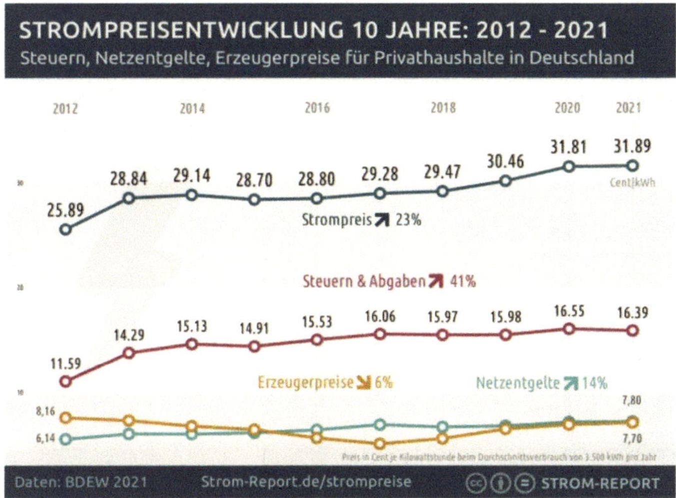

Bild 38.   Strompreisentwicklung für Privathaushalte in den Jahren 2010 bis 2019

Der endgültige Strompreis wird im Weiteren über die EEG-Umlage, die Redispatch- und Netzausbaukosten, weitere Netzentgelte sowie durch Steuern beeinflusst. Die einzelnen Anteile für Haushaltskunden zeigt Bild 39[110].

Allein die Netzentgelte sind 2020 für Haushaltskunden mit einem Jahresverbrauch von 2.500 bis 5.000 kWh auf 7,8 ct/kWh gestiegen.

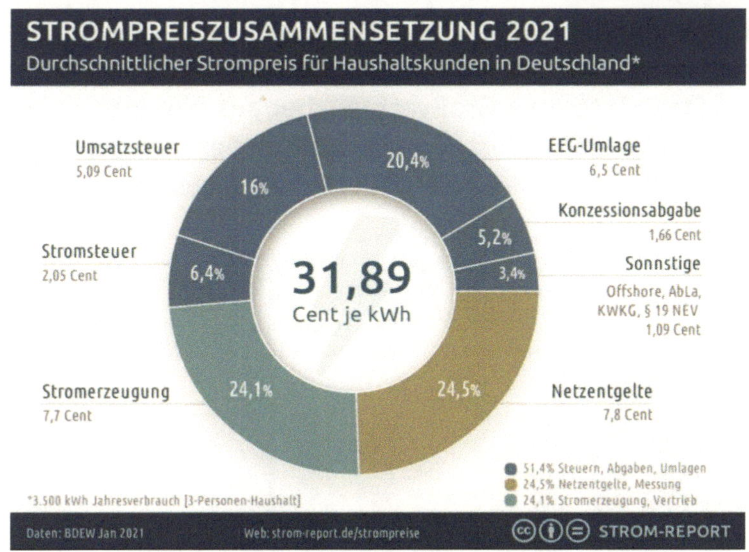

Bild 39.   Strompreiszusammensetzung 2019 für Haushaltskunden

---

[110] https://strom-report.de/strompreise/#strompreise-deutschland-2021

Dänische und deutsche Verbraucher zahlen in Europa den höchsten Strompreis (s. Bild 40)[111]. So kostete die Energiewende die deutschen Verbraucher in den letzten fünf Jahren 160 Milliarden Euro. Allein in 2017 wurden 34 Milliarden Euro aus Steuermitteln dafür bezahlt.

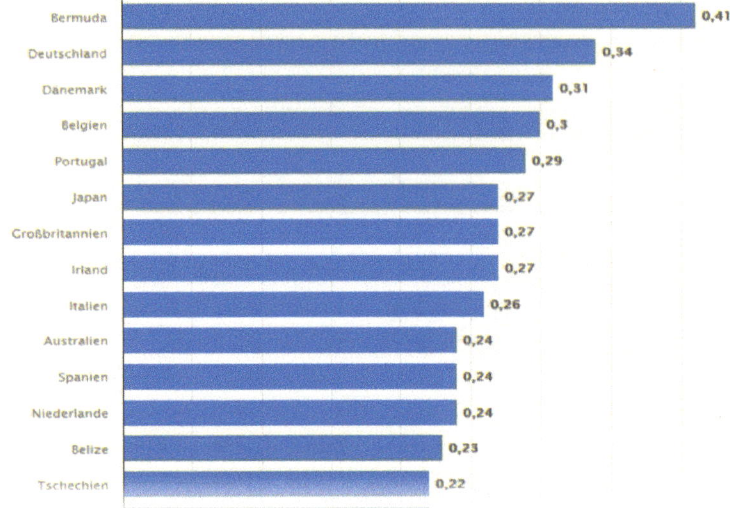

Bild 40.   Strompreise in Europa für Haushaltskunden

Im internationalen Preisvergleich für Industriestrom schneidet Deutschland ebenfalls sehr schlecht ab, wie Bild 41 zu entnehmen ist[112]. Das hat direkte Folgen auf die Wirtschaftlichkeit unserer Industriebetriebe und damit auf ihre internationale Konkurrenzfähigkeit. Stromintensive Großverbraucher aus den metallverarbeitenden Industrien und der Chemieindustrie reinvestieren deshalb nur noch ca. 80% in Deutschland, die restlichen 20% wandern ins billigere Ausland ab.

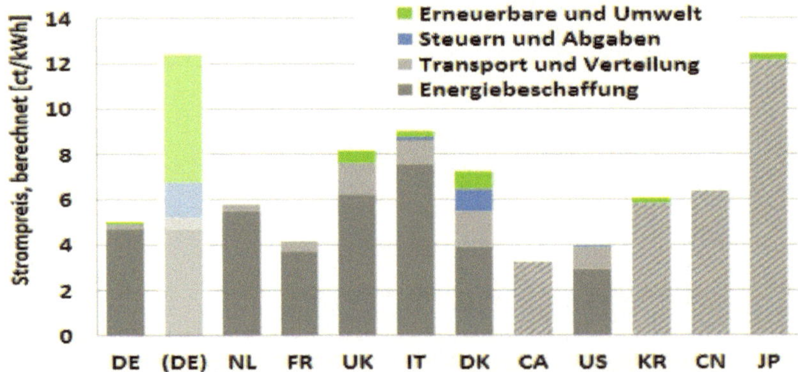

Bild 41.   Strompreise für große, weitestgehend privilegierte Unternehmen[79]
            [Abschlussbericht Juli 2015, S.4]

---

[111] https://de.statista.com/statistik/daten/studie/13020/umfrage/strompreise-in-ausgewaehlten-laendern/
[112] https://www.isi.fraunhofer.de/content/dam/isi/dokumente/ccx/2015/Industriestrompreise_Abschlussbericht.pdf

Privilegierte Unternehmen sind zwar von der Zahlung der EEG-Umlage ausgenommen, sie sind aber auf eine gesicherte Stromversorgung angewiesen. Diese war in letzter Zeit immer wieder gefährdet. So berichtete Philipp Schlüter, der Geschäftsführer von Deutschlands größtem Aluminiumproduzenten Trimet, in den VDI-Nachrichten vom 4. Oktober 2019, *dass Trimet allein im Juni 2019 wegen der unsteten Einspeisung von Ökostrom 31-mal vom Netz gehen musste, um einen Kollaps zu verhindern. Die Hütte in Essen verbraucht mehr Strom als alle Privathaushalte der Stadt zusammen. Die drei Trimet Aluminiumhütten in Deutschland, eine davon mit angeschlossener Gießerei, brauchen etwa 6 TWh Strom, was ein entscheidender Kostenfaktor ist. Mit dem geplanten Kohleausstieg wird sich diese Situation erheblich verschlechtern. Der Strompreis wird sich vom Kohlepreis entkoppeln. Während in China weiterhin zu 95 % kohlebasiert Aluminium produziert wird, werden wir stark vom Gaspreis abhängig werden. Liegt dieser längere Zeit über dem Kohlepreis, bedeutet das einen enormen Wettbewerbsnachteil. … Ein smartes Netz, die Synchronisierung von Erzeugung und Verbrauch, würde die Produktionskosten weiter erheblich erhöhen. Je näher die Produktion an 100 % Leistung liegt, desto effizienter läuft der Prozess. …*

Schon heute können die Netzbetreiber unsere Hütten innerhalb von 1 s abschalten, wenn die Versorgungsstabilität gefährdet ist. In diesen Fällen werden wir für mindestens 15 Minuten nicht mit Strom versorgt. Eigentlich sollen diese Abschaltungen nicht länger als eine Stunde dauern. Es kommt aber auch schon einmal vor, dass der Netzbetreiber bei uns anruft und signalisiert, dass wir heute nicht mehr ans Netz genommen werden können, sonst würden wir sofort wieder rausfliegen. Das ist natürlich problematisch für unseren Prozess.«

Auch die Eingriffe zur Stabilisierung des Netzes haben stark zugenommen, weil ja der Strom aus stark fluktuierenden erneuerbaren Energien (Solar und Wind) bevorzugt eingespeist werden muss. Droht an einer bestimmten Stelle im Netz ein Engpass, werden Kraftwerke diesseits des Engpasses angewiesen, ihre Einspeisung zu drosseln, während Anlagen jenseits des Engpasses ihre Einspeiseleistung erhöhen müssen. Diese Anpassung der Leistungseinspeisung im Bereich des Stromhandels wird als **Redispatch** bezeichnet. Bild 42 zeigt die Entwicklung des Gesamtvolumens der Redispatchmaßnahmen im deutschen Übertragungsnetz in den Jahren 2012 bis 2019[113] in GWh.

---

[113] https://de.statista.com/statistik/daten/studie/916903/umfrage/volumen-redispatchmassnahmen-im-deutschen-uebertragungsnetz/

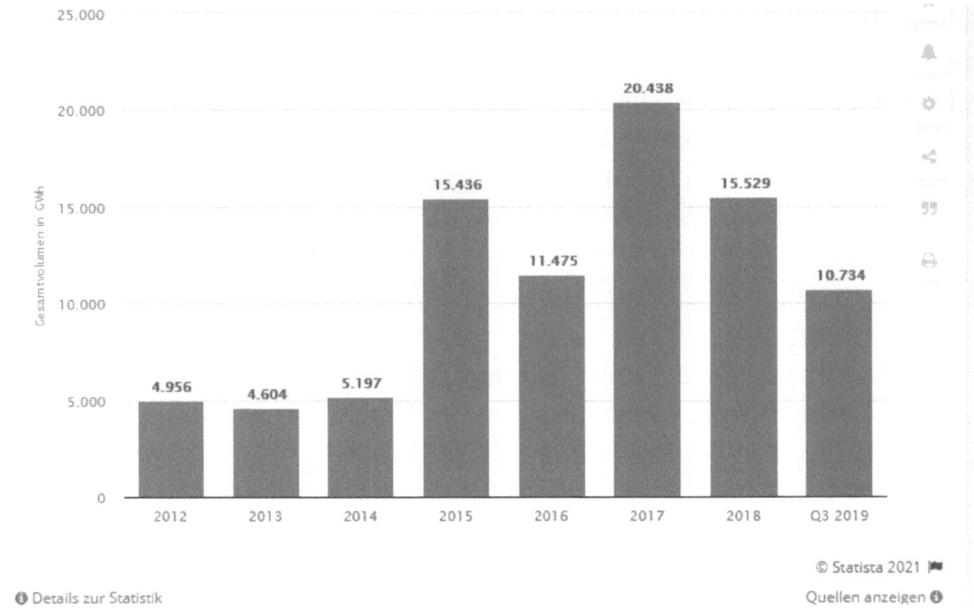

Bild 42. Entwicklung des Gesamtvolumens der Redispatchmaßnahmen im deutschen Übertragungsnetz in den Jahren 2012 bis 2019 in GWh

Entsprechend sind die Kosten für Netzeingriffe je MWh gestiegen. Im Jahr 2017 betrugen sie rund 901 Mio. Euro, das entspricht 44 Euro je MWh. Der Anstieg dieser Maßnahmen lässt sich vor allem auf das erste Quartal 2017 zurückführen, in dem trotz geringer Windeinspeisung eine Kumulation von Umständen zu einer außergewöhnlich starken Belastung der Stromnetze geführt hatte. Auch ist die Anzahl der erforderlichen »Redispatch«-Maßnahmen von ursprünglich jährlich einigen 100 auf über 3000 angestiegen. Die gesicherte Stromversorgung mit stabilen Netzen ist dadurch erheblich gefährdet. Die Bundesnetzagentur listet in ihrem Monitoringbericht 2020 (*Tabelle 46 auf Seite 135*) die Netz- und Systemsicherheitsmaßnahmen auf[114]. Diese Kosten werden selbstverständlich auch über den Strompreis abgedeckt. Dazu kommen Kosten in Millionenhöhe für den »Geisterstrom«, also den Strom für abgeschaltete Windenergieanlagen. Die Konsequenz ist: Der Strompreis steigt und steigt, wie die Anfang 2020 durchgeführten Erhöhungen vieler Versorger aufgezeigt haben. Das kritisiert auch der Bundesrechnungshof: ***Zu wenig Strom, zu teuer, zu wenig Speicher***[115,116].

---

[114] https://www.bundesnetzagentur.de/SharedDocs/Mediathek/Berichte/2020/Monitoringbericht_Energie2020.pdf?__blob=publicationFile&v=8
[115] https://www.tichyseinblick.de/daili-es-sentials/bundesrechnungshof-kritisiert-wieder-energiewende-zu-wenig-strom-zu-teuer-zu-wenig-speicher/
[116] https://www.handelsblatt.com/politik/deutschland/energiepolitik-bundesrechnungshof-kritisiert-die-energiewende-strom-zu-teuer-versorgung-nicht-sicher-genug/27054332.html?utm_source=red&utm_medium=nl&utm_campaign=&utm_content=02042021&ticket=ST-366556-IPi22gERN5VgvcJ9gQCt-ap4

		2017	2018	2019	Q1 - Q3 2020
Redispatch					
Gesamtmenge[1] Marktkraftwerke	in GWh	18.456	14.875	13.323	10.851
Kostenschätzung[2] Redispatch	in Mio. Euro	392	388	227	143
Kostenschätzung Countertrading	in Mio. Euro	29	37	64	85
Netzreservekraftwerke					
Menge[3]	in GWh	2.129	904	430	385
Kostenschätzung Abruf	in Mio. Euro	184	137	82	66
Leistung[4]	in MW	11.430	6.598	6.598	6.596
Jährliche Vorhaltekosten[5]	in Mio. Euro	296	279	197	148
EinsMan					
Menge Ausfallarbeit[6]	in GWh	5.518	5.403	6.482	4.776
Schätzung Entschädigungen	in Mio. Euro	610	635	710	579
Anpassungen von Stromeinspeisungen					
Menge	in GWh	35	8	9	14

[1] Mengenangaben (Reduzierungen und Erhöhungen) inkl. Countertrading- und Remedial Action-Maßnahmen gemäß monatlicher Meldung an die Bundesnetzagentur.
[2] Kostenschätzung der ÜNB auf Basis von Ist-Maßnahmen inkl. Kosten für Remedial Actions.
[3] Abrufe der Netzreservekraftwerke inkl. Probestarts und Testfahrten. Die Einspeisung von Netzreservekraftwerken wird nur erhöht.
[4] Summierte Leistung in- und ausländischer Netzreservekraftwerke in MW. Stand jeweils zum 31. Dezember des jeweiligen Jahres.
[5] zzgl. weiterer abrufunabhängiger Kosten
[6] Reduzierung von Anlagen die nach dem EEG bzw. dem KWKG vergütet werden.

Tabelle 4.   *Netz- und Systemsicherheitsmaßnahmen nach Monitoringbericht 2020*

4.4 Kraftwerksstilllegungsplanung

Nach den politischen Vorgaben sind in die nächsten zwei Jahren nachstehende Kraftwerksstillegungen geplant:

Bis spätestens 31. Dezember 2021 werden **Kernkraftwerke mit 4,154 GW** abgeschaltet (Grohnde mit 1,43 GW, Gundremmingen Block C mit 1,244 GW und Brokdorf mit 1,48 GW) und bis Ende 2022 die restlichen Kernkraftwerke mit 4,285 GW, so dass eine installierte Kernkraftleistung ab Ende 2022 von 8,439 GW fehlt.

Bis Ende 2022 sollen auch die **Steinkohlekraftwerke** mit einer Gesamtleistung von 6 GW und **Braunkohlekraftwerke** mit 2,82 GW abgeschaltet werden[117], das sind weitere 8,82 GW.

Insgesamt würden so 17,259 GW bis Ende 2022 bei der konventionellen Kraftwerksleistung aus Kern- und Kohleenergie von 52,8 GW entfallen, das entspricht

---

[117] https://www.bmwi.de/Redaktion/DE/Downloads/S-T/stilllegungspfad-braunkohle.pdf?__blob=publicationFile&v=1

32,7% der gesicherten Grundlastversorgung. Zur Abdeckung reichen die vorhandenen Gaskraftwerke mit 30,158 GW nicht aus.

Auch kann diese fehlende Leistung nicht durch Zubau von Wind- und Solaranlagen kompensiert werden, weder durch die installierten Leistungen noch durch ihre Leistungseinspeisungen.

Von April bis Dezember 2020 speisten Onshore Windanlagen im Mittel nur ca. 2 GW und Offshore Windanlagen nur ca. 1 GW Leistung ein. Grund war das geringe Windangebot, und zwar sogar europaweit.

Daran würde auch ein beliebiger Zubau von Anlagen prinzipiell nichts ändern, denn wenn kein Wind weht, wird auch keine Leistung erzeugt (mehr dazu im Kapitel 5). Es fehlt konventionelle Kraftwerksleistung. Ohne Kern- und Kohlekraftwerke können das nur Gaskraftwerke sein.

2020 betrug die verfügbare Gaskraftwerksleistung 30,158 GW. Bild 43 zeigt die aktuell geplanten Neubauten für die nächsten Jahre.

Danach sind 830 MW zur Wärmeerzeugung im Bau. 5455 MW = 5,455 GW sind als Ersatzkraftwerke oder als Neubauten in Planung.

Für 1700 MW = 1,7 GW findet sich kein Investor.

Planung neuer Gaskraftwerke

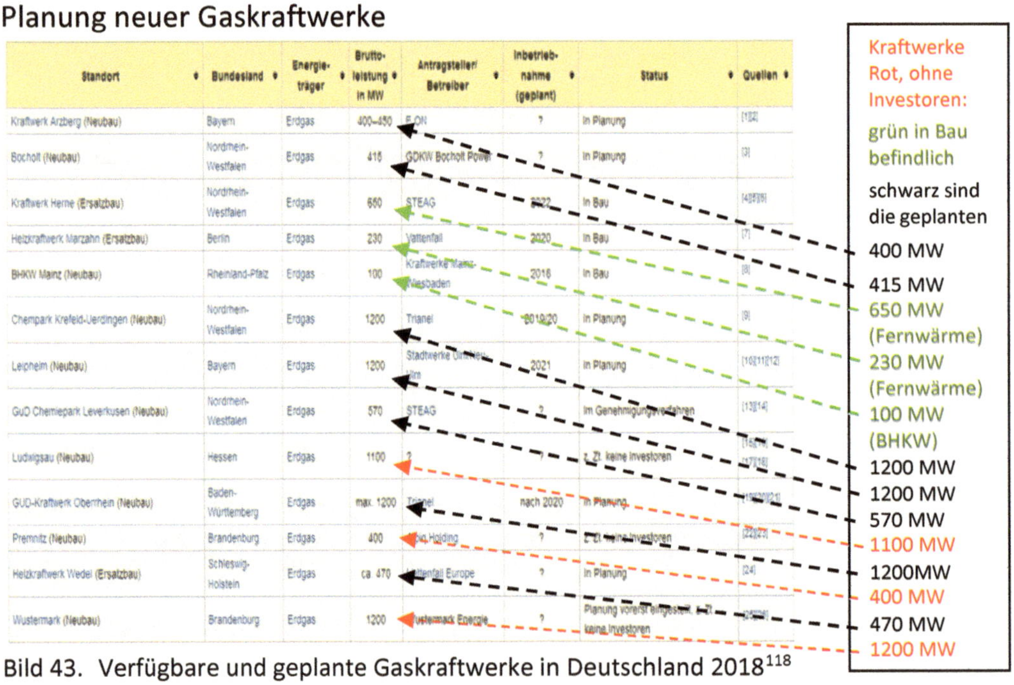

Standort	Bundesland	Energieträger	Bruttoleistung in MW	Antragsteller/ Betreiber	Inbetriebnahme (geplant)	Status	Quellen
Kraftwerk Arzberg (Neubau)	Bayern	Erdgas	400–450	E.ON	?	In Planung	[1][2]
Bocholt (Neubau)	Nordrhein-Westfalen	Erdgas	415	GDKW Bocholt Power	?	In Planung	[3]
Kraftwerk Herne (Ersatzbau)	Nordrhein-Westfalen	Erdgas	650	STEAG	2022	In Bau	[4][5][6]
Heizkraftwerk Marzahn (Ersatzbau)	Berlin	Erdgas	230	Vattenfall	2020	In Bau	[7]
BHKW Mainz (Neubau)	Rheinland-Pfalz	Erdgas	100	Kraftwerke Mainz-Wiesbaden	2016	In Bau	[8]
Chempark Krefeld-Uerdingen (Neubau)	Nordrhein-Westfalen	Erdgas	1200	Trianel	2019/20	In Planung	[9]
Leipheim (Neubau)	Bayern	Erdgas	1200	Stadtwerke [illegible] Ulm	2021	In Planung	[10][11][12]
GuD Chemiepark Leverkusen (Neubau)	Nordrhein-Westfalen	Erdgas	570	STEAG	?	Im Genehmigungsverfahren	[13][14]
Ludwigsau (Neubau)	Hessen	Erdgas	1100	?	?	z. Zt. keine Investoren	[15][16][17][18]
GUD-Kraftwerk Oberrhein (Neubau)	Baden-Württemberg	Erdgas	max. 1200	Trianel	nach 2020	In Planung	[19][20][21]
Premnitz (Neubau)	Brandenburg	Erdgas	400	[illegible] Holding	?	z. Zt. keine Investoren	[22][23]
Heizkraftwerk Wedel (Ersatzbau)	Schleswig-Holstein	Erdgas	ca. 470	Vattenfall Europe	?	In Planung	[24]
Wustermark (Neubau)	Brandenburg	Erdgas	1200	Wustermark Energie	?	Planung vorerst eingestellt, z. Zt. keine Investoren	[25][26]

Bild 43. Verfügbare und geplante Gaskraftwerke in Deutschland 2018[118]

[118] https://de.wikipedia.org/wiki/Liste_geplanter_und_im_Bau_befindlicher_Gaskraftwerke_in_Deutschland

Das wird sich auch in Zukunft kaum ändern, denn das Merit Order Prinzip und das Gesetz zur bevorrechtigten Einspeisung regenerativer Energien (EEG) führen zu diesen Effekten. Der Merit-Order-Effekt verdrängt die teuer produzierenden Kraftwerke am Markt gegenüber Kraftwerken mit geringeren variablen Kosten. Davon sind aber nicht die Biogaskraftwerke und die Solar- und Windanlagen betroffen. Dank EEG erhalten diese die ihnen für 20 Jahre garantierte feste Einspeisevergütung.

4.5 Netzentwicklungsplanung der BNetzA

Die Bundesnetzagentur ist verantwortlich für die Stromversorgungssicherheit. Sie hat im Dezember 2019 mit verschiedenen Szenarien die erforderliche zu installierende Leistung für eine gesicherte Stromversorgung in der nachstehenden Tabelle 5 des **Netzentwicklungsplans Strom**[119] (*Version 2030, 2. Entwurf, Teil 1 Seite 30*) zusammengestellt.

	Installierte Leistung [GW]					
Energieträger	Referenz 2017	Szenario A 2030	Szenario B 2030	Szenario C 2030	Szenario B 2025	Szenario B 2035
Kernenergie	9,5	0,0	0,0	0,0	0,0	0,0
Braunkohle	21,2	9,4	9,3	9,0	9,4	9,0
Steinkohle	25,0	13,5	9,8	8,1	13,5	8,1
Erdgas	29,6	32,8	35,2	33,4	32,5	36,9
Öl	4,4	1,3	1,2	0,9	1,3	0,9
Pumpspeicher	9,5	11,6	11,6	11,6	11,6	11,8
sonstige konv. Erzeugung	4,3	4,1	4,1	4,1	4,1	4,1
Kapazitätsreserve	0,0	2,0	2,0	2,0	2,0	2,0
Summe konv. Erzeugung	**103,5**	**74,7**	**73,2**	**69,1**	**74,4**	**72,8**
Wind Onshore	50,5	74,3	81,5	85,5	70,5	90,8
Wind Offshore	5,4	20,0	17,0	17,0	10,8	23,2
Photovoltaik	42,4	72,9	91,3	104,5	73,3	97,4
Biomasse	7,6	6,0	6,0	6,0	7,3	4,6
Wasserkraft	5,6	5,6	5,6	5,6	5,6	5,6
sonstige reg. Erzeugung	1,3	1,3	1,3	1,3	1,3	1,3
Summe reg. Erzeugung	**112,8**	**180,1**	**202,7**	**219,9**	**168,8**	**222,9**
Summe Erzeugung	**216,3**	**254,8**	**275,9**	**289,0**	**243,2**	**295,7**

Tabelle 5.   *Netzentwicklungsplan 2030 Bundesnetzagentur:*
[Genehmigung des Szenariorahmens zum NEP 2030, 2. Entwurf, Seite 30]

Weil alle regenerativen Anlagen technisch nicht dafür ausgelegt sind, ein eigenes stabiles 50 Hz-Netz aufzubauen, müssen die konventionellen so genannten 50 Hz-Kraftwerke mindestens 25% bis 30% der elektrischen Mindestleistung liefern. Die bei guten Wind- und Sonnenverhältnissen darüber hinaus erzeugte regenerative Leistung muss nach dem EEG trotzdem abgenommen und bezahlt werden.

---

[119] https://www.netzentwicklungsplan.de/sites/default/files/paragraphs-files/NEP_2030_V2019_2_Entwurf_Teil1.pdf

Danach sind bei einer regenerativ installierten Leistung zwischen 180 GW bis 223 GW weiterhin konventionelle Kraftwerke zwischen 74,7 GW bis 72,8 GW erforderlich! Das erfordert den Bau weiterer neuer Kraftwerke.

Nur die Leistung dieser so genannten »Backup-Kraftwerke« garantiert die gesicherte Stromversorgung mit der konstanten Frequenz von 50 Hz.

Im März 2021 wurde der geänderte *Netzentwicklungsplan Strom 2035, Version 2021, 1. Entwurf* vorgestellt[120]. In Tabelle 6 sind die Zahlen der konventionellen Kraftwerke aktualisiert: Kernenergie und Kohle wurden reduziert, Gaskraftwerke um 0,4 GW und Pumpspeicher Kraftwerke um 0,3 GW erhöht. Insgesamt ist damit die konventionelle Kraftwerksleistung um -3,4 GW reduziert.

Die regenerativen Anlagenleistungen wurden um 11,9 GW erhöht. Die Windanlagenleistung wurde um 5,4 GW, Solar um 6,6 GW und Biogas um 0,7 GW erhöht. Wasserkraft wurde um -0,8 GW reduziert.

Übersicht der Kennzahlen der Szenarien

Energieträger	Installierte Leistung [GW]				
	Referenz 2019	A 2035	B 2035	C 2035	B 2040
Kernenergie	8,1	0,0	0,0	0,0	0,0
Braunkohle	20,9	7,8	0,0	0,0	0,0
Steinkohle	22,6	0,0	0,0	0,0	0,0
Erdgas	30,0	38,1	42,4	46,7	42,4
Öl	4,4	1,3	1,3	1,3	1,1
Pumpspeicher	9,8	10,2	10,2	10,2	10,2
sonstige konventionelle Erzeugung *	4,3	3,8	3,8	3,8	3,7
Summe konventionelle Erzeugung	100,1	61,2	57,7	62,0	57,4
Windenergie onshore	53,3	81,5	86,8	90,9	88,8
Windenergie offshore	7,5	28,0	30,0	34,0	40,0
Photovoltaik	49,0	110,2	117,8	120,1	125,8
Biomasse	8,3	6,8	7,5	8,7	8,2
Speicherwasser und Laufwasser	4,8	5,6	5,6	5,6	5,6
sonstige regenerative Erzeugung *	1,3	1,3	1,3	1,3	1,3
Summe regenerative Erzeugung	124,2	233,4	249,0	260,6	269,7
Summe Erzeugung	224,3	294,6	306,7	322,6	327,1
Stromverbrauch [TWh]					
Nettostromverbrauch zzgl. Verteilnetzverluste **	524,3***	603,4	621,5	651,5	653,2

Tabelle 6.   Netzentwicklungsplan Strom 2035, Version 2021, 1. Entwurf

Danach sind weiterhin bei einer regenerativ installierten Leistung zwischen (233,4 - 269,7) GW konventionelle Kraftwerke zwischen 61,2 GW bis 57,4 GW erforderlich! 85 GW ist derzeit die maximale Spitzenleistung in Deutschland! Mit der Realisierung der Sektorkopplung wird sie steigen.

---

[120] https://www.netzentwicklungsplan.de/sites/default/files/paragraphs-files/NEP_2035_V2021_1_Entwurf_Zahlen-Daten-Fakten.pdf

Das Szenarium C 2035 beschreibt den Zustand, in dem die Sektorkopplung eine entscheidende Rolle spielt. Wörtlich wird ausgeführt: *Der Stromverbrauch steigt deutlich an, da mehr und mehr Industrieprozesse elektrifiziert werden und die Durchdringung neuer Stromanwendungen bereits sehr hoch ist.* Der Nettostromverbrauch wird für Szenarium C2035 mit 651,5 TWh angenommen). In 2020 ging coronabedingt der Energieverbrauch auf **488 TWh** zurück. Unter Beachtung, dass die Sektorkopplung nach Tabelle 7 eine entscheidende Rolle spielt, müsste der Energiebedarf im Jahr 2035 wesentlich höher als die geplanten 651,5 TWh ausfallen und ca. 745,9 TWh betragen.

Treiber Sektorenkopplung

Haushaltswärmepumpen [Anzahl in Mio.]	1,0	3,0	5,0	7,0	6,5
Elektromobilität [Anzahl in Mio.]	0,2	9,1	12,1	15,1	14,1
Power-to-Heat (Fernwärme/Industrie) [GW]	0,8***	4,0	6,0	8,0	7,0
Power-to-Gas [GW]	<0,1***	3,5	5,5	8,5	10,5

Tabelle 7.   Netzentwicklungsplan Strom 2035, Version 2021, 1. Entwurf

Begründung:

Die **Wärmepumpen-Stromversorgung** (zum Beispiel für eine Heizleistung von 9 kW und einer Jahresarbeitszahl (JAZ) von 3,0) ergibt bei 1.800 Heizstunden ca. 5.400 kWh pro Jahr. Das ergibt für 7 Millionen Anlagen **37,8 TWh Mehrbedarf** an elektrischer Nettoenergie und nicht nur 20,8 TWh. Auch für die **Elektromobilität** mit 15 Millionen Fahrzeugen, die 15 000 km pro Jahr fahren und ca. 25 kWh/100 km benötigen, ergibt das einen **Mehrbedarf von 56,3 TWh** der elektrischen Nettoenergie.

Fassen wir zusammen:

2020 beträgt die gesamte installierte Leistung konventioneller Kraftwerke (Kohle, Gas, Öl, Kernenergie) 91,4 GW. Davon sollen bis 2038 52,1 GW, das sind 57%, abgeschaltet werden, ohne dass ein Ersatz dafür abzusehen ist.

4.6 Erneuerbare Energieanteile an der Energieversorgung

Die erneuerbaren Energieanteile in den Sektoren Strom, Wärme und Verkehr nach Bild 44 und Bild 45 sagen nichts über die Verfügbarkeit der elektrischen Leistung aus[121].

---

[121] https://www.umweltbundesamt.de/themen/klima-energie/erneuerbare-energien/erneuerbare-energien-in-zahlen

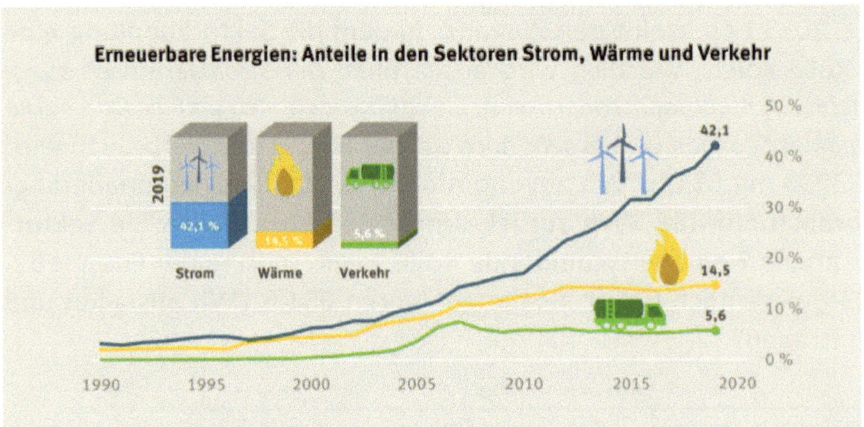

Bild 44. Anteile der erneuerbaren Energien in den Sektoren Strom, Wärme und Verkehr

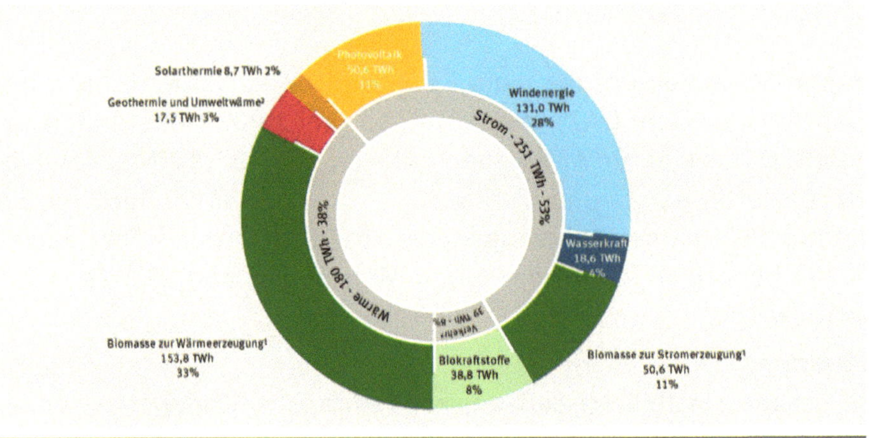

Bild 45. Energiebereitstellung aus erneuerbaren Energieträgern 2020[122]

Danach ist mit den geplanten Maßnahmen nach heutiger Beurteilung eine 100-prozentige Stromversorgung aus erneuerbaren Energien technisch absolut ausgeschlossen.

4.7 Kapazitätsmarkt und Versorgungssicherheit

Die Next Kraftwerke GmbH aus Köln schreiben dazu[123]: *Der Begriff »Kapazitätsmarkt« wird seit mehreren Jahren mit einer derartigen Selbstverständlichkeit in Grundsatzdebatten des deutschen Strommarktdesigns verwendet, dass der Ein-*

---

[122] https://www.umweltbundesamt.de/themen/klima-energie/erneuerbare-energien/erneuerbare-energien-in-zahlen#ueberblick
[123] https://www.next-kraftwerke.de/wissen/kapazitatsmarkt

*druck entsteht, ein Kapazitätsmarkt sei mit einer festen Definition verbunden oder existiere gar. Es besteht jedoch – um dies vorneweg klarzustellen – bis heute keine eindeutige Definition des Begriffs »Kapazitätsmarkt« und auch **kein** Kapazitätsmarkt als solcher in Deutschland. Mit der Veröffentlichung des Weißbuchs »Ein Strommarkt für die Energiewende« des Bundeswirtschaftsministeriums ging eine deutliche Absage zur diskutierten Schaffung eines Kapazitätsmarkts einher. Es ist daher äußerst unwahrscheinlich, dass das deutsche Stromsystem in Zukunft einen Kapazitätsmarkt beinhalten wird. In der Vergangenheit bestand eine Gemeinsamkeit bei allen Auslegungen des Begriffs »Kapazitätsmarkt«. Die Diskussion stand generell im Zusammenhang mit der Intention, die **Versorgungssicherheit** von Strom zu garantieren. Mit einem zu schaffenden Kapazitätsmarkt sollte im Idealfall die Gefahr eines Blackouts (Totalausfall) des Stromnetzes reduziert bzw. komplett vermieden werden.*

*Der Auslöser der Diskussionen um einen Kapazitätsmarkt war der stetig ansteigende Anteil fluktuierender erneuerbarer Energien bei gleichzeitiger mittelfristiger Reduktion von gesicherter konventioneller Erzeugung, etwa aus Atom- oder Kohlekraftwerken. Stellt man sich vor, dass an einem kalten, verhangenen Wintertag der deutsche Stromverbrauch hoch und die Solar- und Windeinspeisung gering sind, benötigt man gesicherte **Kapazitätsmechanismen**, um den Stromverbrauch zu befriedigen. Diese gesicherten Kapazitäten müssen mit relativ kurzem Vorlauf **zuschaltbar** sein, etwa aus stillstehenden modernen Gaskraftwerken oder auch Biogasanlagen, um die Volatilität zu kontern. Ein **Kapazitätsmarkt** könnte die Vorhaltung dieser Stromerzeugungskapazitäten ausschreiben und in freiem Wettbewerb bepreisen.* **Das müsste dann auch der Stromkunde bezahlen!**

*Auch im **Strommarktgesetz**[124], das am 30. Juli 2016 in Kraft getreten ist, ist die Einführung eines Kapazitätsmarkts nicht vorgesehen.*

So äußerte sich schon im April 2015 der damalige Chef der EWE (AG), Dr. Werner Brinker, zum Thema Kapazitätsmarkt[125]: *»Wir unterstützen die Idee der Weiterentwicklung des bestehenden mengenbasierten Strommarktes (so genannter Energy-only-Markt), der von einer Kapazitätsreserve flexibler Erzeugungsanlagen für den Notfall flankiert wird. Der von weiten Teilen der Energiewirtschaft geforderte Aufbau eines zusätzlichen Kapazitätsmarktes, **auf dem die Vorhaltung ge-***

---

124 https://www.bgbl.de/xaver/bgbl/start.xav?startbk=Bundesanzeiger_BGBl&jumpTo=bgbl116s1786.pdf#__bgbl__%2F%2F*%5B%40attr_id%3D%27bgbl116s1786.pdf%27%5D__1600784890252

125 https://www.ewe.com/de/presse/pressemitteilungen/2015/08/ewe-chef-brinker-im-strommarkt-ist-opportunismus-eine-tugend-ewe-ag

sicherter Leistung separat vergütet wird, ist nach unserer Ansicht nur zu recht-fertigen, wenn die Versorgungssicherheit in Deutschland auf anderem Wege nicht wirtschaftlich zu gewährleisten ist.

*Um das Niveau der Versorgungssicherheit stets im Blick zu haben, **sollte ein kon-tinuierliches Monitoring durchgeführt werden**, das die europäische Dimension mit einbezieht. Bei der Ausgestaltung des künftigen Strommarktes sollte auf klare Anreize für flexibles Verhalten aller beteiligten Akteure geachtet werden: Flexibi-lität ist für mich der Problemlöser der Energiewende. Wir müssen deshalb dieje-nigen belohnen, die Strom dann erzeugen, wenn er benötigt wird – und auch jene, die ihn vorrangig verbrauchen, wenn viel bereitgestellt werden kann.*

In Konsequenz etablierte die EWE (AG) eine neue Monitoring-Abteilung. Die Mit-arbeiter beobachten rund um die Uhr, also 24 Stunden am Tag und das an 365 Tagen im Jahr, den Markt, um jederzeit den günstigsten Stromanbieter für eine gesicherte Stromversorgung zu finden. Weil alle 15 Minuten der Strompreis an der Strombörse geändert wird, führt das bundesweit zu Umschalteffekten und somit zu Stabilitätsproblemen im Netz.

4.8 Deutschland droht Versorgungsengpass

Darauf weist die McKinsey-Studie ***Energiewende-Index*** hin[126].

Sollen alle Kern- und Kohlekraftwerke ersetzt werden, erfordert dies den Neubau von 47 Gaskraftwerken, wofür sich aber kein Investor (siehe Kapitel 4.5) findet. Wer sollte sich heute auch dafür engagieren, wenn aufgrund der bevorrechtigten Einspeisung regenerativer Leistung nach EEG kaum ein wirtschaftlicher Betrieb zu erwarten ist? Die Volllastbetriebsstunden sind einfach zu gering. Auch der zu erwartende Beitrag Kraft-Wärme gekoppelter Kraftwerke wird maßlos über-schätzt. Es wurde schon im Kapitel 1.3 darauf hingewiesen, dass KWK-Anlagen alle wärmegeführt sind. Wenn kein Wärmebedarf vorliegt (z. B. im Sommer), kann elektrischer Strom damit nicht mehr wirtschaftlich erzeugt werden. Mit je-dem Zubau weiterer regenerativer Anlagen werden diese Probleme verstärkt. Konventionelle Kraftwerke müssen immer häufiger ihre Leistungseinspeisung re-duzieren. Das mindert ihre Betriebszeiten und die Wirtschaftlichkeit, senkt den Börsenstrompreis und erhöht dadurch die Redpatch-Kosten und die EEG-Umlage.

Es muss auch ausdrücklich darauf hingewiesen werden, dass aufgrund der Erzeu-gung des größten Windstromanteils in Norddeutschland ein weiterer Netzausbau erforderlich wird. Der Netzbetreiber Tennet musste 2017 wegen unzureichender Leitungskapazitäten fast eine Milliarde Euro für sogenannte Noteingriffe im Netz zahlen, weil er die theoretisch erzeugbare Leistung nicht abführen konnte. Mit

---

[126] https://www.mckinsey.de/news/presse/2019-09-05-energiewende-index

der Entscheidung, diese »Stromautobahnen« überwiegend mit Erdkabeln auszu-
führen, werden die Netzausbaukosten noch weiter erheblich ansteigen. Weil
diese Kosten auch auf den Strompreis umgelegt werden, wird dieser fraglos eine
enorme Höhe erreichen.

Einsicht ist bei den beteiligten und verantwortlichen Politikern nicht zu erwarten.
Im Rahmen der Großen Koalition ist geplant, 1,5 Milliarden Euro für die Energiewende bereitzustellen. Union und SPD wollen bis 2030 gesetzlich verbindliche
Klimaschutzziele für die Bereiche Energie, Verkehr, Landwirtschaft und Gebäude
vorschreiben. Anders als bisher soll der Ausbau der erneuerbaren Energien künftig nicht mehr gedeckelt werden, sondern man strebt bis 2030 einen 65-prozen-
tigen Anteil im Strommix an. Am 12.12.2019 wurde das Klimaschutzgesetz erlas-
sen[127]. Neben den genau vorgegebenen zulässigen Jahresemissionsmengen von
CO_2 wird zu den anfallenden Kosten ausgeführt: Der zusätzliche Erfüllungsauf-
wand für die Verwaltung beläuft sich auf rund 6,59 Mio. Euro. Zu einer positiven
Stimmungslage sollen Studien beitragen, die Wachstum und die Schaffung neuer
Arbeitsplätze aufzeigen. So haben die Boston Consulting Group (BCG) und Prog-
nos für den Bundesverband der Deutschen Industrie e.V. (BDI) im Januar 2018
die Studie Klimapfade für Deutschland erstellt[128]. Auf 290 Seiten wird für die Sektoren Industrie, Verkehr, Haushalt, Energieerzeugung und -umwandlung sowie
Abfallwirtschaft aufgezeigt, wie die Unternehmen Wachstumschancen nutzen
und ihr Geschäftsmodell an neue Gegebenheiten mit dem Ziel, bis zum Jahr 2050
die Treibhausgasemissionen (THG) in Deutschland um 80 bis 95 Prozent gegenüber 1990 zu senken, anpassen können. Die Kopplung »Klimaschutz durch Reduktion der Treibhausgasemissionen« wird als absolut wirksam vorausgesetzt.
Kernaussagen der Studie sind die erforderlichen Investitionen, um auf den einzelnen Aktionsfeldern die Emissionen in unterschiedlicher Intensität zu reduzieren und auch die dabei auftretenden gesellschaftspolitischen Probleme einzu-
schränken. Zum Erreichen eines 80 %-Klimaziels im Vergleich zum Referenzpfad
würden bei unterstellter optimaler Umsetzung Mehrinvestitionen von etwa 970
Milliarden Euro erforderlich sein. Zum Erreichen des 95 %-Klimaziels wären etwa
weitere 800 Milliarden Euro nötig. Wenn allein 47% des gesamten Strombedarfs
für die Industrie benötigt werden, könnte das als politischer Wille interpretiert
werden, die Großindustrie abzuschaffen. Positiv wird vorgestellt, dass die erfolg-
reichen Klimaschutzbemühungen mit einer umfangreichen Erneuerung aller Sektoren der deutschen Volkswirtschaft verbunden wären und den deutschen Ex-

---

[127] http://www.gesetze-im-internet.de/ksg/KSG.pdf
[128] https://www.zvei.org/fileadmin/user_upload/Presse_und_Medien/Publikationen/2018/Januar/Klimapfade_fuer_Deutschland_BDI-Studie_/Klimapfade-fuer-Deutschland-BDI-Studie-12-01-2018.pdf

porteuren weitere Chancen in wachsenden »Klimaschutzmärkten« eröffnet würden. Deutschland als Vorbild, doch alle europäischen Nachbarn haben einen anderen Energiemix, wie die nachstehende Tabelle 8 zeigt.

Land im Jahr 2019	gesamt	Kohle Gas+Öl	Kern-kraft	Wind	Solar	Wasser	Biogas
Deutschland	506,7 TWh	198,6 (39,1%)	71,0 (14%)	128,3 (25,3%)	41,9 (8,3%)	24,8 (4,9%)	42,3 (8,3%
Frankreich	527,2 TWh	41,1 (39,8%)	378,0 (71,7%)	32,7 (6,2%)	11,4 (2,2%)	59,2 (11,2	4,8 (0,9%)
Schweden	158,4 TWh	Gas 9,0 (5,7%)	64,4 (40,7%)	19,4 (12,3%)	0,0	65,5 (41,4%)	0,0
Dänemark	28,7 TWh	6,9 (24,1%)	0,0	15,7 (54,7%)	1,0 (3,4%)	0,0	5,1 (17,8%)

Tabelle 8.   Energiemix Deutschland mit einigen Nachbarländern (Entso-e)

Frankreich, Schweden und Tschechien setzen auf Kernenergie, auch die Niederlande und Finnland planen neue Kernkraftwerke. Dänemark ist mit 54% Windanteil von nur gesamt 28,7 TWh nicht mit Deutschland zu vergleichen. 2020 betrug der Anteil der in Deutschland erzeugten Windenergie 128,3 TWh, das entsprach 25,3 % der gesamten Erzeugung und ist das 4,5-fache des dänischen Anteils.

4.9 Der Irrweg zur Dekarbonisierung unserer Energieversorgung

Die Forderung nach sofortigem »Kohleausstieg« ist verantwortungslos und zeugt von absoluter Unwissenheit über die Modalitäten der elektrischen Stromerzeugung in Deutschland. Fakt ist, dass in 2019 die Braun- und Steinkohlekraftwerke mit einer installierten Leistung von 43,6 GW netto 150,4 TWh geliefert haben, das entspricht 26,3% des gesamten Jahresbedarfs der Bundesrepublik. **Sollte die Leistung aller Braun- und Steinkohlekraftwerke von 43,6 GW durch neue Wasser- und Gaskraftwerke ersetzt werden, fehlen noch 38,1 GW, dafür müssten 47 neue Gaskraftwerke á 800 MW gebaut werden** (Mehrbedarf aus der Sektorkopplung erhöht die Anzahl der erforderlichen Neubauten noch erheblich).

Für die derzeit geplanten neuen Gaskraftwerke finden sich kaum noch Investoren. Der wirtschaftliche Betrieb dieser Kraftwerke ist aufgrund der Bevorrechtigung der regenerativen Quellen nur schwer möglich (s. Kapitel 3). Auch gibt es seit 28.09.2020 von den Klimaaktivisten »Ende Gelände« die ersten Blockaden von Gaskraftwerken[129]: Würden die bestehenden Gaskraftwerke mit 31,7 GW abgeschaltet und auch keine weiteren gebaut, fehlen 69,8 GW. Ein unvorstellbarer Zustand; denn dann hätten wir keine sichere elektrische Stromversorgung mehr.

---

[129] https://www.welt.de/politik/deutschland/article216653072/NRW-Ende-Gelaende-blockiert-Tagebau-Garzweiler-und-Gaskraftwerk.html

Die Behauptung, Kohlendioxid (CO_2) sei hauptverantwortlich für die Erderwärmung, ist wissenschaftlich nicht gesichert. Im September 2019 haben 500 Klimaforscher einen offenen Brief an den Generalsekretär der UNO geschrieben und darauf hingewiesen, dass es keine Klimakatastrophe gäbe[130].

Auch der israelische Klimaforscher **Nir Joseph Shaviv** ist überzeugt, dass es *»keinen direkten Beweis dafür gibt, wonach CO_2-Schwankungen zu großen Temperaturschwankungen führen[131]«*. Das von Menschen produzierte CO_2 spiele beim Klimawandel lediglich eine untergeordnete Rolle. Er ist der Überzeugung, dass zwischen 50 Prozent und zwei Dritteln der globalen Erwärmung auf die Aktivitäten der Sonne zurückzuführen seien.

Ebenso zweifelt Prof. Dr. Martin Heimann, Leiter der Abteilung für Biogeochemische Systeme *im **Max-Planck-Institut** für **Biogeochemie** in **Jena** an, dass* CO_2 beim Klimawandel die Hauptverantwortung trägt[132].

Prof. Rolf Henke vom **DLR-Institut für Physik der Atmosphäre** in Oberpfaffenhofen beschreibt den Einfluss von Kondensstreifen (Zirren) auf das Klima. Er schließt nicht aus, dass dieser Einfluss auf die Wärmeabstrahlung der Erde größer sein kann als der Einfluss durch CO_2[133].

In gleicher Weise äußert sich auch Das **Leibniz-Institut für Troposphärenforschung in Leipzig.** Es untersucht die Aerosolprozesse von der Partikelbildung bis zur interkontinentalen Ausbreitung sowie den Einfluss von Partikeln aus dem Meer auf die Wolken und das Klima. Wie sich die relevanten Prozesse im troposphärischen Multiphasensystem den natürlichen und anthropogenen Regimen zuordnen lassen, ist noch nicht endgültig geklärt. Danach kann **der alleinige Einfluss von CO_2** nicht abschließend behauptet werden[134].

Auf der internationalen Klimakonferenz am 22. und 23. November 2019 in München hat der renommierte Geologe **Sebastian Lüning** auf offensicht-liche Ungereimtheiten in den IPCC-Sachstandsberichten zu der Entwicklung der Klimaänderungen hingewiesen[135]. Varenholt und Löning verweisen in ihrem Buch: *„Unerwünschte Wahrheiten"*, LMV-Verlag, auf nicht anthropogene Ursachen für die Erderwärmung und zeigen viele Manipulationen in den Klimaberichten auf.

Doch das nehmen die Klimaaktivisten nicht zur Kenntnis.

---

[130] https://www.tichyseinblick.de/daili-es-sentials/500-wissenschaftler-erklaeren-es-gibt-keinen-klimanotfall/

[131] https://www.achgut.com/artikel/der_mann_dem_sie_die_sonne_uebelnehmen

[132] https://www.bgc-jena.mpg.de/farm/BGC/uploads/veranstaltungen/1392800169_document_1__2014.pdf

[133] https://www.dlr.de/content/de/downloads/news-archiv/2011/20110330_klimaerwaermung-durch-kondensstreifen-zirren_735.pdf?__blob=publicationFile&v=13

[134] https://www.tropos.de/aktuelles/pressemitteilungen/details/wie-wirkt-sich-russ-auf-das-klima-aus

[135] https://www.youtube.com/watch?v=-0Re8K3_qxQ&feature=youtu.be

Nicht zuletzt ist der von Deutschland emittierte CO_2-Anteil so gering, dass er in der Weltbilanz kaum einen Einfluss hat. Mit 2,06 Prozent liegt Deutschland hinter Russland und Japan im Ranking auf Platz sechs[136]. Doch diese Zweifel werden politisch nicht zur Kenntnis genommen. Augen zu und durch heißt das Motto. Ein schnellerer Kohleausstieg wird ständig in allen Medien gefordert. Wenn die Politiker die Energiewende als gescheitert darstellen würden, erlitten sie einen Gesichtsverlust, der dann auch bei zukünftigen politischen Aussagen sofort Zweifel aufkommen ließe.

4.10 Störungen der Netzqualität werden ignoriert

Die Qualität der Spannungsversorgung verschlechtert sich, die Netzstabilität wird fragiler. Reicht die eigene Kraftwerksreserve nicht aus, muss elektrische Leistung von unseren europäischen Nachbarn importiert werden. Bild 46 zeigt beispielsweise, dass vom 6. Juni bis 30. Juni 2019 der Bedarf mit ca. 73 GW fast deckungsgleich mit der insgesamt erzeugten Leistung war (rote Kurve mit grauem Bereich). Trotzdem mussten während der Leistungsspitzen bis zu neun GW elektrische Mindestleistung von europäischen Nachbarn importiert werden, wie die Bilder 46 und 47 zeigen.

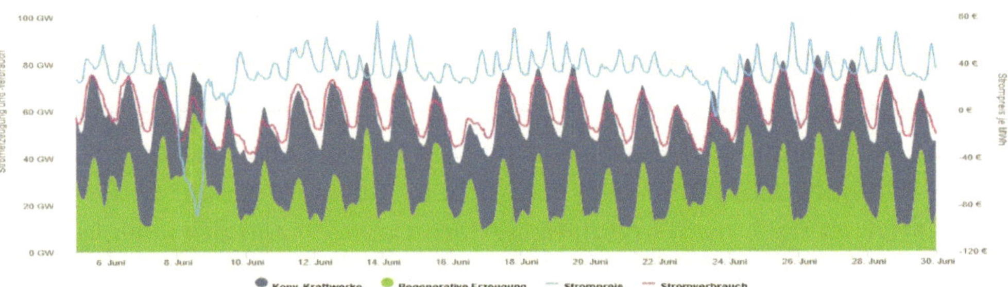

Bild 46. Leistungsbedarf und Verbrauch in der Zeit vom 5. bis 30. Juni 2019[137]

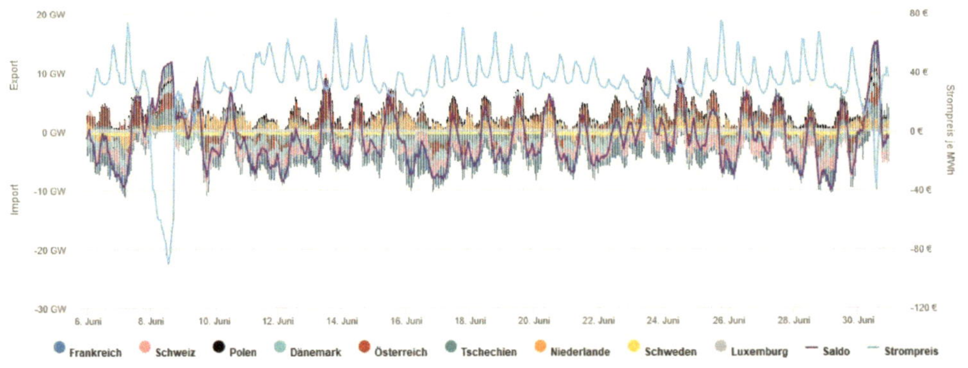

Bild 47. Stromimport/-Export in der Zeit vom 5. bis 30. Juni 2019[198]

---

[136] https://de.statista.com/statistik/daten/studie/179260/umfrage/die-zehn-groessten-c02-emittenten-weltweit/
[137] https://www.agora-energiewende.de/service/agorameter/chart/power_generation/05.06.2019/30.06.2019/

5. Zukünftige Stromversorgung

Gerät die Stromversorgungssicherheit durch Abschaltung konventioneller Kraftwerksleistung in Gefahr? Wie wirkt sich die geplante Sektorkopplung auf den künftigen Strombedarf aus? Was kann ein Smart Grid verbessern?

Das sind Fragen, die vor allem technisch und nicht nur politisch beantwortet werden müssen.

5.1 Smart Grid

Unter dem Stichwort »Digitalisierung« soll mittels Verschiebung und Zuschaltung von Lasten das fluktuierende Angebot aus erneuerbaren Energien effizient ausgeglichen werden. Bild 48 zeigt den erforderlichen Aus- und Umbau der Verteilernetze zum Smart Grid.

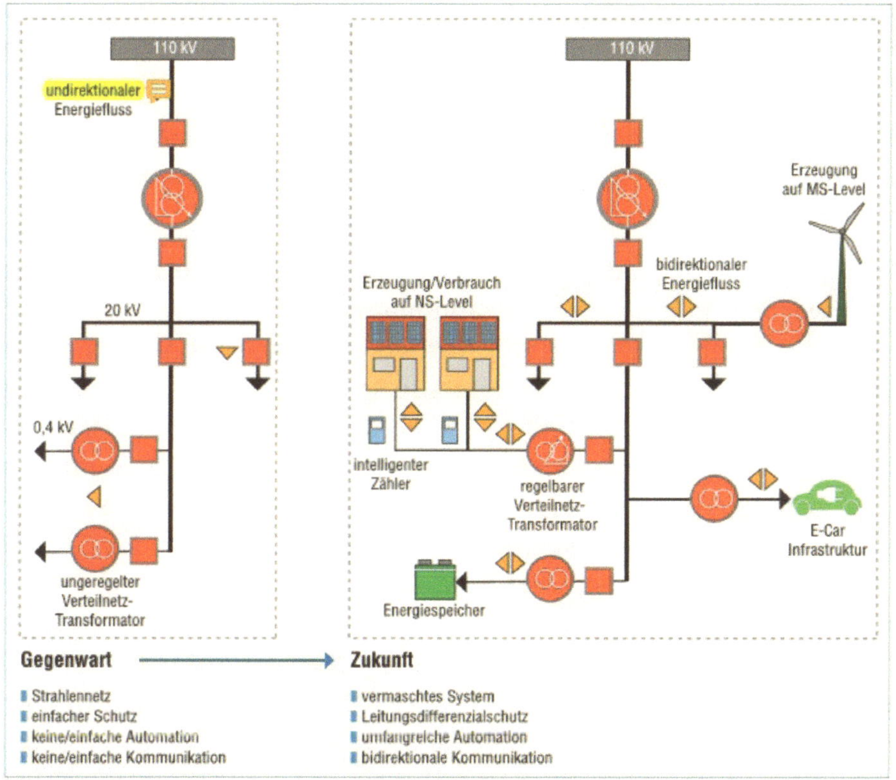

Bild 48. Aus- und Umbau der Verteilernetze zum Smart Grid
(Quelle: Burgholte, Schmutziger Strom Seit 15, Hüthig Verlag).

Mit Hilfe der Digitalisierung sollen Bedarf und Erzeugung elektrischer Leistung synchronisiert werden.

Das Umweltbundesamt definiert: *Intelligente Stromnetze (Smart Grids)* *kombinieren Erzeugung, Speicherung und Verbrauch. Eine zentrale Steuerung stimmt sie optimal aufeinander ab und gleicht somit Leistungsschwankungen – insbesondere durch fluktuierende erneuerbare Energien – im Netz aus. Die Vernetzung erfolgt dabei durch den Einsatz von Informations- und Kommunikationstechnologien (IKT) sowie dezentral organisierter Energiemanagementsysteme zur Koordination der einzelnen Komponenten.*

Das bedeutet, dass in einem Smart-Grid nicht nur Energie sondern auch Daten transportiert werden, so dass Netzbetreiber in kurzen Abständen Informationen zur Energieproduktion und zum Energieverbrauch erhalten. Bisher hatten die Netzbetreiber weder Kontrolle noch Kenntnis, wann und wo eine dezentrale Erzeugungsanlage Strom ins Netz einspeist. Wird der Anteil solcher »unkoordinierter« Erzeuger zu hoch, steigt das Risiko von instabilen Netzzuständen.

Durch intelligente Vernetzung, Lastmanagement und Nachfrageflexibilisierung können somit eine effiziente Nutzung und Integration der erneuerbaren Energien sowie eine Optimierung der Netzauslastung erreicht werden[138].

Die Theorie des Umweltbundesamtes hört sich ja ganz gut an. Aber welche Konsequenzen sind damit verbunden? Wie wirken sich *intelligente Vernetzung, Lastmanagement und Nachfrageflexibilisierung* praktisch aus?

Es handelt sich um Schlagworte, die unter dem Stichwort **Demand side management** propagiert werden. Verteilt werden kann nur das, was auch vorhanden ist. Ist nicht ausreichend regenerative Leistung vorhanden, fordert ein Lastmanagement die Abschaltung der Lasten, beispielsweise in der Industrie, wo sich der Stromeinsatz variieren lässt, wie in Mühlen, Öfen, Pumpen oder Kühlhäusern. Mit Hilfe der in der Einführung befindlichen **Smart Meter** kann dann auch künftig der Energieversorger in jedem privaten Haushalt den Leistungsbezug mit schwankenden Preisen steuern. Bei zu wenig regenerativer Leistung muss eben das E-Mobil, die Waschmaschine oder der Geschirrspüler einmal warten. Das Bundeswirtschaftsministerium informiert darüber in einem Newsletter[139]: *Alle Stromkunden mit einem Stromverbrauch von mehr als 6000 Kilowattstunden (kWh) pro Jahr werden ab sofort verpflichtend mit einem intelligenten Messsystem ausgestattet. Privathaushalte mit einem geringeren Verbrauch erhalten zunächst nur einen digitalen Stromzähler (Fachbegriff »moderne Messeinrichtung«). Diese Stromzähler können aber optional mit einem Smart Meter ausgerüstet werden. Die neue Technik lohnt sich in vielerlei Hinsicht. Smart Meter bilden künftig eine gesicherte Plattform für neue, digitale Leistungen (Smart-Home-Dienste). Die Vorteile von Smart Metern für Privathaushalte auf einen Blick:*

---

[138] https://www.umweltbundesamt.de/service/uba-fragen/was-ist-ein-smart-grid
[139] https://www.bmwi-energiewende.de/EWD/Redaktion/Newsletter/2020/03/Meldung/news2.html

- *mehr Transparenz beim Energieverbrauch*
- *Einsparpotential besser identifizieren, Energieeffizienz steigern*
- *bessere Steuerung der Stromnetze erspart den Endverbrauchern Geld*
- *Ablesetermine vor Ort entfallen*
- *Abschlags- und Nachzahlungen können vermieden werden*
- *Energieversorger können flexible Stromtarife anbieten, mit denen die Stromnutzung zu bestimmten Zeiten günstiger wird.*
- *Das Smart Meter als sichere digitale Plattform bietet Zusatzdienste und erhöht damit nicht nur die effiziente Stromnutzung in Privathaushalten und Unternehmen. Es erfüllt auch wichtige Aufgaben für die Energiewende, um unter anderem mehr Strom aus erneuerbaren Energien in die Netze aufnehmen zu können.*

Bislang müssen die Netzbetreiber die Stromnetze für das Maximum der Belastung planen, basierend auf Erfahrungen und Prognosen. Smart Meter liefern den Netzbetreibern künftig aktuelle Netzzustandsdaten, so dass sie die Netze bedarfsorientiert betreiben, ihre Datengrundlage verbessern und entsprechend planen können. Darüber hinaus ermöglicht ein intelligentes Management die optimale Auslastung der bestehenden Leitungen. Das ist günstiger und effektiver, als landesweit neue Stromleitungen zu verlegen, wenn zukünftig beispielsweise vermehrt Wärmepumpen und Ladesäulen für Elektroautos installiert werden. Die Zahl der Baustellen wird reduziert und daraus resultierende höhere Netzentgelte für Stromkunden werden vermieden.

Im Klartext heißt das: Zuteilung der Leistung, nur wenn sie verfügbar ist!

In dem Moment, in dem Strom benötigt wird, muss er auch in den Kraftwerken oder aus regenerativen Anlagen erzeugt werden, oder er muss aus einem Stromspeicher kommen. Was heute möglich ist, wurde im Kapitel 4 behandelt.

5.2 Sektorkopplung

Die Ziele sind klar definiert. Unter dem Schlagwort »**Sektorkopplung**« sollen die Bereiche der Strom- und Wärmeversorgung sowie der komplette Verkehrssektor auf regenerative Energiequellen umgestellt werden. Geplant wird ein ***Integriertes Energiesystem,*** wie es die Deutsche Energie Agentur (dena) in ihrer Leitstudie beschreibt[140]: *Der Ausbau der erneuerbaren Energien erfordert auch den Umbau des Energiesystems. Eine besondere Rolle spielen hierbei sektorübergreifende Verbindungen von Strom, Wärme und Verkehr. Elektromobilität etwa stellt wortwörtlich eine solche Verbindung dar. Inwiefern zukünftig dabei auch der digitalen*

---

[140] https://www.dena.de/themen-projekte/energiesysteme/sektorkopplung/

Vernetzung eine Schlüsselrolle zukommt, zeigt der Schwerpunkttext zum Thema Digitalisierung.

Für die dena geht es nicht nur um die Verbindung der verschiedenen Energiebereiche. Auch die Verknüpfungen innerhalb der Sektoren sollen verstärkt werden. So wird für die dena aus Sektorkopplung **»integrated energy«**, ein integriertes Energiesystem, in dem alle Teile aufeinander abgestimmt werden können.

Die **dena-Leitstudie „Integrierte Energiewendeimpulse für die Gestaltung des Energiesystems bis 2050"** liefert im Teil A ab Seite 5 den Ergebnisbericht und die Handlungsempfehlungen und im Teil B ab Seite 55 den Gutachterbericht (ewi Energy Research & Scenarios gGmbH)[141].

Wie sieht es aber mit der Verfügbarkeit und der Versorgungssicherheit aus? Wo ergeben sich Probleme für die Anwender?

5.3 Verantwortung der Bundesnetzagentur (BNetzA)

Für die Stromversorgungssicherheit ist die Bundesnetzagentur (BNetzA) zuständig. Sie entscheidet, ob und wo Kraftwerke stillgelegt werden dürfen. Am 15. April 2020 wurde wieder eine neue Liste veröffentlicht[142].

Ab April 2020 sind 8,456 GW installierter Leistung endgültig oder vorläufig zur Stilllegung geplant, und davon sind 6,98 GW als systemrelevant eingestuft. Es sind konventionelle Kraftwerke, Wasser- und Heizkraftwerke im Leistungsbereich zwischen 846 MW bis 17,2 MW aufgeführt. Der Übertragungsnetzbetreiber (ÜNB) prüft jeden Stilllegungsantrag, ob es sich dabei um **systemrelevante Kraftwerke** handelt.

Das ist dann der Fall, wenn eine dauerhafte Stilllegung des Kraftwerks mit hinreichender Wahrscheinlichkeit zu einer nicht unerheblichen Gefährdung oder Störung der Sicherheit oder Zuverlässigkeit des Elektrizitätsversorgungssystems führt, die auch nicht durch angemessene andere Maßnahmen beseitigt werden kann. Trifft dies auf eines oder mehrere der angezeigten Kraftwerke zu, weist der ÜNB diese als systemrelevant aus. Die Bundesnetzagentur muss diese Ausweisung genehmigen. Infolgedessen kann ein Weiterbetrieb der Kraftwerke von jeweils bis zu 24 Monaten erfolgen, und eine Stilllegung ist damit zunächst ausgeschlossen.

---

[141] https://www.dena.de/fileadmin/dena/Dokumente/Pdf/9261_dena-Leitstudie_Integrierte_Energiewende_lang.pdf

[142]
https://www.bundesnetzagentur.de/SharedDocs/Downloads/DE/Sachgebiete/Energie/Unternehmen_Institutionen/Versorgungssicherheit/Erzeugungskapazitaeten/KWSAL/KWSAL_2020_02.pdf;jsessionid=50D0A9ADC8BE5CCA74941D00E331F036?__blob=publicationFile&v=3

Am 1. Dezember 2020 erhielt auch das fünf Jahre alte Kraftwerk Hamburg-Moorburg den Zuschlag im Auktionsverfahren der BNetzA zur Stilllegung schon in 2021[143]. Die deutschen Übertragungsnetzbetreiber werden bis Anfang März 2021 über die Systemrelevanz von Moorburg entscheiden. Sollte Moorburg als nicht systemrelevant eingestuft werden, wird die Kohleverfeuerung spätestens zum 1. Juli 2021 eingestellt. Falls Moorburg als systemrelevant eingestuft wird und die Bundesnetzagentur diese Einschätzung bestätigt, muss das Kraftwerk für einen noch zu bestimmenden Zeitraum in Reserve gehalten werden und betriebsbereit bleiben. **Die im Standby verbleibende Verfügbarkeit der Kraftwerksleistung wird entsprechend vom Stromkunden vergütet!** Die erforderliche Netzreserve für den Winter 2020/2021 sowie das Jahr 2024/2025 listet die BNetzA auf[144]. Der Bedarf an Erzeugungskapazität für die Netzreserve zum Zwecke der Gewährleistung der Sicherheit und Zuverlässigkeit des Elektrizitätsversorgungssystems beträgt 6.596 MW für den Winter 2020/2021 und 8.042 MW für das Jahr 2024/2025. Diese Leistung bucht und bezahlt die BNetzA bei ausländischen Kraftwerksbetreibern allein für die Reservehaltung. Die Kilowattstunde, die dann tatsächlich geliefert wird, muss natürlich noch extra bezahlt werden. In den Jahren 2017 und 2018 entstanden so Kosten von ca. 1500 Millionen Euro pro Jahr.

Konventionelle Kraftwerke garantieren die gesicherte Stromversorgung. Windenergieanlagen stuft die BNetzA mit einem Beitrag von 1 % zur gesicherten Stromversorgung und Solaranlagen nur mit 0% ein. Es fehlen die entsprechenden Langzeitspeicher zur Überbrückung der Einspeiselücken.

Das politisch vorgegebene Ziel einer 100%igen regenerativen Stromversorgung ist derzeit weder technisch realisierbar noch überhaupt absehbar. Es wurde schon darauf hingewiesen, dass eine konstante Frequenz nur durch die so genannten 50 Hz-Kraftwerke garantiert werden kann. Alle regenerativen Erzeugungsanlagen sind technisch nicht dazu befähigt und besitzen auch nicht die dafür erforderliche Leistung. Nicht einmal für eine 80%ige regenerative Stromversorgung wären regenerative Anlagen geeignet. Das schreibt das Handelsblatt am 10. Oktober 2019 unter dem Titel »*Deutschlands Rechnung zur Energiewende geht nicht auf*«[145].

Eine Vollversorgung mit erneuerbaren Energien ist derzeit unrealistisch.

---

[143] https://group.vattenfall.com/de/newsroom/pressemitteilungen/2020/kraftwerk-moorburg-erhalt-zuschlag-im-auktionsverfahren

[144] https://www.bundesnetzagentur.de/SharedDocs/Downloads/DE/Sachgebiete/Energie/Unternehmen_Institutionen/Versorgungssicherheit/Berichte_Fallanalysen/Feststellung_Reservekraftwerksbedarf_2020.pdf?__blob=publicationFile&v=3

[145] https://www.handelsblatt.com/meinung/kommentare/kommentar-deutschlands-rechnung-zur-energiewende-geht-nicht-auf/25092194.html

Ein Erdgas-Ausstieg wäre daher auch unverantwortlich – zumal die CO$_2$-Bilanz der Gaskraftwerke gering ist.

Das Deutsche Institut für Wirtschaftsforschung (**DIW**) mit Sitz in Berlin ist das größte deutsche Wirtschaftsforschungsinstitut. Es berät Politiker und die Regierung. In ihrer Veröffentlichung vom Februar 2019 *„Politikberatung 133"* [146] äußern sich die Autoren *Pao-Yu Oei, Leonard Göke, Claudia Kemfert, Mario Kendziorski und Christian von Hirschhausen* zum Thema »*Erneuerbare Energien sind der Schlüssel für das Erreichen der Klimaschutzziele im Stromsektor*«. Neben dem Kohleausstieg (100 %) in der Stromerzeugung wird darüber hinaus ein 100%iger Erdgasausstieg im Szenario bis 2030 beschrieben. Um die Versorgungssicherheit zu gewährleisten, wird in den beiden 100% Szenarien davon ausgegangen, dass durch zusätzliche Investitionen bis zum Jahr 2030 Geothermie als Quelle der Stromerzeugung mit einem Potential von jährlich 25 TWh hinzu gebaut werden kann. Bild 49 zeigt Szenarien für Kohle- und Erdgas-Ausstiegsvarianten.

Die dort angesetzten Ausbaupotentiale für Offshore Wind sind kaum zu realisieren. (DSM: Demand Side Management)

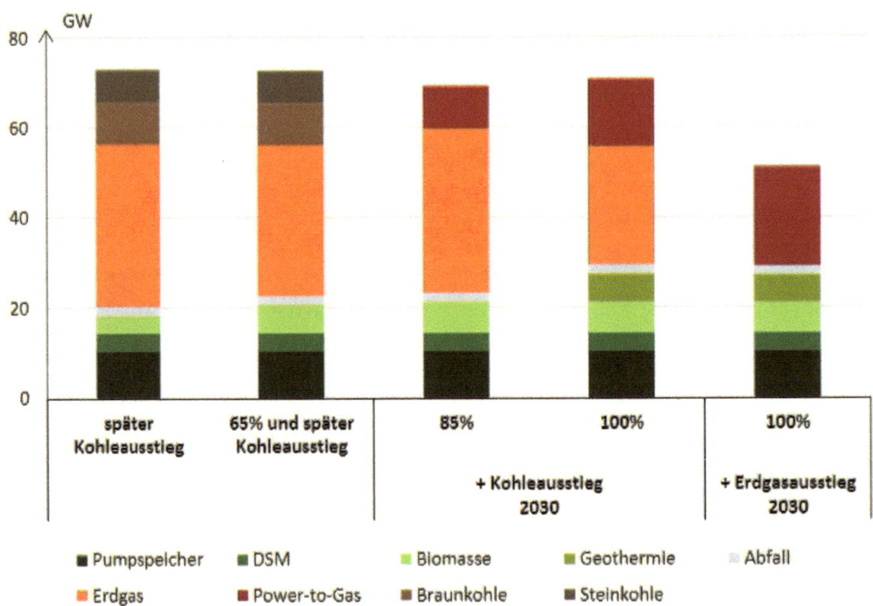

Bild 49. DIW-Szenarien für unterschiedliche Kohle- und Erdgasausstiegsvarianten[109]
[*DIW Politikberatung 133, Seit 19*]

Die dafür erforderlichen konventionellen Kraftwerksleistungen sind in Bild 50 zusammengestellt.

---

[146] https://www.diw.de/documents/publikationen/73/diw_01.c.616181.de/diwkompakt_2019-133.pdf

Tabelle 1: Kapazitäten von Kohlekraftwerken in Deutschland [GW].

Szenarien		2015	2020	2025	2030
Später Kohleausstieg	Steinkohle	24,8	20,6	16,4	7,2
65% und später Kohleausstieg	Braunkohle	20,9	18,2	14,3	9,2
85% und Kohleausstieg 2030					
100% und Kohleausstieg 2030	Steinkohle	24,8	16,9	7,2	0,0
100%, Kohle- und Erdgasausstieg 2030	Braunkohle	20,9	12,7	9,1	0,0

Tabelle 2: Annahmen der verschiedenen Szenarien.

Szenariobezeichnung	EE-Ausbau	Kohleausstieg	Offshore Wind	Erdgas- ausstieg
Später Kohleausstieg	gemäß Abbildung 1	2035-2038	15 GW	nach 2030
65% und später Kohleausstieg	65% Ziel	2035-2038	15 GW	nach 2030
85% und Kohleausstieg 2030	75% Ziel	2030	20 GW	nach 2030
100% und Kohleausstieg 2030	100% Ziel	2030	35 GW	nach 2030
100%, Kohle- und Erdgasausstieg 2030	100% Ziel	2030	35 GW	2030

Bild 50. Thermische Kraftwerkskapazitäten in den Szenarien im Jahr 2030[109]
[DIW Politikberatung 133, Seit 13]

Die Annahmen eines Zubaus von mehr als 10 GW Pumpspeicherkraftwerksleistung und ca. 20 GW aus Power-to-Gas Anlagen bis 2030 sind mit Sicherheit realitätsfern (siehe Kapitel 4.5 Planung neuer Gaskraftwerke).

Der Hinweis, dass *grundsätzlich zur Erreichung höherer Sicherheitsniveaus weitere hier nicht näher zu diskutierende Maßnahmen denkbar sind, wie beispielsweise eine stärkere Nutzung weiterer Demand Side Management Potentiale oder von Batteriespeichern,* ist ebenfalls rein spekulativ.

In der breiten Öffentlichkeit wird das DSM, also das *Demand Side Management, mit großer* Wahrscheinlichkeit zunächst einmal nicht als Einschränkung verstanden. Es bedeutet aber nichts anderes, als dass die Nachfrage nach netzgebundener Leistungsversorgung der Abnehmer in Industrie, Gewerbe und Privathaushalten gesteuert wird. Gemeint sind damit Maßnahmen, um die Verbraucher von der Versorgung abzuschalten.

Veröffentlicht wurde das schon im März 2019 in einer McKinsey Studie[147,148]: *Womöglich könnte Deutschland dann irgendwann seinen Strombedarf noch nicht einmal mehr durch Importe decken,* warnt McKinsey: *»Mittelfristig besteht das Risiko, dass im gesamten europäischen Verbund nicht mehr ausreichend Versorgungskapazität vorhanden sein wird.« In diesem Fall müssten große **Industriebetriebe oder sogar Siedlungsbereiche planmäßig und rotierend vom Netz genommen werden,** um einen ungeplanten Blackout zu verhindern. Für das Image des*

---

[147] https://www.mckinsey.de/news/presse/2019-09-05-energiewende-index
[148] https://www.welt.de/wirtschaft/plus199683848/Energiewende-Index-So-deutlich-hinkt-die-Regierung-den-Plaenen-hinterher.html?wtrid=onsite.onsitesearch

Industriestandorts Deutschland aus Sicht ausländischer Investoren wäre das verheerend.

Der Bundesverband Erneuerbare Energie e.V. (BEE) macht im »BEE-Szenario 2030«[149] Vorschläge für einen 65%igen Anteil erneuerbarer Energien bis 2030. Der Verband fordert:

Durch die geplante Sektorkopplung (s. Seite 3 - BEE-Szenario) wird es zu zusätzlichen Stromverbräuchen für Wärmepumpen, Elektromobilität und Ptx (Power-to-Gas, Power-to-Liquids) kommen.

Der Bruttostromverbrauch steigt von derzeit 600 TWh bis 2030 auf 740 TWh. Ein Anteil von 65% erneuerbarer Energien ergibt (daraus abgeleitet) 481 TWh. Um diese 481 TWh »Strom« im Jahr 2030 mit erneuerbaren Energien erzeugen zu können, müssen jährlich neue Anlagen mit großen Leistungen installiert werden.

Diese betragen gemäß BEE-Szenario:
- *4 700 MW Windenergie Onshore*
- *1 200 MW Windenergie Offshore*
- *10 000 MW Photovoltaik*
- *600 MW Bioenergie*
- *50 MW Wasserkraft und*
- *50 MW Geothermie.*

Die politischen Rahmenbedingungen müssen entsprechend angepasst werden, damit diese Ausbaupfade beschritten werden können, fordert der BEE.

Bild 51 vergleicht den elektrischen Energieverbrauch von 2017 mit dem zu erwartenden im Jahr 2030[150] (*BEE-Szenario Seite 5*). Bemerkenswert ist in diesem Zusammenhang, dass zwar unter der Überschrift »Stromverbrauch« der Energieverbrauch in TWh dargestellt wird. Die Energiezahlen sagen aber in keiner Weise etwas über den Stromverbrauch bzw. den Leistungsverbrauch aus, den die Verbraucher in kW oder MW benötigen.

Die für 2030 geschätzten 740 TWh sind gegenüber den 651,5 TWh, die für 2035 in dem im März 2021 vorgestellten geänderten *Netzentwicklungsplan Strom 2035* genannt wurden, wesentlich höher (vergleiche Kapitel 4.5).

---

[149] https://www.bee-ev.de/fileadmin/Publikationen/Positionspapiere_Stellungnahmen/BEE/20190506_BEE_Szenario_2030_ONLINE.pdf

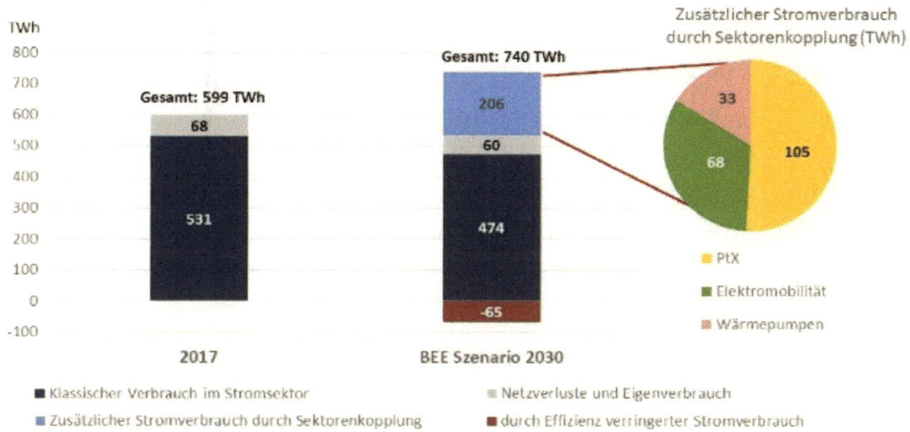

Bild 51. elektrischer Energieverbrauch in 2017 und 2030[61]

Auch die erforderlichen Zubauleistungen sind utopisch. Wie schon im Kapitel 1.4 ausgeführt, ist eine weitere Installation von Bioenergie, Wasserkraft und Geothermie in Deutschland nur sehr begrenzt möglich. Auch der geplante Ausbau der Windenergie, sowohl onshore als auch offshore, ist bei den derzeit bestehenden Schwierigkeiten der Windbranche schwer zu bewerkstelligen. Einzig der Ausbau der Photovoltaik auf 10 GW ist mit Hilfe von Zwangsmaßnahmen auf vorhandenen Dachflächen sicherlich realisierbar. Die Installation von eigenen Speichern erhöht zwar den möglichen Eigenversorgungsanteil auf ca. 65%, trägt aber nicht zur Sicherung der Leistungsversorgung über das ganze Jahr bei. Keine Sonne, keine Leistung; das bedeutet, dass vor allem in den Wintermonaten eine konventionelle Leistungsversorgung verfügbar sein muß. Dafür wäre eine installierte Kraftwerksleistung vorzuhalten, die aber nie aufgrund der verminderten Betriebszeiten einen wirtschaftlichen Betrieb erreichen kann. Die Planzahlen der einzelnen Studien variieren stark, insbesondere hinsichtlich der zu erwartenden Erhöhung der Energieeffizienz und Energieeinsparung. Bei der Einsparung besteht allerdings die Gefahr, dass durch Abwanderung stromintensiver Betriebe zwar Energie eingespart wird, aber auch viele Arbeitsplätze verloren gehen.

5.4 Wird die Stromversorgungssicherheit gefährdet?

In einem Gastkommentar für das Handelsblatt stellt Lorenz Jarass am 15. März 2021 fest: ***Bei der Stromversorgung spielt die Regierung russisches Roulette[151]***. *Die erheblichen Defizite, die bei »Dunkelflauten« auftreten, also wenn die Sonne*

---

[151] https://www.handelsblatt.com/meinung/kolumnen/homo_oeconomicus/gastkommentar-homo-oeconomicus-bei-der-stromversorgung-spielt-die-regierung-russisches-roulette/27005600.html

nicht scheint und der Wind nicht bläst, sollen durch Importe aus dem Ausland abgedeckt werden, wofür ein massiver Ausbau der grenzüberschreitenden Stromleitungen geplant ist. Zur Aufrechterhaltung der Versorgungssicherheit bei bundesweiten Dunkelflauten sind deshalb verbrauchsnah installierte Reservekraftwerke nötig, die langfristig CO2-neutral mit grünem Gas betrieben werden.

Sollten bis 2038 alle Kohlekraftwerke mit insgesamt 43,6 GW durch Gaskraftwerke ersetzt werden, fehlen noch 38,1 GW (43,6 GW – 5,455 GW), was ca. 47 Gaskraftwerken mit je 800 MW entspricht. (5,455 GW sind als Ersatzkraftwerke oder als Neubauten in Planung, siehe Kapitel 4.5). Diese Gaskraftwerke sollen dann aber mit grünem Gas betrieben werden. Die dafür erforderliche regenerative Gaserzeugung ist weder in Deutschland noch in Europa zu realisieren.

Der zusätzliche Bedarf elektrischer Leistung durch die geplante Sektorkopplung ist dabei noch nicht berücksichtigt. Dadurch wird der Leistungsbedarf erheblich ansteigen, der ohne weitere neue Kraftwerksbauten nicht abzudecken sein wird. Doch die Bundesregierung rechnet mit Wunschzahlen **und weigert sich, die Realität** zur Kenntnis zu nehmen. Die Sektorkopplung erfordert den elektrischen Energiebedarf bzw. Strom/Leistung für Elektroautos, Wärmepumpen und Wasserstofferzeugung. Die Leistung muss preisgünstig und jederzeit verfügbar sein. Allein die Umstellung der Stahlproduktion auf grünen Wasserstoff erfordert einen Gesamtenergiebedarf von ca. 120 Terrawattstunden (TWh) pro Jahr[152]. Die europäische Stahlindustrie muss für die Umstellung mindestens 100 Milliarden Euro in die Hand nehmen. Woher der Strom kommen soll, ist reine **Spekulation.** So sollen ab 2030 die regenerativen Anlagen schon 377 TWh zusätzlich erzeugen. Das ist mehr als die Hälfte des heutigen elektrischen Gesamtenergiebedarfs. Dafür wäre zu jeder Stunde im gesamten Jahr eine verfügbare Leistung von 43 GW erforderlich. Um die bekannten Flautenzeiten innerhalb eines Jahres überbrücken zu können, müssten entsprechend große Speicher verfügbar sein. Die erforderliche Speicherladeleistung muss dann aber auch noch zusätzlich zur Verfügung stehen.

Bis 2050 wollen auch die Chemiekonzerne klimaneutral werden. Das geht nur mit grünem Wasserstoff, der mithilfe von erneuerbaren Energien produziert werden soll. Insgesamt ist ab 2050 in der Branche nach Schätzungen des Verbands der Chemischen Industrie (VCI) sechsmal so viel Wasserstoff erforderlich wie heute. Unter Energieexperten ist es ein offenes Geheimnis: *Der Stromverbrauch in Deutschland wird allen Energiespar-Appellen zum Trotz deutlich steigen – so sehr, dass der Ausbau der erneuerbaren Energien nicht wie geplant mithalten wird.*

---

[152] https://www.cleanthinking.de/gruener-stahl-direktreduktion-100-milliarden-euro/

Schon **»2030 droht in Deutschland eine Ökostromlücke«,** *sagt Max Gierkink, Manager am Energiewirtschaftlichen Institut an der Universität zu Köln (EWI). Eine Lücke, die mit Reservekapazitäten aus deutschen Kohle- und Erdgaskraftwerken oder konventionell erzeugtem Strom aus dem europäischen Ausland gedeckt werden müsste.*

Auch die Energieexpertin Veronika Grimm, Mitglied im Sachverständigenrat der Bundesregierung, fällt ein klares Urteil *: »Mir erscheinen die Annahmen der Bundesregierung zum künftigen Stromverbrauch sehr unrealistisch*[153]. Neben dem Ausbau der Wind- und Solaranlagen ist auch ein hoher Investitionsbedarf für Elektrolyseure großer Leistungen erforderlich.

Wird, wie politisch geplant, die Sektorkopplung zur vollständigen Dekarbonisierung (Verbot von Kohle, Öl und Erdgas) durchgeführt, bricht unsere Energieversorgung zusammen.

Der Bedarf an elektrischer Energie wird um ein Drittel von derzeit 600 TWh auf über 800 TWh ansteigen. Damit steigt auch der Bedarf an installierter Kraftwerksleistung zur Abdeckung der benötigten Spitzenleistung von derzeit etwa 80 GW auf ca. 3* 80 GW = 104 GW.

Mit einer gesamten konventionell installierten Kraftwerksleistung in Kohle-, Kern- und Ölkraftwerken von **57,1 GW,** die abgeschaltet werden sollen, bleiben nur noch Erdgas-, Wasser- und Biogaskraftwerke mit derzeit 44,3 GW als Leistungserzeuger verfügbar.

Zur Abdeckung des künftigen Spitzenlastbedarfs von 104 GW fehlen dann aber 59,7 GW. Das dürften dann nur Gaskraftwerke sein, die mit Ökogas gefahren werden sollen. Dafür müssten 75 neue Gaskraftwerke mit einer Blockleistung von 800 MW gebaut werden.

5.5 Blackout Gefahr

Schwarzfall nennen Fachleute das Ereignis, das sich niemand wünscht - wenn Stromnetze großflächig zusammenbrechen. Der Wiederaufbau des Netzes zur Stromversorgung ist aber nicht so einfach. Bundesweit gibt es nach Angaben der Bundesnetzagentur 120 Kraftwerksblöcke, die dazu in der Lage, also »schwarzstartfähig« sind, um wieder ein neues 50 Hz-Netz aufzubauen. Das entspräche einer Leistung von 9,7 Gigawatt. Zum Teil sind die Kraftwerke im aktiven Strommarkt, zum Teil sind sie stillgelegt und damit in Reserve (s. Kapitel 5.3). Auch Wasser-, Pumpspeicher- und Gaskraftwerke eignen sich laut Bundesnetzagentur

---

[153] https://www.handelsblatt.com/unternehmen/energie/energiewende-wirtschaftsweise-veronika-grimm-wir-werden-mehr-strom-verbrauchen/27098778.html

für einen Schwarzstart, weil sie im Vergleich zu anderen Kraftwerken zum Anfahren weniger Leistung benötigen. Für den Netzwiederaufbau ist ihre Leistung insgesamt aber noch zu klein.

Viele Experten und Verantwortliche schätzen die Wahrscheinlichkeit für einen Blackout als »sehr gering« ein. Bisher ging doch alles sehr gut und war auch beherrschbar, aber: **Mega-Blackout in Deutschland immer wahrscheinlicher[154]**, wie Daniel Wetzel in der Welt vom 19.09.2019 schreibt.
Einer von mehreren Gründen für die Blackout Gefahr sei der geplante Kohleausstieg, so Markus Wacket, Senior Correspondent bei Thomson Reuters, am 30.08.2018 in finanzen.net.

Der Stromnetzbetreiber Amprion, an dem auch der Kohlekonzern RWE beteiligt ist, warnt in seinem Papier für die Kohlekommission *vor einem vorschnellen Abschalten der Kohlekraftwerke ohne ausreichende Reserven. Ex-tremwetter etwa im Winter, wenn besonders viel Strom gebraucht wird, träten häufig über Deutschland hinaus auf, und sichere Hilfe von den Nachbarn sei nicht immer voraussetzbar.*

Der ehemalige *BDWE-Chef Stefan Kapferer befürchtete, dass die heute noch bestehenden Überkapazitäten in wenigen Jahren nicht nur komplett abgebaut seien, sondern dass man auch »sehenden Auges spätestens im Jahr 2023 in eine Unterdeckung bei der gesicherten Leistung laufe«[155].* Stefan Kapferer hat den Verband BDEW zum 31.10.2019 verlassen und den Vorsitz der Geschäftsführung der 50Hertz Transmission GmbH übernommen.

»Bei der Stromversorgung wiegt sich Deutschland in trügerischer Sicherheit«, befürchtete Jürgen Flauger im Handelsblatt am 04.07.2019[156] *»Die Stromnetze sind auf Kante genäht. Das gefährdet die Stromversorgung.«*

Am 2. Juli 2019 berichtete das Handelsblatt mit folgender Überschrift: **»Blackout-Gefahr: Im deutschen Netz wurde der Strom knapp«[157].** Gleich an mehreren Tagen, am 6., 12. und 25. Juni 2019, war die Situation im Stromnetz kritisch, wie die vier Übertragungsnetzbetreiber Amprion, 50Hertz, Tennet und TransnetBW in einer gemeinsamen Erklärung bestätigten: *»Die Situation war kritisch - da durfte nicht mehr viel passieren«,* hieß es aus Kreisen eines Netzbetreibers. *»In der Spitze fehlten sechs Gigawatt an Leistung. Das entspricht in etwa der Leistung von sechs*

---

[154] https://www.welt.de/wirtschaft/plus195367057/Stromausfaelle-Ein-Mega-Blackout-wird-in-Deutschland-wahrscheinlicher.html
[155] https://www.bdew.de/presse/presseinformationen/stefan-kapferer-zum-abschaltplan-des-bund/
[156] https://www.handelsblatt.com/meinung/kommentare/kommentar-bei-der-stromversorgung-wiegt-sich-deutschland-in-truegerischer-sicherheit/24522074.html
[157] https://www.handelsblatt.com/unternehmen/energie/energiewende-blackout-gefahr-im-deutschen-netz-wurde-der-strom-knapp/24515468.html?ticket=ST-4893095-K6SUudC7uAWZgbnhMl0t-ap5

großen Kernkraftwerken. Der Puffer, den die Netzbetreiber zum kurzfristigen Eingreifen bisher zur Verfügung gehalten haben, betrug nur drei Gigawatt.«

Nach Angaben der BNetzA haben mehrere Stromhandelsunternehmen mit Spekulationen auf dem Strommarkt für diese massiven Engpässe gesorgt[158]. Auch gibt es oft im 15 Minuten-Rhythmus Stabilitätsprobleme im Netz, weil alle 15 Minuten ein neuer Strompreis an der Strombörse veröffentlicht wird und dies zu Netzumschaltungen bei den Verbrauchern führt.

»Der große Blackout hat katastrophale Folgen, aber Deutschland ist ohne Notfallplan bei Stromausfall«, warnt die pravda-tv[159]. (Pravda TV, Milan Nikolas Pravda, 4 Chaussee Street, Port–Louis Mauritius 11328)

Die Politiker nehmen diese Warnhinweise aber nicht zur Kenntnis. Die Energieexperten sprechen gar von Überkapazitäten, weil ja schon so viel Strom ins Ausland exportiert würde. Es ist also davon auszugehen, dass sich bei der Beurteilung einer extrem wichtigen Thematik wie unsere gesicherte Stromversorgung keine Korrekturen ergeben werden; gleichwohl werden die Konsequenzen daraus aber offensichtlicher und durch marktwirtschaftliche Effekte verstärkt.

5.6 Kosten eines Blackouts

Die Kosten eines Blackouts (Bild 52) sind erheblich[160]. Nach Einschätzung des Hamburger Weltwirtschafts-Institutes würde ein einstündiger Stromausfall allein in der Stadt Berlin 22,74 Millionen Euro kosten.

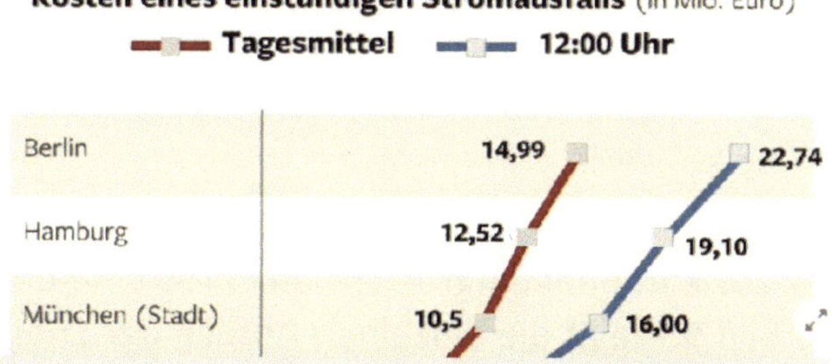

Bild 52. Kosten eines einstündigen Stromausfalls

In ganz Deutschland würden die Kosten eines **einstündigen Blackouts** in der Mittagszeit auf **592,7 Millionen Euro** ansteigen. *»Deutschlands Umstieg auf erneuerbare Energien birgt ein wachsendes Risikopotential«,* warnt HWWI-Energieexperte André Wolf im jüngsten Monatsbericht seines Instituts.

[158] https://www.eha.net/blog/details/blackout-stromausfall-deutschland-marktmanipulation.html
[159] https://www.pravda-tv.com/2019/06/stromausfall-mega-blackout-in-deutschland-immer-wahrscheinlicher/
[160] https://www.welt.de/wirtschaft/article121265359/Jede-Stunde-Blackout-kostet-600-Millionen-Euro.html

5.7 Krisenvorsorge

Das Bundesamt für Bevölkerungsschutz und Katastrophenhilfe (bbk) hat im Januar 2019 die 3. Ausgabe der Broschüre »Stromausfall – Vorsorge und Selbsthilfe«[161] herausgebracht. Darin werden der hohe Verfügungsgrad in Deutschland und der europäische Netzverbund besonders gelobt. Die Abhängigkeit von einer gesicherten Stromversorgung wird für den privaten Bereich beschrieben, und es werden Tipps für Vorsorge und Verhalten während des Stromausfalls gegeben. Dass möglicherweise die Energiewende verantwortlich für einen Stromausfall sein kann, wird nicht erwähnt.

In Österreich ist man da schon konsequenter. Veröffentlicht wurden konkrete Hinweise, wie man sich mit Nahrung, Trinkwasser und technischen Hilfsmitteln versorgen kann[162].

Die Stimmung in der deutschen Bevölkerung dazu beschreibt Focus am 17.01.2020 mit dem Artikel »*Licht, Wasser, Geld – und Waffen: Wie sich die Deutschen auf den Blackout vorbereiten*«. Demnach gehen 56 Prozent der Befragten davon aus, dass die Behörden und Verantwortlichen nicht gut oder unzureichend auf einen Blackout vorbereitet sind. Von einer sehr guten oder guten Vorbereitung gehen nur 13 Prozent der Befragten aus. Aber 62% wiegen sich trotzdem in Sicherheit und halten **Stromausfälle für unwahrscheinlich!** Dieser Eindruck wird ja auch täglich von den Medien vermittelt! Die möglichen Gefahren bei einem großflächigen und länger anhaltenden Stromausfall beschreibt dagegen sehr realistisch Marc Elsberg in seinem Roman **»Blackout«**[163]. Der Roman ist sehr empfehlenswert, er vermittelt in ganzer Breite und solide recherchiert alle Problemfelder einer Situation, wie durch Hackerangriffe über Smartmeter europaweit das komplette Stromnetz stillgelegt wird.

5.8 Wärmeversorgung

Der Primärenergieverbrauch ist in 2020 koronabedingt leicht auf 11691 PJ, das sind 3247 TWh, zurückgegangen[164]. Bild 53 zeigt die einzelnen Anteile der Energieträger. Gase liefern 3105 PJ, das sind 863 TWh. Bild 54 stellt die Anwendungsbereiche am Endenergieverbrauch der privaten Haushalte vergleichend für 2008 und 2018 dar[165]. (1 PJ = 0,2778 TWh)

---

[161] https://www.bbk.bund.de/SharedDocs/Downloads/BBK/DE/Publikationen/Broschueren_Flyer/Buergerinformationen_A4/Stromausfall_Vorsorge_und_Selbsthilfe.pdf?__blob=publicationFile

[162] https://www.krisenvorsorge.at/blackout-stromausfall/

[163] https://www.buecher.de/shop/technothriller/blackout-morgen-ist-es-zu-spaet/elsberg-marc/products_products/detail/prod_id/36792252/

[164] https://www.umweltbundesamt.de/daten/energie/primaerenergieverbrauch#entwicklung-und-ziele

[165] https://www.umweltbundesamt.de/daten/private-haushalte-konsum/wohnen/energieverbrauch-privater-haushalte#hochster-anteil-am-energieverbrauch-zum-heizen

---

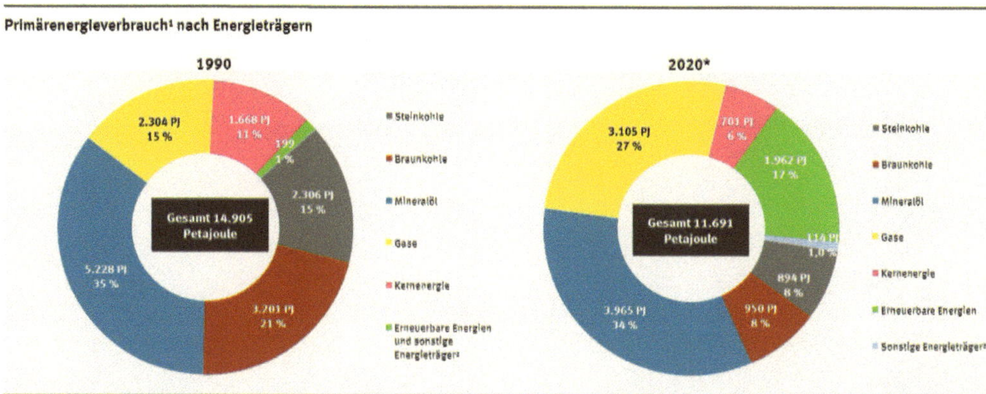

Bild 53. Entwicklung des Primärenergieverbrauchs in Deutschland

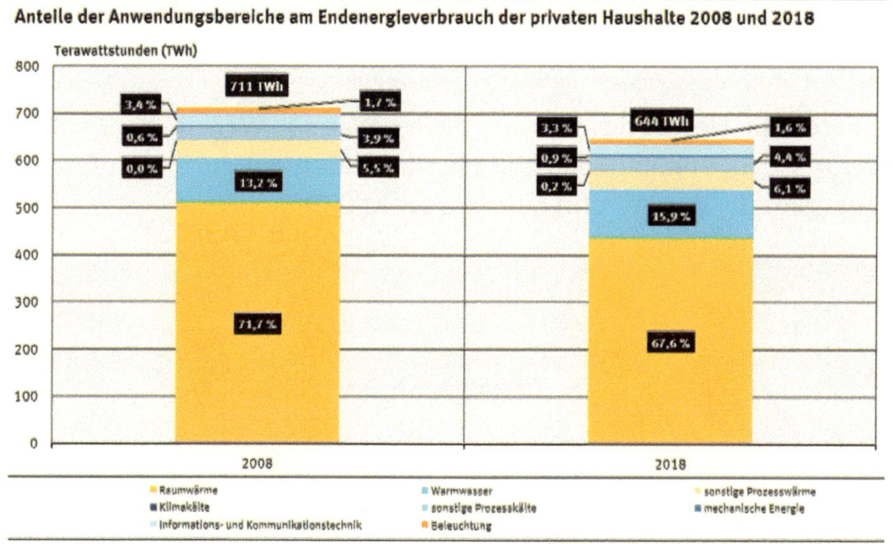

Bild 54. Endenergieverbrauch der privaten Haushalte nach Anwendungsbereichen

Bild 55 zeigt den Endenergieverbrauch im privaten Wohnbereich. Für die Raumwärme wurden 544 TWh und für Warmwasser 102 TWh aufgewendet[166]. Erdgas ist dabei die am häufigsten genutzte Energiequelle.

---

[166] https://de.statista.com/statistik/daten/studie/165364/umfrage/energieverbrauch-der-privaten-haushalte-fuer-wohnen-2000-und-2009/

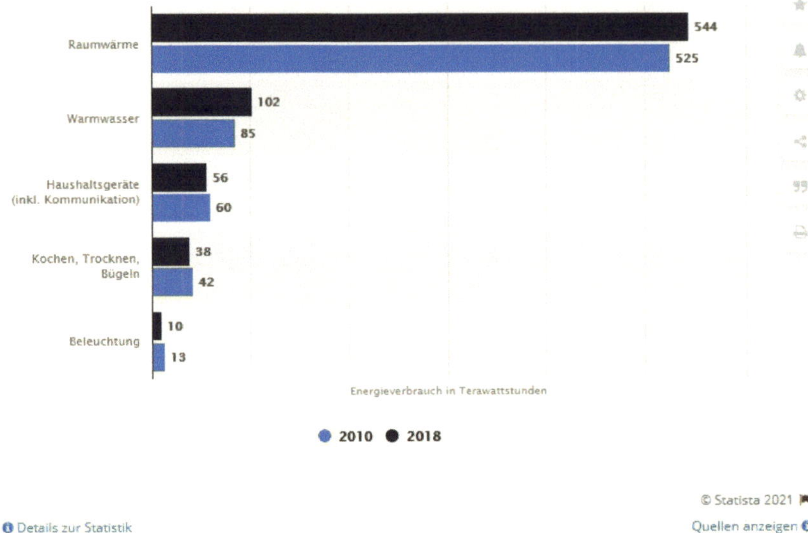

Bild 55. Endenergieverbrauch der privaten Haushalte für Wohnen

Im Jahr 2020 stellten die Netzbetreiber rund 179,9 TWh für Wärme aus regenerativen Quellen zur Verfügung. Bild 56 zeigt die Verteilung der einzelnen Anteile erneuerbarer Energien für Wärme und Kälte im Jahr 2020[167].

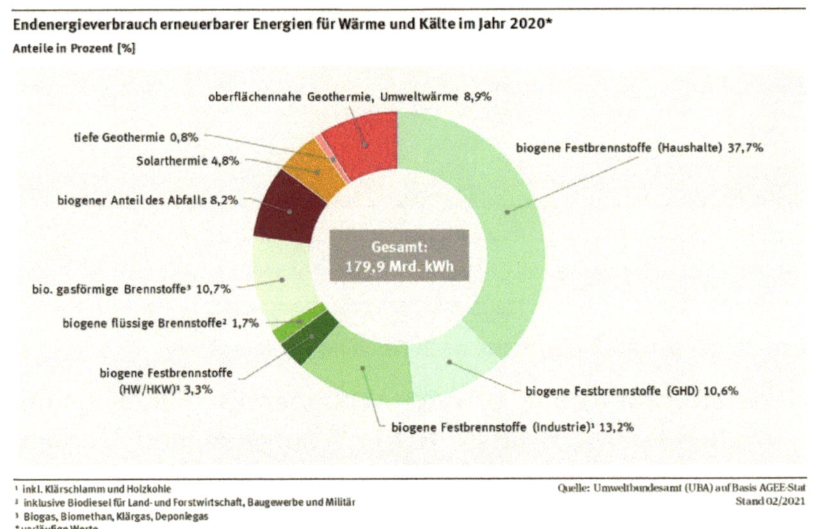

Bild 56. Regenerative Wärmequellen und Wärmeverbrauch im Jahr 2020
Quelle: Umweltbundesamt auf Basis AGEE-Stat, Stand 02/2020

---

[167] https://www.umweltbundesamt.de/themen/klima-energie/erneuerbare-energien/erneuerbare-energien-in-zahlen?sprungmarke=waerme#waerme

Erneuerbare Energien sollen bei der Wärmebereitstellung eine zunehmende Rolle spielen. Im Newsletter 14/2016 beschrieb das Bundesministerium für Wirtschaft und Energie (BMWI) die Zielvorstellung in Bezug auf die Wärmeversorgung, wie diese im Verlauf der Sektorkopplung auf regenerative Quellen umgestellt werden soll[168]. Würde man nach diesen Zahlen allein die 646 TWh mit Erdgas erzeugte Energie für Raumwärme und Warmwasser nur zu 50% durch regenerative Quellen abdecken wollen, wären zusätzlich 323 TWh elektrische Energie erforderlich. Das ist mehr als die Hälfte des elektrischen Gesamtenergiebedarfs der Bundesrepublik, und dieser wird derzeit nur zu 41% regenerativ erzeugt.

Als neues Problem würde sich dann auch die Volatilität auf die Wärmeversorgung übertragen, wobei aber Wärmespeicher leichter als Stromspeicher aufzubauen sind.

Das Prinzip »**Power to Gas**« nach Bild 57 besitzt das Potential einer Technik der Zukunft[169]. Mit dem Überschussstrom wird mittels Elektrolyse zunächst aus Wasser Wasserstoff (H_2) hergestellt, der dann mit Kohlendioxyd (CO_2) zu synthetischem Methan (CH_4), also Erdgas, umgewandelt wird. Das synthetische Gas wird im Erdgasnetz verteilt und in Kavernen gespeichert, damit später mit Hilfe der Gaskraftwerke die erforderliche Regelleistung geliefert werden kann. Mit den verfügbaren Gaskavernen wären damit Langzeitspeicher und die Verteilinfrastruktur für das Gasnetz vorhanden.

Die direkte Einspeisung von Wasserstoff in das Erdgasnetz ist nur begrenzt zulässig, weil die Heizungsanlagen darauf nicht eingestellt sind.

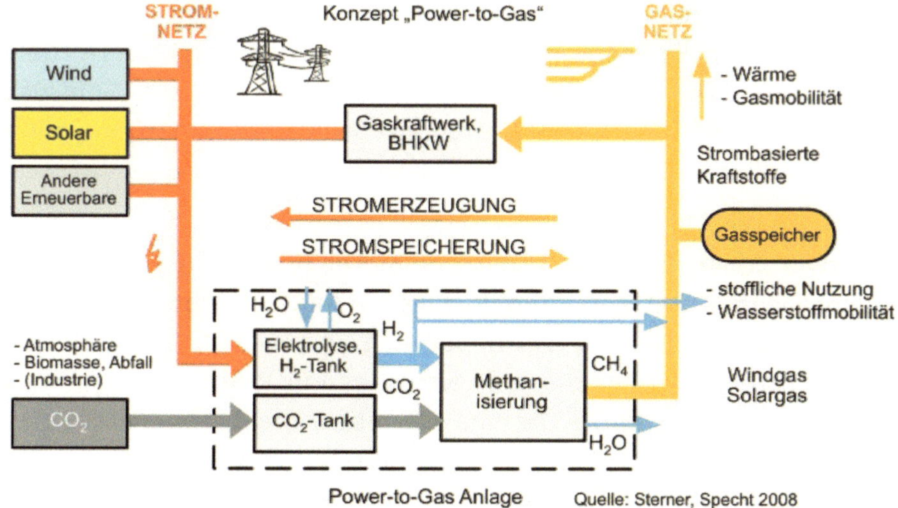

Bild 57. Prinzip einer »Power to Gas« Versorgung[122]

[168] https://www.bmwi-energiewende.de/EWD/Redaktion/Newsletter/2016/14/Meldung/direkt-erklaert.html
[169] https://www.oth-regensburg.de/fileadmin/media/professoren/ei/sterner/pdf/2013_Sterner_Energiekongress_Nuernberg.pdf

Ein wirtschaftlicher Betrieb dieser Anlagen ist in Konkurrenz zu den derzeitigen Erdgaspreisen nicht erkennbar, wie ein Blick auf die Erdgasbörsenpreise in Bild 58 zeigt[170].

Bild 58. Erdgaspreis in Euro (Realtime-Kurse) von November 2020 bis März 2021

Allein für die Abdeckung der fehlenden Stromerzeugung in wind- und sonnenschwachen Zeiten wäre ein erheblicher Investitionsaufwand für Elektrolyseure im GW-Bereich erforderlich. Für einen großflächigen Einstieg in diese Technik müsste das EEG auch so geändert werden, dass die Erzeuger von Überschussstrom diesen selbst in Gas wandeln und sich an der Finanzierung der erforderlichen Gaskraftwerke zur Rückverstromung anteilig beteiligen müssten. Geld wäre mit diesem Verfahren lange nicht zu verdienen, die Strom-Kilowattstunde dürfte nicht mehr als 1 Cent/kWh kosten (mehr im Kapitel 5.9.2).

5.8.1   Wärmepumpen

Politik und Industrie ziehen an einem Strang und bieten hohe Fördersummen an. Da machen die beteiligten Unternehmen doch gerne mit. So wirbt die Heizungsfirma Viessmann für ihr Produkt[171]: *»Wärmepumpen sind die erste Wahl, wenn es darum geht, Heizkostenersparnis und umweltschonende Wärmeerzeugung zusammenzubringen. Denn die Energie, die eine Wärmepumpenheizung nutzt, stellt die Umwelt unbegrenzt und kostenfrei zur Verfügung. Das vollwertige Heizsystem benötigt nur einen geringen Anteil Strom für den Antrieb und die Pumpe, um diese*

---

[170] https://www.boerse.de/rohstoffe/Erdgas/XD0002745517
[171] https://www.viessmann.de/de/wohngebaeude/waermepumpe.html

Energie nutzbar zu machen. Eine Wärmepumpe arbeitet unabhängig von fossilen Brennstoffen und trägt aktiv zur Reduktion des CO2-Ausstoßes und zum Klimaschutz bei.

Mit einer Kilowattstunde (kWh) elektrischer Energie werden ca. drei Kilowattstunden Wärme erzeugt. Wenn die elektrische kWh 30 Cent kostet, ergibt das für die thermische kWh 10 Cent. Bei einem Erdgaspreis von unter drei Cent pro kWh ist die Wärmepumpe 33% teurer!

Auch der Konkurrent Vaillant ist mit seiner Werbung dabei[172]. Nach dem Motto: *Was kostet eine Wärmepumpe, wie wird sie gefördert?* wird informiert und geworben.

Michael Fabricius, Leitender Redakteur Immobilien bei der WELT, sieht das völlig anders, er zitiert Falk Auer[173]: *Der 76-jährige Geophysiker und Ingenieur Auer aus Lahr im Schwarzwald beschäftigt sich schon seit Jahrzehnten mit Fragen der Energieversorgung. Zusammen mit einigen Mitstreitern hat er ein »Wärmepumpen-Manifest[174]« veröffentlicht, das in der Branche schon für einiges Aufsehen gesorgt hat.*

Und Falk Auer sagt: *»Wärmepumpen sind keine Schlüsseltechnik«! Wir wenden uns gegen den massiven Einsatz von bis zu 15 Millionen Wärmepumpen, ohne dass dabei die Folgen bedacht werden«.*

Kern der streitbaren Schrift: Wärmepumpen benötigen immer mehr Strom, den es aber nicht geben wird, und auch nicht geben soll, denn eigentlich hat sich die Bundesregierung zum Ziel gesetzt, bis 2050 den Stromverbrauch um 25 Prozent zu senken. Zweiter Punkt: Vor allem die kostengünstigen und daher beliebten Luftwärmepumpen sind ineffizient. Auch dürfte die Ökostromversorgung im Winter nicht ausreichen, den Strombedarf für die Wärmepumpen abzudecken[175]. Doch auch hier werden solche Warnungen politisch nicht wahrgenommen. Auch baurechtliche Einschränkungen können sich bei dem Ausbau der Wärmepumpenversorgung ergeben. Je nach Art der Wärmepumpe sind Einschränkungen in dicht bebauten Siedlungsgebieten zu beachten, und auch der geforderte Leistungsanschluss ist nicht an jedem Punkt des Niederspannungsnetzes derzeit möglich[176,177].

---

[172] https://www.vaillant.de/heizung/heizung-verstehen/technologie-verstehen/waermepumpe/#kosten_1
[173] https://www.welt.de/finanzen/immobilien/plus200521700/Waermepumpen-Der-teure-Irrtum-von-der-perfekten-Oeko-Heizung.html
[174] https://www.energieinstitut-hessen.de/newpage19cdeee9
[175] https://www.energate-messenger.de/news/190842/auer-waermepumpen-sind-keine-schluesseltechnik-
[176] http://www.noe.gv.at/noe/Wasser/Broschuere_Erdwaermepumpen_2012_web_2.pdf
[177] https://www.bauen.de/a/waermepumpe-wann-eine-genehmigung-noetig-ist.html

5.8.2   Solarthermie im Einfamilienhaus

Der Beitrag der **Solarthermie** im Jahr 2018 betrug 8,9 TWh, das entspricht 2,1% von 428 TWh für Wärme und Warmwasser. Ein Großteil der im Hochsommer anfallenden Solarwärme kann aber dann nicht genutzt werden, weil Heizung ja nicht erforderlich ist. Das wird dabei ignoriert. Nach Einschätzung des Bundesumweltamtes gewann auch die Wärmebereitstellung aus Umweltwärme und **Geothermie** mit 2% an Bedeutung und lag mit 12,3 TWh um 9,1 % über der des Vorjahres. Viele Wissenschaftler sehen das Potential der Geothermie in Deutschland als erschöpft an (s. Kapitel 1.4.7).

Im Einfamilienhaus kann die **Solarthermie** sowohl zur Unterstützung der Heizung als auch ausschließlich zur Warmwasserbereitung eingesetzt werden. Eine derzeit übliche Solarheizung kann jährlich etwa 20 bis 30 Prozent des Wärmebedarfs im Einfamilienhaus decken[178]. Beide Varianten erweisen sich als rentabel, wenn für die Zukunft realistische Annahmen bezüglich der Entwicklung der Energiepreise gemacht werden (d.h. wenn die Strom- und Gaspreise entsprechend steigen). Im Zuge des Erneuerbare-Energien-Gesetzes ist es für Neubauten ab dem 01.01.2009 Pflicht, einen Teil der Wärme aus regenerativen Energien zu beziehen[179].

Für die geringe Ausbeute in den Wintermonaten muss natürlich Reservekraftwerksleistung zur Verfügung gehalten werden.

5.8.3   Energieeinsparverordnung

Energieeinsparung ist immer wieder ein beliebtes Schlagwort für eine realisierbare Energiewende. Seit der ersten Energieeinsparverordnung (EnEV 2020)[180] haben sich die energetischen Anforderungen für Gebäude nach **EnEV 2020** schrittweise verschärft, damit Heizenergie eingespart werden kann. Der Bundestag hat am 18.06.2020 beschlossen, die Energieeinsparverordnung (EnEV) und das Erneuerbare-Energien-Wärmegesetz (EEWärmeG) in einem neuen Gesetz zusammenzufassen. Das »Gesetz zur Einsparung von **Energie** und zur Nutzung Erneuerbarer Energien zur Wärme- und Kälteerzeugung in Gebäuden (Gebäudeenergiegesetz - GEG)« wurde am 08.08.2020 veröffentlicht und trat am 1.November 2020 in Kraft[181].

Danach dürfen nur noch **Niedrigstenergiegebäude** neu gebaut werden, und es besteht eine Austausch- und Nachrüstverpflichtung für Heizungsanlagen, die vor 1981 eingebaut wurden. Ölheizungen sind (mit zahlreichen Ausnahmen) nach

---

[178] https://www.heizungsfinder.de/solarthermie/verwendung/einfamilienhaus
[179] https://www.solaranlage.eu/solarthermie/foerderung/eewaermeg
[180] https://www.enev-online.eu/
[181] https://www.febs.de/newsroom/meldungen/2020/das-neue-gebaeudeenergiegesetz-geg-die-wichtigsten-aenderungen-im-ueberblick

2026 verboten und Energieausweise müssen verbindliche Angaben von Treibhausgasemissionen enthalten.

5.9 Verkehr

Der Verkehr bildet den dritten Sektor, der auf regenerative Energiequellen umgestellt werden soll. Alles nach der Forderung, CO_2 einzusparen, um das Klima und die Umwelt zu retten. Da bietet es sich auch gleich noch an, den Diesel mit zu verbieten, weil seine Stickoxid Abgaswerte (NOx) über den willkürlich festgelegten Grenzwerten von 40 $\mu g/m^3$ liegen.

Doch was können die Elektromobilität und der Wasserstoffbetrieb liefern? Welche neuen Probleme entstehen bei der Energieversorgung?

5.9.1 Elektromobilität

Bereits 2007 erklärte die Bundesregierung im »**Integrierten Energie- und Klimaprogramm**« die Förderung der Elektromobilität zu einem entscheidenden Baustein für den Klimaschutz[182]. 2009 folgte mit dem »**Nationalen Entwicklungsplan Elektromobilität**« dann der maßgebliche Handlungsrahmen[183]. Die dafür ausgeschriebenen Förderprogramme sind natürlich für die Forschungsinstitute überaus interessant und werden ungemein beworben. So stellte das Fraunhofer Institut IAO in Stuttgart schon im Januar 2010 das Forschungsfeld »**Elektromobile Stadt**«[184] vor.

Die Eigendarstellung des Fraunhofer-Instituts für Arbeitswirtschaft und Organisation IAO im Internet hört sich wie folgt an: *Neben den Elektrofahrzeugen und den Ladesystemen selbst ist deren Integration in das Energienetz für zukünftige Energiesysteme von zentraler Bedeutung. Im Forschungsfeld Energie und Ladeinfrastruktur werden hierzu Konzepte für den Aufbau und Betrieb von Ladeinfrastruktur und übergeordneten Energiesystemen entwickelt und unter realen Testbedingungen erprobt. Am Institutszentrum Stuttgart wird dafür ein **Micro Smart Grid** aufgebaut mit dem Ziel, lokale erneuerbare Energiequellen für das Laden von Elektrofahrzeugen zu nutzen und gleichzeitig ein lokales Energiemanagement aufzubauen und zu optimieren. Ein weiterer Themenschwerpunkt ist die Entwicklung zukunftsweisender Energiekonzepte für die Planung von Gebäuden, Stadtquartieren und für die Stadtentwicklung. Die Studie hat vier wesentliche Teile:*

- *Szenarien zur zukünftigen Entwicklung der Automobilindustrie Definition von Referenzfahrzeugen der Zukunft mit modellgestützter Abschätzung ihrer globalen Umsatzentwicklung bis 2030*

---

[182] https://www.bmwi.de/Redaktion/DE/Textsammlungen/Industrie/integriertes-energie-und-klimaprogramm.html
[183] https://www.bmvi.de/blaetterkatalog/catalogs/219176/pdf/complete.pdf
[184] https://www.muse.iao.fraunhofer.de/de/ueber_uns/labors/fraunhofer-iao-micro-smart-grid.html

- *Quantifizierung der Effekte für das Saarland*
- *Ableitung von Handlungsempfehlungen*

Untersucht wird, welche Wertschöpfung das Saarland trotz erheblicher struktureller Änderungen durch den massiven Ausbau der Elektromobilität erzielen kann.

Mit dem Projekt *e-GAP Intelligente Ladeinfrastruktur - Entwicklung und Aufbau von öffentlicher Ladeinfrastruktur (IL)*[185] *soll ein wichtiger Beitrag für die Herausforderungen an ein umwelt- und klimafreundliches Verkehrsmuster der Zukunft geliefert werden. Speziell im ländlichen Raum sind passende Konzepte gefragt. Der Aufbau und die Entwicklung einer bedarfsgerechten und nachhaltigen Ladeinfrastruktur ist eine Grundvoraussetzung, um Elektromobilität sowohl technisch als auch thematisch in ländlich und touristisch geprägten Räumen umzusetzen.*

Verantwortlich ist Dr.-Ing. Sabine Wagner, Leiterin Mobility Concepts and Infrastructure am Fraunhofer IAO in Garmisch-Partenkirchen. Am Fraunhofer IAO in Stuttgart wird das Projekt **charge@work**[186] hinsichtlich der Anforderungen an die Lade- und Energieinfrastruktur für das Laden von Elek-trofahrzeugen am Arbeitsplatz untersucht.

Im Zuge des Projekts wurden an insgesamt 16 Standorten der Daimler AG (vornehmlich im Raum Stuttgart) über 170 Ladesäulen installiert, um den Mitarbeitern das Laden ihres Privat- oder Firmenfahrzeugs standortübergreifend zu ermöglichen. Die Zahl der Stationen wurde danach sogar noch auf über 500 aufgestockt. Gleichzeitig wurde ein Leasingangebot für Elek-trofahrzeuge für die Mitarbeiter etabliert und damit eine Flotte mit über 300 Elektrofahrzeugen aufgebaut, die im Raum Stuttgart über 2,8 Mio. Kilometer zurückgelegt hat. Dies ermöglichte eine umfassende Auswertung der Ladedaten und eine Analyse der Auswirkungen auf die übergeordneten Energiesysteme und die resultierenden Lastspitzen.

Im April 2020 startete der Verteilnetzbetreiber Netze BW in Tamm einen Pilotversuch. In dem kleinen Städtchen im Stuttgarter Speckgürtel sollte nun gezeigt werden, dass es doch geht[187,188]! Unter der 2012 errichteten Wohnanlage »Pura Vida« mit 63 Wohneinheiten befindet sich eine Tiefgarage mit 85 Stellplätzen, von denen 58 mit einem Ladepunkt ausgestattet wurden. Um die Bewohner zum Mitmachen zu motivieren, stellte EnBW insgesamt 45 batterieelektrische BMW i3 und

---

[185] https://www.muse.iao.fraunhofer.de/de/projekte/intelligente-ladeinfrastruktur-plus.html
[186] https://www.muse.iao.fraunhofer.de/de/projekte/charge-at-work.html
[187] https://www.netze-bw.de/News/e-mobility-carre-tamm
[188] https://www.faz.net/aktuell/technik-motor/motor/elektromobilitaet-in-der-tiefe-der-garage-16868187.html

VW e-Golf zur Verfügung. »*Ziel des Projektes ist es, das tatsächliche Nutzerverhalten zu analysieren und darauf basierend unsere Annahmen zur entstehenden Netzlast zu überprüfen*«.

Der Aufwand für die elektrische Aufrüstung der Tiefgarage war erheblich. Vom etwa 200 Meter entfernten Ortsnetztrafo, der aufgrund einer früheren Auslegung für Nachtspeicherheizungen auf ausreichende Leistungsreserven verfügte, verlegte der Netzbetreiber zwei Kabel mit einem Querschnitt von jeweils 95 Millimeter bis an den Schaltschrank in der Garage, der auf eine Anschlussleistung von 124 Kilowatt abgesichert wurde. Ein separater Batteriespeicher, der maximal 36 Kilowattstunden Strom bunkern kann, speist ebenfalls hier ein. Zum Vergleich: Der separate Hausanschlusspunkt verfügt über eine Anschlussleistung von 286 Kilowatt. Das zeigt, dass der großflächige Ausbau der Ladeinfrastruktur für private Häuser und Wohnanlagen erheblich ist und enorme Kosten verursachen wird.

Das »**Regierungsprogramm Elektromobilität**«[189] aus dem Jahr 2011 formulierte schließlich die bis heute maßgebliche Strategie und die zugehörigen Instrumente. Ziel ist, Deutschland zum Leitmarkt und Leitanbieter für Elektromobilität zu entwickeln. Förderprogramme siehe Kapitel 7.6.

Der Bund hat auf dem Auto-Gipfel im September 2017 mit Vertretern von Kommunen und Ländern den Mobilitätsfonds für die Kommunen auf eine Milliarde Euro aufgestockt. Mit dem Geld sollen Kommunen, die besonders stark von Stickoxid-Emissionen betroffen sind, die Infrastruktur für E-Mobilität verbessern und öffentliche Nahverkehrsangebote attraktiver machen. Das Geld stand bereits im laufenden Haushalt zur Verfügung. Das *Gesetz* zur steuerlichen *Förderung von Elektromobilität* im Straßenverkehr ist am 1. Januar 2017 in Kraft getreten[190].

Im Jahr 2019 wurden 63 281 reine Elektrofahrzeuge und 239 250 Hybridfahrzeuge zugelassen[191,192]. Bild 59 zeigt die Entwicklung für 2021 auf. Bemerkenswert ist doch die sehr große Anzahl der **Plug-in-Hybride,** überwiegend große SUV, die auch noch vorzugsweise als Dienstfahrzeuge steuerlich bezuschusst wurden, obwohl sie kaum Strom aus der Steckdose tanken.

---

[189] https://www.bmbf.de/files/programm_elektromobilitaet(1).pdf
[190] http://dipbt.bundestag.de/extrakt/ba/WP18/745/74564.html
[191] https://www.electrive.net/2020/03/02/elektromobilitaet-bestand-waechst-auf-240-000-e-fahrzeuge/
[192] https://de.statista.com/statistik/daten/studie/265995/umfrage/anzahl-der-elektroautos-in-deutschland/

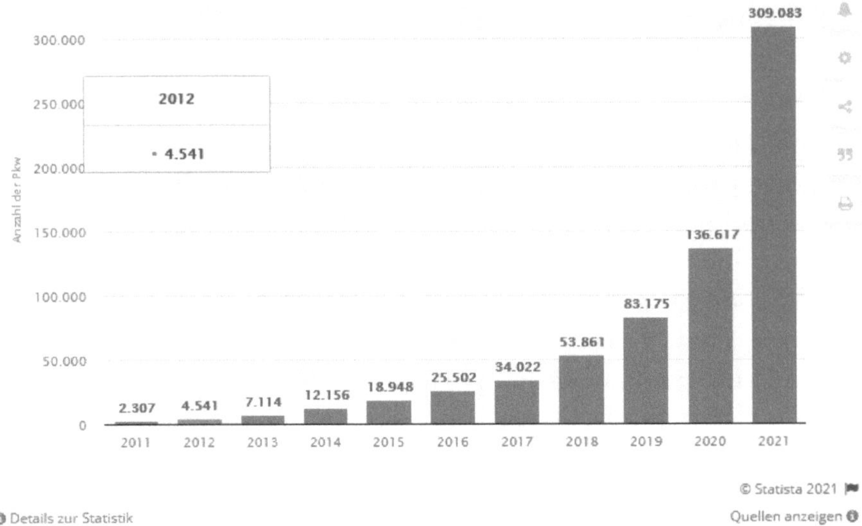

Bild 59. Anzahl der zugelassenen Elektroautos in Deutschland von 2011 bis 2021

Neben Änderungen im Bereich der Kraftfahrzeugsteuer sieht das *Gesetz* zur steuerlichen *Förderung von Elektromobilität* u.a. Steuerbefreiungen für vom Arbeitgeber gewährte Vorteile vor. Bis 2020 sollten eine Million Elek- trofahrzeuge auf Deutschlands Straßen fahren.

Bis 2030 sollen es dann schon sechs Millionen sein. In der Bundesregierung sind vier Ministerien (BMWi, BMVI, BMUB und BMBF) zuständig, um die Elektromobilität zu intensivieren, zu unterstützen und zu fördern. Auch wird eine Vielzahl von Modellprojekten und Forschungsvorhaben initiiert[193].

Der ADAC hat die Stromverluste beim Laden von Elektroautos gemessen. Bis zu 25 Prozent je Fahrzeugtyp gehen zwischen Bordcomputer, Batterie und Ladestation verloren[194]. Bei Schnellladevorgängen ist der Verlust noch höher.

Die überwiegende Anzahl der Laternenparker bekäme ein enormes Ladeproblem, das auch nicht mit der utopischen Vorstellung einer induktiven Lademöglichkeit auf den Straßen abgetan wäre.

So zitierte das Handelsblatt im März 2018 unter dem Titel **Blackout-Gefahr durch Elektroautos,** wie groß der Handlungsbedarf für das Niederspannungsnetz aufgrund des Booms von Elektroautos sei[195].

---

[193] https://www.bmvi.de/DE/Themen/Mobilitaet/Elektromobilitaet/Elektromobilitaet-kompakt/elektromobilitaet-kompakt.html
[194] https://www.electrive.net/2020/07/23/ladeverluste-laut-adac-oft-hoeher-als-angegeben/
[195] https://www.handelsblatt.com/unternehmen/industrie/boom-belastet-stromnetz-blackout-gefahr-durch-elektroautos/20866160.html?ticket=ST-1309446-tsTVnGe3zgO4fnYkJKVN-ap3

Die Unternehmensberatung Oliver Wyman stellte gemeinsam mit der TU München fest[196]: *»Bereits ab einer E-Auto-Quote von 30 Prozent wird es ohne Gegenmaßnahmen zu flächendeckenden Stromausfällen kommen«*. Schlimmer noch: *»Punktuell werden schon in den kommenden fünf bis zehn Jahren Versorgungsengpässe entstehen, etwa in suburbanen Gebieten mit einer höheren Affinität zur Elektromobilität.«* Im Klartext heißt das: Steuern Politik und Netzbetreiber nicht gegen, werden E-Autos zur Blackout-Gefahr – erst in den Speckgürteln um Städte wie München, Frankfurt oder Berlin, später sogar bundesweit. Dabei ist nicht der Energiebedarf das Problem, sondern der hohe und gleichzeitige Ladestrom. Erhebungen der Nationalen Plattform Elektromobilität zeigen, dass E-Autos zu 80 Prozent zu Hause   oder am Arbeitsplatz geladen werden. *»Wenn alle gleichzeitig um 20 Uhr ihr Auto mit Strom volltanken wollen, knallt es im Netz«*, warnt Thomas Fritz.

Oliver Wyman kalkuliert mit einem Bedarf von bis zu elf Milliarden Euro, die innerhalb von eineinhalb Jahrzehnten in die Ertüchtigung des Netzes gesteckt werden müssten. Die ehemalige Innogy-Vorständin Hildegard Müller hält das für plausibel. Bis 2030 hält sie Investitionen von etwa »einer Milliarde Euro pro Jahr für nötig«. Seit 01.02.2020 *ist* Hildegard Müller Präsidentin des Verbandes der Automobilindustrie (VDA).

FOCUS-Online-Redakteur Sebastian Viehmann schrieb am 26.11.2019[197]:
Drohende Überlastung der Stromnetze
Ab 2021 könnte Strom für Elektroautos rationiert werden!
Stromnetzbetreiber aus mehreren EU-Ländern wollen ab 2021 den Ladestrom an privaten Ladestationen beschränken; d.h. der Strom wird rationiert. Statt 11 bis 22 kW an einer leistungsfähigen Wallbox werden dann zum Beispiel nur 5 kW bereitgestellt. Die Ladezeiten an der hauseigenen Steckdose verlängern sich deutlich, damit es zu Spitzenzeiten nicht zur Überlastung der Verteilernetze kommt.

Man redet sich die Welt selbst schön.

Das Bundeskabinett hat am 31. Juli 2019 den Gesetzentwurf zur weiteren steuerlichen Förderung der Elektromobilität auf den Weg gebracht[198]. Zum Erreichen der großen verkehrs- und klimapolitischen Herausforderungen muss sich die Mobilität verändern. Die Flexibilitätsanforderungen an die Arbeitnehmerinnen und Arbeitnehmer hin zu einem klimaschonenden Verhalten sind deshalb unausweichlich und sollen steuerlich gefördert werden.

---

[196] https://www.oliverwyman.de/content/dam/oliver-wyman/v2-de/publications/2018/Jan/2018_OliverWyman_E-MobilityBlackout.pdf
[197] https://www.focus.de/auto/elektroauto/drohende-ueberlastung-der-stromnetze-ab-2021-koennte-strom-fuer-elektroautos-rationiert-werden_id_11388030.html
[198] https://www.bundesfinanzministerium.de/Content/DE/Standardartikel/Themen/Steuern/2019-07-31-steuerliche-foerderung-elektromobilitaet.html

Danach sollen eingeführt werden:

- steuerfreies Job-Ticket und Einführung einer Pauschalbesteuerung für Job-Tickets
- Dienstwagenbesteuerung – Verlängerung der Sonderregelung für Elektrofahrzeuge
- Sonderabschreibungen für Elektrolieferfahrzeuge
- Steuerbefreiung für Ladestrom und Pauschalbesteuerung für Ladevorrichtung
- Gewerbesteuerliche Erleichterungen bei Miete und Leasing von Elektrofahrzeugen
- Steuerbefreiung für betriebliche Fahrräder oder Elektrofahrräder.

Die Bundesregierung fördert den Kauf von Elektrofahrzeugen mit einer Kaufprämie - auch Umweltbonus genannt. Anträge sind beim Bundesamt für Wirtschaft und Ausfuhrkontrolle zu stellen[199]. (mehr in den Kapiteln 7.6)

Was und wo das BMUB fördert, ist auf *erneuerbar-mobil*[200] zu sehen.

Umfassende Zuschüsse zur Verbesserung der Ladeinfrastruktur sind ebenso vorgesehen (mehr im Kapitel 7.7). Ein Beispiel für ein ausgeschriebenes Förderprogramm ist das nachstehende Thema: ***Erschließung des Klima- und Umweltvorteils von Elektrofahrzeugen sowie Verfahren zur Verbesserung von Ladekomfort, Verfügbarkeit und Auslastung von Ladeinfrastruktur.***

Dazu wird ausgeführt: »***Die zunehmende Elektrifizierung des Verkehrssektors bietet Potentiale für die Verschiebung und Zuschaltung von Lasten,*** *um das fluktuierende Angebot aus erneuerbaren Energien effizient auszugleichen.«* Bild 60 vergleicht die CO_2-Emissionen neu zugelassener Fahrzeuge über ihren gesamten Lebenszyklus. Für das Jahr 2025 wird eine Reduktion der CO_2-Emissionen von 32% durch Elektrofahrzeuge angestrebt[201].

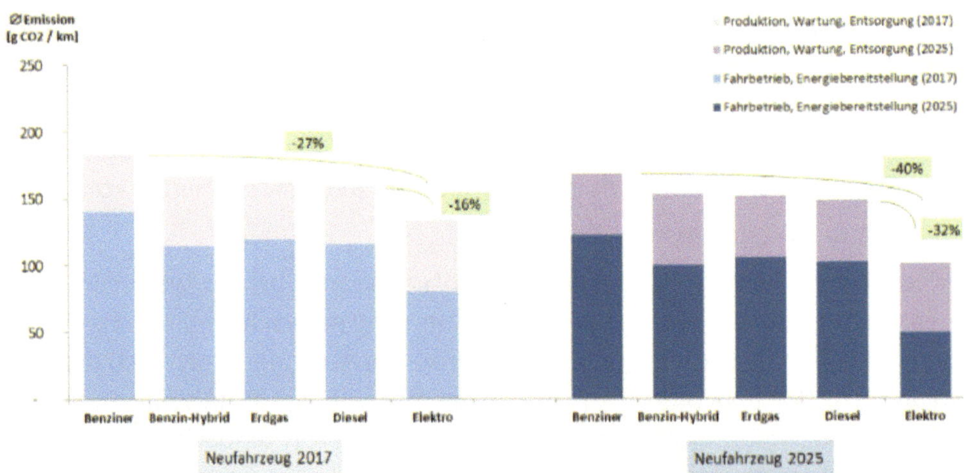

Bild 60. Kohlenstoffdioxid-Emissionen pro Fahrzeugkilometer über den Lebenszyklus

---

[200] http://www.erneuerbar-mobil.de/
[201] https://www.bmu.de/fileadmin/Daten_BMU/Download_PDF/Verkehr/emob_umweltbilanz_2019_bf.pdf

Das Fraunhofer Institut IAO entwickelte drei Szenarien, wie sich die Technologie-trends Elektrifizierung, Automatisierung und Vernetzung von Fahrzeugen bis ins Jahr 2030 entwickeln könnten. In einem disruptiven Szenario **wird die hundert-prozentige Neuzulassung von Elektrofahrzeugen im Jahr 2030** angenommen, auch wenn dies von keinem Experten der Branche ernsthaft erwartet wird[202].

Die Studie wurde von der Staatskanzlei des Saarlandes und von der Europäischen Union gefördert. Projektpartner war das **Institut der deutschen Wirtschaft Köln e.V. (IW)** mit Sitz in Köln und Büros in Berlin und Brüssel. Frau Prof. Dr. Claudia Kemfert stellte am 23.11.2017 in Berlin das Sondergutachten des Sachverständi-genrates für Umweltfragen (SRU) vor und sagte: *»Der Verkehrssektor hat bisher keinen Beitrag zur Senkung der Treibhausgasemissionen geleistet«* und *»Die Elektromobilität ist hocheffizient und marktreif. Wir müssen jetzt zügig umstei-gen.«* Danach sollen im Jahr 2025 mindestens 25 % aller neuen Pkw und leichten Nutzfahrzeuge mit einem elektrischen Antrieb ausgestattet sein und ab 2030 so-gar 50%[203] [*Sondergutachten Seite 17*]. Prof. Dr. Claudia Kemfert ist Professorin für Umweltökonomie an der Humboldt-Universität zu Berlin. Seit April 2004 leitet sie die Abteilung Energie, Verkehr, Umwelt am Deutschen Institut für Wirt-schaftsforschung (DIW Berlin) und ist zuständig für den Bereich Wirtschaftswis-senschaften, Energie und Klimaschutz. Frau Kemfert hat in Oldenburg Betriebs-wirtschaft studiert.

Am 17. April 2018 veröffentlichte die EU die *VERORDNUNG (EU) 2019/631 zur Festsetzung von CO2-Emissionsnormen für neue Personenkraftwagen und für neue leichte Nutzfahrzeuge[204]*.

Darin wird gefordert:

Artikel (1) Absatz (2)

Ab dem 1. Januar 2020 legt diese Verordnung für den CO2-Emissionsdurchschnitt von in der Union zugelassenen neuen Personenkraftwagen bzw. neuen leichten Nutzfahrzeugen, wie er bis zum 31. Dezember 2020 nach Maßgabe der Verord-nung (EG) Nr. 692/2008 in Verbindung mit den Durchführungsverordnungen (EU) 2017/1152 und (EU) 2017/1153 sowie ab dem 1. Januar 2021 nach Maßgabe der Verordnung (EU) 2017/1151 gemessen wird, einen für die gesamte EU-Flotte gel-tenden Zielwert von 95 g CO2/km bzw. 147 g CO2/km fest. 95 g CO2/km gelten für die Zeit vom 01.01.2020 bis 31.12.2024 für alle Neuzulassungen.

Artikel (1) Absatz (4)

[202] https://www.iao.fraunhofer.de/lang-de/presse-und-medien/aktuelles/1965-zukunftsstudie-zum-autoland-saarland-veroeffentlicht.html
[203] http://dip21.bundestag.de/dip21/btd/19/011/1901100.pdf
[204] https://eur-lex.europa.eu/legal-content/DE/TXT/PDF/?uri=CELEX:32019R0631&from=EN

Ab dem 1. Januar 2025 bis 31.12.2029 reduzierte durchschnittlichen Emissionen einer Flotte um 15% werden, d.h. **zulässige 80,8 g CO$_2$/km.**

Ab 1. Januar 2030 gilt dann eine weitere Reduktion um 37%, das wären **zulässige 60 g CO$_2$/km.**

Dieser Wert ist mit Verbrennungsmotoren technisch nicht realisierbar.

Deshalb muss im Flottenverbrauch die Anzahl der Elektroantriebe massiv erhöht werden.

Ob die Verkaufszahlen mit der Kaufprämie für ein Elektromobil erheblich gesteigert werden können, ist jedoch sehr fraglich. Porsche sieht das mit seinen Preiskategorien für den Taycan sicher anders. Die technischen Angaben für dieses Auto sind aber beeindruckend:

      Abmessungen: 4963 mm L x 1966 mm B x 1378-1.381 mm H,
      Ladevolumen: 447 l,
      Fahrzeuggewicht: 2370 bis 2380 kg,
      Motorleistung: 680 bis 761 PS
      Beschleunigung 0-100 km/h: 2,8 bis 3,2 Sekunden

Es ist aber anzunehmen, dass mit einer unverbindlichen Verkaufspreisempfehlung ab 152.136 € sicher nicht die breite Öffentlichkeit angesprochen werden soll, aber Luxus verkauft sich immer gut. So schreibt Focus am 24.09.2020: *Taycan schlägt 911er: **Elektrolimousine jetzt meistverkaufter Porsche in Europa!***

Auch die anderen Hersteller setzen eher auf Luxus. So der **AUDI e-tron** als Luxus SUV mit Preisen oberhalb von 80.000 € oder auch der **BMW i8** Coupé Roadster mit einer unverbindlichen Preisempfehlung ab 138.000 €. Und ab März 2021 jetzt auch *Mercedes*-Benz mit dem *EQC zu einem Einstiegspreis von 70.233,80 €!* Volkswagen und Mercedes wollen ab 2030 fünfzig Prozent ihrer Fahrzeuge mit Elektroantrieb ausstatten. Doch die in 2020 neu auf den Markt kommenden kleineren Modelle kämpfen insbesondere mit den im Winter erreichbaren Aktionsradien.

Es wird dabei als selbstverständlich vorausgesetzt, dass Elektromobile das Klima schützen. Dass derzeit nur gut 40% der elektrischen Energie aus regenerativen Quellen stammt und zudem immer wieder Zeiten auftreten, in denen der regenerative Anteil vernachlässigbar klein ist, spielt keine Rolle.

Der **Nationale Entwicklungsplan Elektromobilität**[205] hat sich das Ziel gesetzt, Deutschland zum Leitanbieter und Leitmarkt für Elektromobilität zu entwickeln. *Elektromobilität ist ein Schlüssel zur nachhaltigen Umgestaltung von Mobilität:*

---

[205] https://www.bmvi.de/blaetterkatalog/catalogs/219176/pdf/complete.pdf

klima- und umweltfreundlich, ressourcenschonend und effizient. Keines dieser Projekte geht jedoch den kritischen Fragen nach:

- **Wieviel zusätzliche elektrische Leistung** muss verfügbar sein?
- **Wie kann die Leistung großflächig verteilt werden?**

»Die Herausforderung ist Leistung ...nicht Energie «, konstatierte Armin Gaul·von der Firma innogy SE am 2. Mai 2017[206].

*Der zusätzliche Energiebedarf aller Fahrzeuge von ca. 90 -100 TWh bedeutet kein Problem für die Niederspannungsnetze, **falls die Energie gesteuert bezogen wird.** Aber: Gleichzeitige Ladevorgänge mit der gewünschten Lade-leistung können auch die leistungsfähigen Energienetze gefährden. Die Nutzung von Ladeoptimie-rungen ist oft günstiger als der Netzausbau:*

Die Verfügbarkeit hoher Ladeleistungen verursacht zusätzliche Kosten:

- Kosten für Netzinfrastruktur - S/LS-Transformator (630 kVA)   40.000 €
Kabel (5-6, Länge insgesamt 1,8 km)   <u>180.000 €</u>
Summe   **220.000 €**

Das sind ca. 500 € pro kW zu installierender Leistung.

- Zusätzliche Kosten entstehen im Mittel- und Hochspannungsnetz.
- Ein Ausbau des Niederspannungsnetzes für 22 kW gesicherte Leistung kostet demzufolge ca. 11.000 €.

Die Mehrheit der E-Mobil-Besitzer hat eine Garage und möchte auch zu Hause laden. Vorstellungen, mit einem Smart Grid die Nachfrage nach Ladeleistung steuern zu wollen oder die Lösung darin zu sehen, dass mit induktiven Ladever-fahren der Akku viel schneller geladen werden kann, sind utopisch und realitäts-fern. Es wird in keinem Fall erwähnt, dass die Hersteller der Elektromobile die Anzahl möglicher Schnellladevorgänge begrenzen, weil sonst die Lebensdauer des Akkus reduziert würde.

Wenn Tesla damit wirbt, dass in zehn Minuten 85 % Speicherkapazität geladen werden kann, wird aber nicht darauf hingewiesen, dass bei einem 100 kWh-Akku mit einer Batteriespannung von 500 V ein Ladestrom von 1020 A fließen muss. Schnellladestationen liefern diesen Strom aus einem eigenen Akku. Für einen nor-malen Lade-Netzanschluss in einer Garage sollte eine Leistung von 22 kW vorge-sehen werden, was einer normalen Versorgung von Einfamilienhäusern ent-spricht. Diese zusätzliche hohe Anschlussleistung ist im Niederspannungsnetz mit den derzeit verfügbaren Leitungen und Niederspannungstransformatoren groß-flächig nicht realisierbar. Das Niederspannungsnetz müsste erheblich mit weite-

---

[206] https://www.ptb.de/cms/fileadmin/internet/dienstleistungen/vollversammlung/VV2017-05/7_Gaul.pdf

ren Trafostationen und neuen Leitungen ausgebaut werden. Im Endeffekt bedeutet das, dass die für den Verkehrssektor bestehende Energieversorgungsinfrastruktur mit Tankstellen aufgegeben werden müsste, um dafür eine neue elektrische Infrastruktur aufzubauen.

Völlig unübersichtlich ist der Tarif-Dschungel an öffentlichen Ladestationen. Je nach Ladeleistung von 15 kW, 40 kW bis 75 kW und Lade App der verschiedenen Leistungsanbieter schwankt der Standardpreis zwischen 3,75 bis 36,75 Cent pro kWh. Viellader erhalten dagegen einen günstigeren Preis; sie zahlen zwischen 0,25 bis 0,49 Cent pro kWh[207].

Wie viele Arbeitsplätze in der Energiewirtschaft und Automobilwirtschaft inzwischen abgebaut wurden und künftig weiter abgebaut werden, wird nicht erwähnt. So schrieb das Handelsblatt am 13. Januar 2020[208]: *Umstellung auf E-Mobilität gefährdet 410.000 Arbeitsplätze. Durch die Umstellung auf die Elektromobilität sind in Deutschland bis zum Jahr 2030 rund 410.000 Arbeitsplätze gefährdet. Allein in der Produktion des Antriebsstrangs, also bei Motoren und Getrieben, könnten bis zu 88.000 Stellen wegfallen, hieß es in einem Bericht der Nationalen Plattform Zukunft der Mobilität (NPM), der dem Handelsblatt vorlag.*

Ein neues Konzept stellt der österreichische Ingenieur Frank Obrist vor. Er hat ein TESLA Model 3 ausgeweidet und zu einen Plug-in-Hybrid umgebaut. In den vorderen Kofferraum steckte er einen kleinen Benzinmotor, die Original-Batterie mit der üppigen Kapazität von rund 50 Kilowattstunden ersetzte er durch einen viel kleineren Lithium-Ionen-Akku. Der so modifizierte Tesla kommt rein elektrisch nur noch 100 Kilometer weit, schafft aber dank des Verbrenners Distanzen von insgesamt 1000 Kilometer ohne Tank- und Ladestopp. Quelle: EDISON Newsletter vom 10.01.2020.

Dieses Konzept wurde schon Ende der 60ziger Jahre von der Robert Bosch GmbH für Hybridbusse entwickelt. Gemeinsam mit Bosch, MAN und VARTA stellte RWE im Jahr 1970 einen elektrisch angetriebenen Bus nach Bild 61 vor. Die Rheinbahn startete 1974 in Mönchengladbach dann die erste reguläre E-Bus-Linie. Moderne Wechselrichter gab es zu der Zeit noch nicht. Der Akku wurde im Anhänger mitgeführt, der Austausch des leeren Hängers dauerte wenige Minuten. Mit alter Elektronik, Diesel- und Gleichstrommotor fuhr der Bus einige Jahre rein elektrisch im Linienverkehr.

---

[207] https://www.mobilityhouse.com/de_de/ratgeber/elektroauto-oeffentlich-laden-welcher-ladetarif-ist-der-richtige-fuer-mich#abrechnungssysteme
[208] https://www.handelsblatt.com/politik/deutschland/autoindustrie-umstellung-auf-e-mobilitaet-gefaehrdet-410-000-arbeitsplaetze/25405230.html?ticket=ST-1177825-7NMAqZGecrkoGpMRPH90-ap5

Bild 61. Erster voll elektrisch angetriebener Hybrid-Bus (Quelle: privat)

Die Reichweite von Elektroautos ist immer ein Thema. So schreibt die Zeitschrift efahrer.com Chip.de: *Reichweiten-Rekord: Deutsche fuhren über 1000 km Tesla mit nur einer Akkuladung*[209].

Der Haken an der Sache aber war: *Damit der Stromer wirklich so weit kommt, mussten die Tester auf einiges verzichten. Auf Geschwindigkeit zum Beispiel. Der Schnitt des Model S lag bei exakt 38 km/h, so dass die Rekordfahrt 30 Stunden dauerte. Auch alle Komfortsysteme wie Klimaanlage und Radio mussten ausgestellt werden. Fünf Fahrer wechselten sich bei der extremen Schleichfahrt ab.*

Weitere Fördermaßnahmen betreffen den LKW-Verkehr (Bild 62). So sollen Oberleitungen auf Autobahnen Lastkraftwagen mit Ladestrom versorgen[210]. Auf inzwischen drei Autobahnteststrecken sollen so die Antriebstechnik und die Stromabnehmer im Fahrzeug getestet werden. Auch sollen die erforderlichen Verkehrssteuerungssysteme entwickelt werden

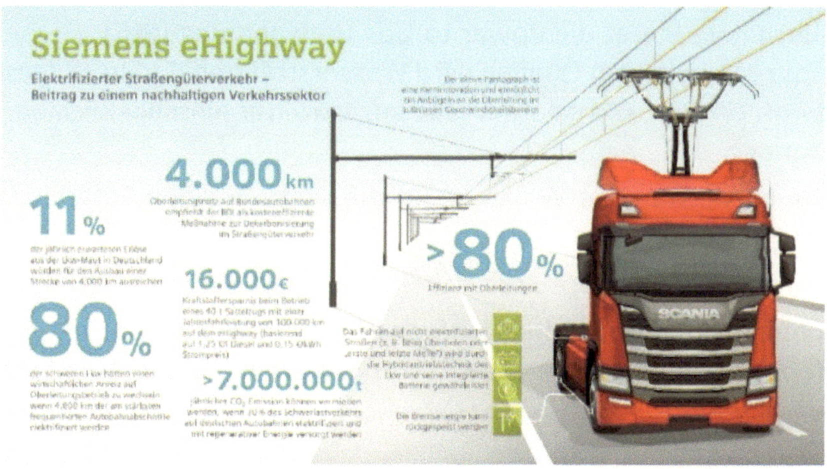

Bild 62.   Praxistest von Oberleitungs-Lkw auf Autobahnen (Bild Siemens)

---

[209] https://efahrer.chip.de/news/neue-rekord-reichweite-bei-elektroautos-von-1000-km-mit-tesla_10292
[210] https://press.siemens.com/global/de/feature/ehighway-loesungen-fuer-den-elektrifizierten-strassengueterverkehr

Das Murgtal wird bundesweit die dritte Teststrecke für Hybrid-Lkw auf Straßen. Genehmigt wurden bereits eine Strecke auf der A1 zum Lübecker Hafen in Schleswig-Holstein und der A5-Abschnitt zwischen dem Gewerbegebiet Darmstadt/Nord und dem Flughafen in Frankfurt.

Eine realistische Alternative zu reinen Elektrofahrzeugen bieten auch Hy-brid-fahrzeuge. Der Sachverständigenrat für Umweltfragen (SRU) schlägt für das Jahr 2025 eine verbindliche Quote bei den Neuwagenzulassungen für den Anteil rein elektrischer Fahrzeuge (d.h. batterieelektrische, PluginHy-brid- und Brennstoffzellenfahrzeuge) in Höhe von mindestens 25 % vor. Zudem sollte eine Erhöhung der Quote auf mindestens 50 % bis 2030 bereits heute festgeschrieben werden[211].

Das E-Auto-Problem und was dabei verschwiegen wird.

So schreibt das Handelsblatt am 15.04.2021: *Tausende Tonnen Batterien landen vorzeitig im Müll*[212]. *Wie viele Altbatterien aus Elektrofahrzeugen genau in Deutschland gesammelt oder recycelt werden, weiß niemand. Lediglich die Menge an insgesamt verschrotteten Lithium-Ionen-Batterien, zu denen ebenso Gerätebatterien zählen, wird derzeit erfasst. Sie steigt Jahr für Jahr an. Laut Umweltbundesamt könnten 2020 schon 10.000 Tonnen angefallen sein. Was die Autohersteller lieber verschweigen würden: Der Batterieabfall ist aus ökologischer Sicht ein wachsendes Problem, da die Produktion der Akkus viel Strom verbraucht und Treibhausgase freisetzt. Für jede Kilowattstunde (kWh) Speicherkapazität der Batterie werden umgerechnet 97 bis 180 kWh Energie verbraucht.*

5.9.2 Der Weg in die Wasserstoff-Gesellschaft

Eine realistische Alternative bietet die Power to Gas Umwandlung (**PtG**) (siehe auch Kapitel 2.3). Aus regenerativen Quellen wird Wasserstoff und daraus Erdgas oder flüssiger Kraftstoff erzeugt. Die erforderliche Infrastruktur einschließlich der Speicher wäre vorhanden

Auch der langjährige Linde-Manager Wolfgang Reitzle sagte in einem Interview mit Gabor Steingart[213]:

»Wir bewegen uns in eine Wasserstoff-Gesellschaft hinein«…

Die Volksrepublik China hat die staatliche Förderung für Elektrofahrzeuge ausgesetzt. *China hat offensichtlich, im Gegensatz zu Europa, erkannt, dass E-Mobilität nur dann einen positiven Beitrag fürs Klima leisten kann, wenn CO_2-freier Strom zur Verfügung steht….*

---

[211] https://www.pv-magazine.de/2018/04/04/sru-empfiehlt-quote-fuer-elektrofahrzeuge-ab-2025/

[212] https://www.handelsblatt.com/politik/deutschland/elektromobilitaet-das-e-auto-problem-tausende-tonnen-batterien-landen-vorzeitig-im-muell/27086770.html?utm_campaign=hb-morningbriefing&utm_source=red&utm_medium=nl&utm_content=15042021

[213] https://www.welt.de/wirtschaft/plus204533306/Wolfgang-Reitzle-Mobilitaet-der-Zukunft-muss-technologieoffen-sein.html

Die Politiker glauben zu wissen, was wir jetzt brauchen, und zwingen über die Gesetzgebung eine Technologie, die nicht wirklich massentauglich ist, in den Markt. Zudem bringt sie dem Klimaschutz nichts, solange der Strommix in Europa so schmutzig ist. Damit ist ein Elektrofahrzeug mitnichten ein Null-Emissionsfahrzeug – wie von den EU-Behörden irreführenderweise gesetzlich festgelegt wurde. China wird sich mit dieser klugen Entscheidung für Technologieoffenheit gegenüber Europa einen großen Wettbewerbsvorteil für die Mobilität der Zukunft sichern. Europa dagegen wird mit dieser zu schnell erzwungenen Technologiefestlegung nur Wohlstandsverluste bewirken und dabei dem Klima nicht helfen.

Das Fraunhofer Institut ISE schreibt in der Studie *Aktuelle Fakten zur Photovoltaik* auf Seite 72[214]: *Die elektrolytische Umwandlung von überschüssigem Sonnen- und Windstrom in Wasserstoff, ggf. mit anschließender Methanisierung und Weiterverarbeitung zu synthetischen Flüssigkraftstoffen, befindet sich in der Skalierung und Erprobung. Hochtemperatur-Elektrolyseure erreichen einen Wirkungsgrad über 80%, zusätzliche Energie wird ggf. für Gaskompression, Verflüssigung und folgende Syntheseschritte benötigt. Im April 2019 waren Elektrolyseure mit einer Gesamtleistung von rund 30 MW am Netz, in Planung waren 273 MW.*

Bei der Herstellung wird zwischen grünem, grauem, blauem und türkisem Wasserstoff unterschieden.

Grüner Wasserstoff wird ausschließlich mit regenerativem Strom in Eletrolyseuren hergestellt.

Grauer Wasserstoff wird unter Hitze aus Erdgas unter Abgabe von CO2 umgewandelt (Dampfreformierung). Das CO2 wird anschließend ungenutzt in die Atmosphäre abgegeben.

Blauer Wasserstoff ist grauer Wasserstoff, dessen CO2 bei der Entstehung jedoch abgeschieden, gespeichert (Carbon Capture and Storage, CCS) oder zur Erzeugung von Erdgas, Kraft-, Treib- oder Grundstoffen verwendet wird (Carbon Capture and Utilization, CCU). Das Kværner-Verfahren[215] trennt in einem Plasmabrenner bei 1600°C Erdgas vollständig in Aktivkohle (reinen Kohlenstoff) und Wasserstoff [CH_4 + Energie → $C + 2\,H_2$]. Dem BMBF zufolge ist das **türkiser Wasserstoff.** Voraussetzungen für die CO2-Neutralität des Verfahrens sind die Wärmeversorgung des Hochtemperaturreaktors aus erneuerbaren Energiequellen sowie die dauerhafte Bindung des Kohlenstoffs.

Soll allein die über längere Zeit stark schwankende Einspeisung von Wind- und Solaranlagen mit »grünem« Gas ausgeglichen werden, prognostiziert der Verein

---

[214] https://www.ise.fraunhofer.de/de/veroeffentlichungen/studien/aktuelle-fakten-zur-photovoltaik-in-deutschland.html
[215] https://www.energie-lexikon.info/kvaerner_verfahren.html

des Gas- und Wasserfachs (DVGW) für 2030 eine Ausbaulücke von fehlenden Elektrolyseuren für 70 bis 100 TWh. Bei der H_2-Elektrolyse liegt der Wirkungsgrad bei maximal 79%, bei Power to Methan leicht darunter (Quelle: Gegen die fluktuierende Einspeisung-VDI-Nachrichten vom 10.01.2020).

Mit Power to Liquid steht eine weitere Prozesskette zur Verfügung, um CO_2-neutral synthetische Kraftstoffe herzustellen. Die VDI-Gesellschaft Energie und Umwelt arbeitet seit November 2019 an einer neuen Richtlinie zu Power-to X, um die verschiedenen Prozessschritte regeltechnisch zu begleiten. Quelle: Die Batteriealternative VDI-Nachrichten vom 10.01.2020.

Günter Schiller vom Deutschen Zentrum für Luft- und Raumfahrt (DLR) in Stuttgart gibt einen ausführlichen Überblick über die Verfahren der Wasserelektrolyse und Forschungsergebnisse sowie Forschungsbedarf bei der alkalischen Elektrolyse[216]. Er beschreibt die unterschiedlichen Herstellverfahren für Wasserstoff und nennt die typischen Eigenschaften der Verfahren:

- Alkalische Wasserelektrolyse- konventionell- fortschrittlich
- Membranelektrolyse
- Hochtemperatur-Elektrolyse
- Reformierung
- Kværner-Prozess
- Biomasse

Prinzipielle Funktionsweise eines Elektrolyseurs:

- *Wasserstoffherstellung mittels Elektrolyse ist aufgrund ihrer Flexibilität, Dynamik und Modularität am besten geeignet für die Kopplung mit fluktuierender Windenergie oder Solarenergie.*
- *Herstellung mittels Elektrolyse ist ein im Vergleich zu der Herstellung aus Erdgas teures Verfahren.*
- *Sowohl alkalische Wasserelektrolyse als auch die PEM-Wasser-Elektrolyse erfüllen die Anforderungen des intermittierenden Betriebes; die alkalische Technologie ist erprobt im MW-Maßstab und hat Robustheit im »realen« Industriebetrieb bewiesen.*
- *Die PEM-Elektrolyse und die HT-Dampfelektrolyse haben größeres Potential bezüglich Effizienzsteigerung, liegen aber in ihrer Reife noch beträchtlich hinter der alkalischen Elektrolyse, insbesondere was Anlagengrößen und Kosten angeht.*

Die Wasserstoff-Gewinnung über eine sogenannte PEM-Elektrolyse ist aufgrund ihrer hohen Dynamik sowie ihrer Überlastfähigkeit besonders geeignet, um auf

---

[216] https://elib.dlr.de/75764/1/Wasserelektrolyse_Ulmer_Gespr%C3%A4ch_3.5.2012_GS.pdf

die fluktuierende Stromeinspeisung eines Windparks zu reagieren[217,218,219].
H$_2$ORIZON beschreibt das Projekt:

Strom und Wasserstoff – gewonnen aus Windenergie:

Eine starke Leistung

- 880 kW-PEM-Elektrolyse
- Dynamisch und flexibel: kann dem Windprofil folgen
- Kurze Reaktionszeit: Warmstart in wenigen Sekunden
- Wirkungsgrad Gesamtsystem: bei Nennlast: 56 kWh/kg, das entspricht 70% bezogen auf den Brennwert von Wasserstoff (Rechnung: 39,4 kWh/kg / 56 kWh/kg; 39,41 kWh/kg = Brennwert H2)

Rundum produktiv

- Maximalproduktion: knapp 100 t/a – sofern Abnahme- bzw. Speichermöglichkeit besteht (im Rahmen von H$_2$ORIZON wird mit einer Produktion von bis zu 60 t/a kalkuliert)
- Wasserstoffproduktion bei Nennlast: 6,3 kg/h, respektive 70 Nm³/h
- Maximale Wasserstoffproduktion: 14,1 kg/h, respektive 157 Nm³/h
- Minimale Wasserstoffproduktion: 2,4 kg/h, respektive 26 Nm³/h

Neue Perspektiven zeichnen sich aber ab, wenn der Wasserstoff nicht aus Ökostrom, sondern über das **Kværner-Verfahren** erzeugt wird, wie die Welt am 26.01.2020 unter dem Titel[220]: »***Mit dieser Idee wäre das Wasserstoff-Auto sofort am saubersten*«** veröffentlichte. Bei diesem Verfahren wird Wasserstoff direkt aus Erdgas mit dem Pyrolyseverfahren *erzeugt. Man lässt Erdgas durch einen Behälter mit heißem Metall, vorzugsweise Zinn, blubbern. Das Gas mit der Summenformel CH$_4$ zerlegt sich dabei in Wasserstoff und reinen Kohlenstoff. Es ent*steht kein CO$_2$. Bild 63 zeigt die prinzipielle Wirkungsweise des **Kværner-Verfahrens**[221]. Jülicher Forscher erzeugen mit 149 Xenonlampen als künstliche Sonne die hohen Temperaturen.

(VDI Nachrichten vom 6. März 2020, Seite 6 - Pyrolyseverfahren).

[217] https://www.h2orizon.de/daten-und-fakten.html
[218] https://publications.rwth-aachen.de/record/689617/files/689617.pdf
[219] https://www.dwv-info.de/wp-content/uploads/2019/06/NOW-Elektrolysestudie-2018.pdf
[220] https://www.welt.de/wirtschaft/plus205318935/Wasserstoff-Pyrolyse-Verfahren-kann-klimaneutrale-Herstellung-ermoeglichen.html
[221] https://www.energie-lexikon.info/kvaerner_verfahren.html

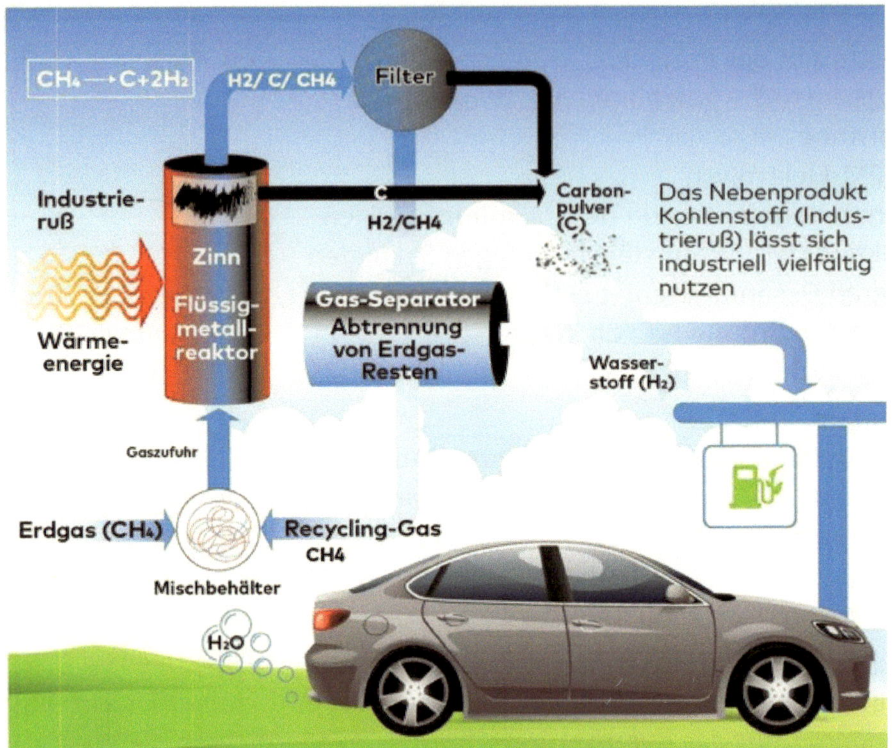

Bild 63. Pyrolyse - thermo-chemischer Umwandlungsprozess zur Wasserstofferzeugung

Die riesigen Erdgasreserven der Welt könnten auf diese Weise klimaneutral genutzt werden, bis irgendwann die Ökostromkapazitäten groß genug sind, um auf Wasserstoff umschwenken zu können.

Alternativ zu Akkumulatoren kann Wasserstoff als Energieträger größere Energiemengen speichern. Dafür ist aber ein sehr hoher Druck von ca. 700 bis 800 bar erforderlich, wie er in den Tanks der Brennstoffzellenfahrzeuge realisiert wird. 2019 wurden in Deutschland nur zwei PKW Modelle angeboten, 2020 waren es dann schon vier Modelle[222] mit einer Brennstoffzelle. Auch wurde in 2020 in Deutschland die 100. Wasserstofftankstelle eröffnet.

Metallhydridspeicher[223] sind Speicher für gasförmigen Wasserstoff. Bei niedrigem Druck und leichter Wärmezufuhr bildet sich aus dem Metall und dem Wasserstoff das Metallhydrid, so dass wesentlich größere Mengen Wasserstoff bei geringem Druck gespeichert werden können.

---

[222] https://de.wikipedia.org/wiki/Liste_von_Brennstoffzellenautos_in_Serienproduktion
[223] https://de.wikipedia.org/wiki/Metallhydridspeicher

Im September 2018 nahm ALSTOM den ersten Brennstoffzellen-Zug auf der Strecke Bremervörde, Cuxhaven, Bremerhaven und Buxtehude in Pilotbetrieb, bisher mit gutem Erfolg und Planung für weitere Züge.

Prof. Dr. André Thess, Universität Stuttgart, sieht für 2050 die Zukunft der Antriebe zu jeweils einem Drittel elektrisch mit Akku und elektrisch mit Brennstoffzelle und als drittes den Verbrennungsmotor mit synthetischem Kraftstoff (Welt 22.01.2020) *»Diese Rechnung beendet das Märchen vom unverzichtbaren E-Auto«.* Eine weitere Option kann auch der Erdgasantrieb sein, wenn aus Wasserstoff Methan hergestellt wird. Es mehren sich inzwischen aber auch kritische Veröffentlichungen zur Wasserstoffwirtschaft. So schreibt das Leibniz Institut[224]:

Wasserstoff löst keine Energieprobleme: *Wasserstoff ist lediglich ein Energieträger, dessen Herstellung, Verteilung und Nutzung enorm viel Energie verschlingt. Selbst mit effizienten Brennstoffzellen ist nur ein Viertel des ursprünglichen Energieinputs zurück zu gewinnen.* Seine Nachteile sind die zu geringe Energiedichte (flüssiger Wasserstoff hat nur 35% der Energieintensität von flüssigem CH_4 pro m^3); er ist zu teuer und zu gefährlich.

»Der Betrieb von Power-to-Gas-Anlagen ist – außerhalb spezieller Nischen – nicht kommerziell abzubilden«, sagt der stellvertretende Vorstandsvorsitzende der Mainzer Stadtwerke, Tobias Brosze. Und Marc Grünewald von MAN Energy Solution fügt hinzu *»Ein reiner Capex-Zuschuss reicht nicht aus, um PTX marktfähig zu machen. Solange fossile Produkte günstiger hergestellt werden können, investiert niemand. Klar ist auch, dass PTG- und PTL-Endprodukte aufgrund des zusätzlichen Bedarfs an Ökostrom künftig auch aus sonnen- und windreichen Ländern importiert werden müssen«.*

Eine Möglichkeit, den Markt zu beleben, sieht die Bundesregierung darin, einen *Herkunftsnachweis (HKN) für Gas zu fordern.* Bislang war dieses Instrument nur dem Strom vorbehalten. Dort dürfen HKN dann ausgestellt werden, wenn der Ökostrom noch keine preisliche Förderung über das EEG erhalten hat. Nach der »EU-erneuerbaren-Energien-Richtlinie II, kurz RED II«, sollte bis Juni 2012 in allen Mitgliedstaaten HKN eingeführt werden.

Eine weitere Alternative bietet Ammoniak NH_3. Wasserstoff lässt sich mit Stickstoff (N) aus der Luft im sogenannten Haber-Bosch-Verfahren zu Ammoniak (NH_3) umwandeln[225]. Ein saudisch-amerikanisches Konsortium will den nötigen Wasserstoff klimaneutral per Elektrolyse mit Wind- und Solarstrom produzieren. Die Bundesregierung sieht die Offshore-Windparks dabei als wichtige Quelle, um den erforderlichen Wasserstoff herzustellen.

---

[224] https://leibniz-institut.de/archiv/bossel_16_12_10.pdf
[225] https://www.bayern-innovativ.de/seite/ammoniak-wasserstoffspeicher

Ammoniak soll zunächst als Kraftstoff im Schiffsverkehr verwendet werden. Bei
–33 C wird Ammoniak flüssig. Große Tanks, zum Beispiel in Schiffen, können ihn
drucklos so transportieren oder auch direkt verwenden. Für kleinere Tanks bieten sich Drucktanks an (ähnlich Propan/Butan); bei 20° C beträgt der Verdampfungsdruck ca. 9 bar. Die Energiedichte von Ammoniak beträgt flüssig 4,25 kWh/l
beziehungsweise 6,25 kWh/kg (zum Vergleich: Benzin hat eine Energiedichte von
9,7 kWh/l oder 12,7 kWh/kg).

Zu einem möglichen Schiffsantriebssystem gehört ein sogenannter Cracker, der
an Bord die Wasserstoff- und Stickstoffatome des Ammoniaks voneinander
trennt. Der Wasserstoff wird dann in einem Gasmotor oder einer Brennstoffzelle
eingesetzt, um Energie für die Schiffe zu erzeugen. Ammoniak lässt sich auch gebunden als Feststoff speichern, z.B. als Salz, Ammoniumcarbamat, Ammoniumcarbonat oder Ammoniumhydrogen-carbonat.

5.9.3 Kann Wasserstoff die Energiewende noch retten?

Ist Wasserstoff die langfristige Lösung der Zukunft? Um dauerhaft auf Kohle- und
Kernkraftwerke verzichten zu können, müssen dafür Gaskraftwerke gebaut werden, wobei das Gas regenerativ erzeugt werden sollte. In Deutschland wäre die
erforderliche regenerative Gasvollversorgung mangels verfügbarer Fläche für Solar- und Windanlagen nicht realisierbar. Japan und Südkorea setzen schon heute
komplett auf Wasserstoff, der dann aber direkt mit dem Gleichstrom von Solaranlagen erzeugt werden soll. Es gibt dazu Vorschläge, den Wasserstoff mit Anlagen im Vorderen Orient und in anderen sonnenreichen Gegenden herzustellen,
um ihn dann verflüssigt per Schiff dorthin zu bringen, wo er benötigt wird. Für
Deutschland wäre dafür ein Flüssiggasterminal erforderlich, wie es in Wilhelmshaven geplant ist. Spekulativ wird ein Preis von 2 Cent/kWh, langfristig sogar nur
1 Cent/kWh, prognostiziert, wenn die Erzeugung mit Solarstrom in Marokko erfolgen würde. Aufgrund des geringen Heizwertes von Wasserstoff mit 3 kWh/m^3
gegenüber dem Erdgas mit 8,6 bis 11,4 kWh/m^3 wäre es günstiger, den Wasserstoff vor Ort mit CO_2 zu Erdgas zu wandeln, um dieses verflüssigt per Schiff zu
transportieren. In neuen Gaskraftwerken könnte dann das Erdgas verbrannt werden. CO_2 würde aus dem Rauchgas ausgewaschen, verflüssigt und zum Wasserstoffelektrolyseur zurück transportiert, um daraus wieder Erdgas zu machen. Das
deutsche Forschungsministerium arbeitet an einem »Potentialatlas«, um herauszufinden, wo es auf der Erde die besten Voraussetzungen für die Produktion von
grünem Wasserstoff gibt[226]. Der Spiegel schrieb am 29.01.2020: *Altmaier will*

---

[226] https://www.handelsblatt.com/technik/forschung-innovation/energiequelle-heilsbringer-oder-illusion-das-potenzial-von-wasserstoff-im-faktencheck-seite-3/25507310-3.html

---

»globale Vorreiterrolle« bei CO2-freiem Wasserstoff![227] Dabei geht er davon aus, dass die Bundesrepublik Deutschland nicht allein in der Lage ist, den benötigten Bedarf auszugleichen. *»Deutschland wird einen Großteil des künftigen Bedarfs an CO2-freiem bzw. CO2-neutralem Wasserstoff importieren müssen«.*

Deutschland will Vorbild sein, ist bei der Energiewende aber Geisterfahrer!
Die EU-Kommission setzt auf Wasserstoff, wie der Frans Timmermans nach seiner Wahl bekräftigte. Er sieht den »Green Deal« als Chance für Europa[228]. Die Investitionen in eine Wasserstoffinfrastruktur von ca. 8,5 Mrd. Euro soll dann aber der Kunde zahlen[229].

6. Politische Verantwortung für Fehlinvestitionen

Politisch geht man sehr großzügig mit Investitionen um, die nicht mehr von Interesse sind! Kosten spielen keine Rolle.

6.1 Kernkraftwerk Mülheim-Kärlich

Das Kernkraftwerk Mülheim-Kärlich am linken Rheinufer nordwestlich von Koblenz mit 1302 MW war das einzige Kernkraftwerk in Rheinland-Pfalz[230].
Hier der kurze Lebenslauf des Kraftwerks:

- **22. Dezember 1972** - vom Energiekonzern RWE AG beantragt.
- **9. Januar 1975** - die erste Teilgenehmigung wird erteilt und noch im selben Jahr beginnt der Bau.
- **14. März 1986** - das AKW liefert Strom - anderthalb Monate vor der Katastrophe von Tschernobyl.
- **9. Oktober 1986** - das Oberverwaltungsgericht entscheidet: Der Reaktor muss vom Netz. Es fehlen immissionsschutzrechtliche Genehmigungen für den Kühlturm. **Ab 08/1987 neuer Betrieb.**
- **9. September 1988** - ein Rentner klagt vor dem Bundesverwaltungsgericht wegen der Unregelmäßigkeiten im Genehmigungsverfahren - mit Erfolg. Das AKW Mülheim-Kärlich wird mit sofortiger Wirkung nach nur 30 Monaten Betriebszeit abgeschaltet - und geht danach nie wieder ans Netz.

Am 9. August 2019 wurde der Kühlturm gesprengt, der weitere Rückbau des Kraftwerks wird aber noch viele Jahre dauern. 2001 wurden die Rückbaukosten auf 725 Mio. € geschätzt. Die Baukosten betrugen 3,6 Mrd. Euro. Damit war Mül-

[227] https://www.spiegel.de/wirtschaft/soziales/energiewende-peter-altmaier-will-globale-vorreiterrolle-bei-co2-freiem-wasserstoff-a-f05471a8-620e-4e05-970c-bf609aee0ae0
[228] https://www.cleanthinking.de/european-green-deal-europas-grosse-chance/
[229] https://www.energate-messenger.de/news/202171/8-5-mrd-euro-fuer-neue-gasinfrastruktur
[230] https://www.group.rwe/unser-portfolio-leistungen/betriebsstandorte-finden/kernkraftwerk-muelheim-kaerlich

heim-Kärlich der teuerste Druckwasserreaktor in Deutschland. Wie sieht die Zukunft aus? Die Regierungspartei in den Niederlanden denkt 2020 über den Bau von bis zu zehn Kernreaktoren nach[231].

Doch es gibt noch weitere abschreckende Beispiele für Fehlinvestitionen.

6.2 Steinkohlekraftwerk Datteln

Das Kraftwerk Datteln 4 (Bild 64) ist eines der modernsten deutschen Steinkohlekraftwerke. Es liegt bei Datteln am Dortmund-Ems-Kanal. Drei Blöcke aus den 1960er Jahren sind bereits stillgelegt, ein neuer wesentlich größerer 1-Gigawatt-Block ist fertiggestellt und sollte eigentlich schon 2011 ans Netz gehen. Wegen technischer Probleme mit dem Stahl der Kesselanlage und durch Klagen von Umweltschützern wurde der Bau jahrelang blockiert. Die Regierungskommission »Wachstum, Strukturwandel und Beschäftigung« auch »Kohlekommission« genannt, hat den Weg für das Ende der Kohleverstromung aber bereits festgelegt: 2038 soll Schluss sein. Protest gab es auch von der Landesregierung Nordrhein-Westfalen, Datteln 4 nicht ans Netz zu lassen. Die UNIPER Kraftwerke GmbH schlug ein Kompensationsgeschäft vor, fünf alte Kohlekraftwerke abzuschalten und dafür Datteln 4 in Betrieb zu nehmen. Im Oktober 2020 forderte auch der Geologe Oliver Wittke, parlamentarischer Staatssekretär im Wirtschaftsministerium: »*Datteln 4 muss ans Netz - aus Klimagründen*«[232].

Bild 64. Kohlekraftwerk in Datteln – UNIPER[166]

Daraufhin beschlossen die Landes- und Bundesregierung, dass Datteln 4 ans Netz gehen sollte, der Hambacher Forst für den weiteren Braunkohletagebau aber nicht mehr gerodet werden soll. Gleichzeit treibt Uniper SE seinen eigenen Kohleausstieg voran, um bis Ende 2025 alle Kohlekraftwerke – mit Ausnahme von Datteln 4 – vom Netz zu nehmen. Das Uniper-Steinkohlekraftwerk in Wilhelmshaven wird schon im Dezember 2021 abgeschaltet.

[231] https://www.welt.de/wirtschaft/plus216513100/Energie-Niederlande-planen-Rueckkehr-zur-Atomkraft-Deutschland-unter-Druck.html
[232] https://www.24vest.de/marl/marl-wittke-fordert-datteln-muss-netz-klimagruenden-13084276.html

Das Thema ist aber noch nicht vom Tisch. Es gab erheblichen Widerstand von den Umweltorganisationen gegen den Probebetrieb von Datteln 4, wie mehrere Kraftwerksbesetzungen durch Aktivisten von »Ende Gelände« ab 03.02.2020 und auch später immer gezeigt haben. Am 30. Mai 2020 ging das Kraftwerk unter Protestdemonstrationen in den Regelbetrieb. Auch die Proteste gegen den Tagebau Garzweiler gehen weiter, wie die Besetzung eines Kohlebaggers am 30.08.2020 durch die Umweltschutzorganisation Extinction Rebellion gezeigt hat.

Gegen die Abschaltpläne von Steinkohlekraftwerken gibt es auch von anderer Seite erheblichen Widerstand. So auch von der steag GmbH, wie die Süddeutsche Zeitung am 9. April 2019 schrieb[233]: *Kritik am Kohleausstieg. Manche Braunkohlekraftwerke sollen in Deutschland noch länger am Netz bleiben als weniger klimaschädliche Steinkohlemeiler. Das sei weder eine ökonomische noch eine ökologische Entscheidung, moniert einer der größten Energiekonzerne des Landes.*

6.3 Vorschläge von Expertenkommissionen

Die Bundesregierung schaffte dann in der Nacht vom 15. auf den 16. Januar 2020 im Kanzleramt mit den vier Kohleländern einen Durchbruch. Sie einigten sich auf einen Abschaltplan für die klimaschädlichen Kohle-Kraftwerke und viele weitere Details.

Die **Kohlekommission** empfiehlt jedenfalls, für bereits gebaute, aber noch nicht in Betrieb gegangene Kraftwerke »*eine Verhandlungslösung zu suchen, um diese Kraftwerke nicht in Betrieb zu nehmen*«. Der Kraftwerksbetreiber Uniper begrüßte, dass die Kommission ihre Arbeit konstruktiv zum Ziel gebracht habe. Bei Investitionskosten von ca. 1700 € je kW Kraftwerksleistung würden so 1,7 Milliarden Euro je kW der Nennleistung in den Sand gesetzt werden für einen betriebsfähigen Kraftwerksneubau, der keinen Strom erzeugen darf[234].

Angesichts dieser Zahlen muss man sich doch fragen: Mit welcher Sachkompetenz entscheiden die 31 Mitglieder der Kohlekommission? Ein Mitglied bezeichnet sich selbst als Umweltaktivistin. An erster Stelle geht es den Mitgliedern auch gar nicht um die Technik, sondern nur um das Geld: Die Finanzierung neuer Infrastrukturmaßnahmen und die Schaffung neuer Arbeitsplätze, selbstverständlich regional gerecht verteilt.

Das lässt man sich dann schon einmal 54 Milliarden Euro kosten.

Auch andere Expertenkommissionen produzieren derartige »Wünsch Dir was«-Vorschläge. Die **Expertenkommission Forschung und Innovation (EFI)** veröffentlichte Anfang 2019 ein Gutachten mit Vorschlägen zur künftigen

---

[233] https://www.sueddeutsche.de/wirtschaft/steag-kritik-am-kohleausstieg-1.4402802
[234] https://www.bmwi.de/Redaktion/DE/Downloads/A/abschlussbericht-kommission-wachstum-strukturwandel-und-beschaeftigung.pdf?__blob=publicationFile&v=4

Energieversorgung[235]. Auf den Seiten 62 bis 90 des EFI Gutachtens 2019 werden Innovationen vorgeschlagen, wie mit einer neuen Steuer auf alle CO_2-Emissionen die sogenannte Sektorkopplung finanziert werden soll. Ziel ist die vollständige Dekarbonisierung unserer Energie-versorgung (siehe auch Kapitel 12.1). Im Klartext bedeutet das einen erheblichen Zusatzbedarf an elektrischen Strom für den Verkehrssektor und die Wärmeversorgung mit Hilfe von Wärmepumpen. Gleichwohl fordert der Hochschullehrer für Wirtschaftspolitik an der Universität Olden-burg, Prof. Böhringer, als einer der EFI-Experten *»die Abschaltung aller Kern-, Kohle- und Gaskraftwerke und eine 100-prozentige regenerative Energieversorgung. Dafür müssten dann die Photovoltaik- und Windenergieanlagen auf etwa das fünf- bis siebenfache der heute installierten Leistung ausgebaut sowie synthetische Brenn- und Kraftstoffe regenerativ erzeugt werden«.*

Für den Ausbau stehen weder die Flächen noch die Netzkapazitäten in Deutschland zur Verfügung. Zudem sind vier Fünftel dieser Maßnahmen nicht wirtschaftlich, führen aber zu Mehrkosten von ca. 2% des Brutto-inlandproduktes.

Zur Aufrechterhaltung der Versorgungssicherheit in den Zeiten sogenannter Dunkelflauten sollen kurzfristig Batterien und **Demand Side Management Maßnahmen** beitragen; was nichts anderes als die externe Regelung industrieller und privater Verbraucher durch intelligente Ansteuerung des Leistungsbezugs bedeutet: ohne Wind und Sonne keine Leistung für den Kunden. Auch sind Power to Gas-Anlagen und Wärmespeicher aufzubauen. Dessen ungeachtet wären für längere Überbrückungszeiten regelbare konventionelle Kraftwerke erforderlich. **Sollte aber die Leistung aller Braun- und Steinkohlekraftwerke von 43,6 GW durch neue Wasser- und Gaskraftwerke ersetzt werden, fehlen noch 38,1 GW, das wären 47 Gaskraftwerke á 800 MW,** die dann aber nur mit sehr geringer Auslastung zu betreiben wären und deshalb nie wirtschaftlich arbeiten könnten. Darüber hinaus müssten weitere erneuerbare synthetische Energieträger zum Einsatz kommen, und es müsste auch Strom importiert werden (s. auch Kapitel 4.5).

Für den Verkehrssektor ist der PKW-Bereich komplett auf Elektromobilität umzustellen, wobei die Batterien der PKW als zusätzliche Netzspeicher genutzt werden sollen. Der Akku im Auto soll dann bei zu wenig Wind und Sonne Strom ins Netz zurück liefern. Auch der Langstrecken-, Flug- und Schiffsverkehr erfordert erhebliche strukturelle Änderungen.

---

[235] https://www.e-fi.de/publikationen/gutachten

Für den Gebäudesektor wird eine wesentlich bessere Wärmeisolierung gefordert; die elektrische Heizung soll auf Wärmepumpen umgestellt, Wärmespeicher und Fernwärmenetze sollen ausgebaut werden.

Nach Forderungen des Umweltbundesamtes sollen Erdgasheizungen ab 2030 verboten werden.

Für den Gebäude- und Verkehrssektor wird in der dena Leitstudie »Integrierte Energiewende« schon im Juli 2018 auf Seite 64 ausgeführt[236]:
Für eine Treibhausgasreduktion um 80% bis 2050 müssen einzelne Sektoren vollständig klimaneutral werden. Für das 80%-Ziel dürfen in 2050 entweder der Gebäude- und Verkehrssektor (EL80) oder der Energiesektor (TM80) kaum noch Emissionen verursachen. In EL80 gelingt im Gebäudesektor eine Minderung der Treibhausgase von 98% gegenüber 1990, während es in TM80 nur 76% sind...

Dazu sollte man aber wissen, dass die Deutsche Energie-Agentur GmbH (*dena*) ein deutsches Unternehmen ist, das laut Gesellschaftsvertrag bundesweit und international Dienstleistungen erbringt, um die **energie- und klimapolitischen Ziele der Energiewende in Deutschland auszugestalten und umzusetzen**[237]. Die dena wurde im Herbst 2000 auf Initiative der rot-grünen Bundesregierung als mehrheitlich bundeseigene private GmbH gegründet. Im Aufsichtsrat sitzen Vertreter aller Gesellschafter. Die Bundesrepublik Deutschland wird vertreten durch das Bundesministerium für Wirtschaft und Energie (BMWi), das Bundesministerium für Ernährung und Landwirtschaft (BMEL), das Bundesministerium für Umwelt, Naturschutz und Reaktorsicherheit (BMUB) und das Bundesministerium für Verkehr und digitale Infrastruktur (BMVI). So wird garantiert, dass die vorgegebenen politischen Ziele scheinbar unpolitisch, aber wissenschaftlich unterstützt werden.

Allerdings halten andere Regierungsberater das Verbot von Gasheizungen für unsinnig, wie auch der Studie der Deutschen Energie Agentur (dena) vom 20.02.2019 zu entnehmen ist. Diese Energieexperten halten ein Verbot von Gas- und Ölheizungen für nicht zielführend, um Gebäude klimafreundlicher zu machen. Sie stehen damit im Widerspruch zu den Grünen, die ab 2030 den Einbau von Gas- und Ölkesseln in Wohn- und Geschäftshäuser verbieten wollen[238].

---

[236] https://www.dena.de/fileadmin/dena/Dokumente/Pdf/9261_dena-Leitstudie_Integrierte_Energiewende_lang.pdf
[237] https://www.dena.de/integrierte-energiewende/
[238] https://www.finanznachrichten.de/nachrichten-2017-10/41975486-regierungsberater-halten-verbot-von-gasheizungen-fuer-unsinnig-015.htm

Was die Studien nicht vergleichen, sind die globalen Auswirkungen auf den Industriestandort Deutschland. Dafür könnten dann ja wieder neue Studien angefertigt werden, damit unsere hochqualifizierten Wissenschaftler und Forscher auch künftig ausgelastet sind.

Wer trägt die Verantwortung? Wer übernimmt die Kosten? Letztendlich sind das doch immer die Stromkunden und die Steuerzahler!

6.4 Atomausstiegs-Gesetz

Der Atomausstieg, die Änderung des Atomgesetzes durch eine spontane Entscheidung der Bundeskanzlerin, war gesetzeswidrig. Allein wahltaktische Überlegungen vor der Landtagswahl in Baden-Württemberg beeinflussten diese Entscheidung. Einen Tag nach der Nuklearkatastrophe von Fukushima (Japan) im März 2011 verkündete die Bundeskanzlerin, dass alle zehn Atomkraftwerke in Deutschland mit einer installierten Bruttoleistung von 12,7 GW bis spätestens 2022 abgeschaltet werden sollen. Sofort mussten in 2011 die Werke Biblis A und B und Neckarwestheim 1 mit einer Bruttoleistung von insgesamt 5 GW vom Netz. Der Deutsche Bundestag beschloss am 30. Juni 2011 das Atomausstiegs-Gesetz und legte somit die Entscheidungen zu den Themen Klima und Energie fest: Klimaschutz, 2°-Ziel, Atomausstieg, Energiewende. Anfang 2020 waren nur noch die sechs Werke mit insgesamt 8,512 GW am Netz, Emsland mit 1,4 GW, Grohnde mit 1,43 GW, Brokdorf (KBR) mit 1,48 GW, Neckarwestheim 2 mit 1,4 GW, Gundremmingen, Block C (KRB II C) mit 1,344 GW und Isar mit 1,458 GW[239].

Der Rechtsstreit der Betreiber gegen die Bundesregierung ist noch nicht abgeschlossen. Es werden erhebliche Schadenersatzforderungen aus Steuergeldern zu begleichen sein. Das Bundesumweltministerium geht von einer Entschädigungssumme von über 1 Milliarde Euro allein für die Unternehmen RWE und Vattenfall aus. Die endgültige Höhe soll 2023 festgelegt werden, wie die Tagesschau am 23. Mai 2018 und die WirtschaftsWoche berichteten[240,241].

Olaf Gersemann schrieb in der Welt am 06.01.2020: »***Das sind die wahren Kosten des Atomausstiegs!***« (Bild 65)[242]

---

[239] https://www.bmu.de/themen/atomenergie-strahlenschutz/nukleare-sicherheit/aufsicht-ueber-kernkraftwerke/kernkraftwerke-in-deutschland/
[240] https://www.tagesschau.de/thema/atomausstieg/index.html
[241] https://www.wiwo.de/politik/deutschland/atomkraft-ausstieg-akw-betreiber-bekommen-milliarden-entschaedigung/21231382.html
[242] https://www.welt.de/wirtschaft/plus204786230/Atomausstieg-Was-die-Energiewende-wirklich-kostet.html?wtrid=onsite.onsitesearch

---

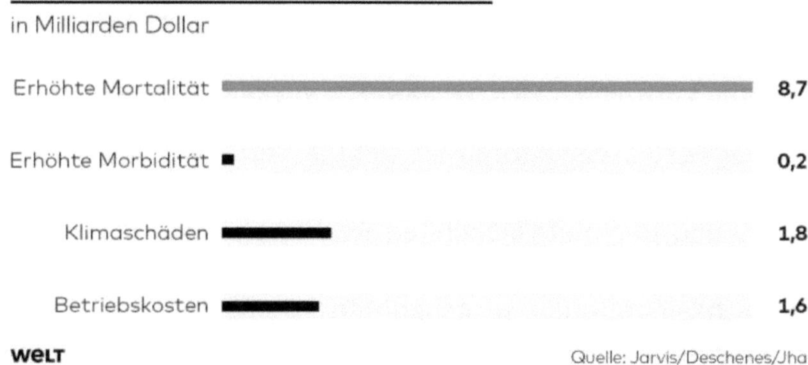

Bild 65. Kosten des Atomausstiegs

Bezahlen müssen das Stromkunden und Steuerzahler, Verantwortliche gibt es dafür nicht!

Allerdings mehren sich Erkenntnisse, dass mit Kernkraftwerken die CO_2-Emissionen reduziert werden können. Beginnt in der Öffentlichkeit eine neue Diskussion? *»Wer Klimaschutz will, sollte auf eine neue Generation von Kernreaktoren setzen«*, schrieb die Zeit online am 1. Oktober 2019. Unter der Überschrift *»Atomkraft, ja bitte! Wie bitte?«*[243] erläuterte der Diplom-Informatiker und Physiker Rainer Klute in der ZEIT, dass mit *modernen Reaktoren die Energie aus bereits angefallenem »Atommüll« gewonnen werden kann. Allein aus den gebrauchten Brennelementen in den verschiedenen Zwischenlagern könnte Deutschland 250 Jahre lang komplett mit Strom versorgt werden.*

Und bereits am 30.11.2018 schrieb auch die Süddeutsche Zeitung: *»Kann Atomkraft den Klimawandel stoppen?«*[244]

In Kanada hat die Terrestrial Energy auf diesem Gebiet die ersten Hürden genommen. In den nächsten Jahren will sie einen neuartigen **Flüssigsalzreaktor** in Betrieb nehmen. *Statt fester Brennstäbe nutzt das Kraftwerk ein flüssiges nukleares Sprit-Uran in Salzform. Der Flüssigsalzreaktor hat aber noch einen weiteren Vorteil: Er kann theoretisch auch mit Atommüll oder dem in der Natur reichlich vorhandenen Thorium betrieben werden. Das spaltbare Metall Thorium ist ein alternativer Kernbrennstoff, der in der Erdkruste zehn Mal so häufig wie Uran vorkommt. Entsprechend lange könnte das neue Nuklearzeitalter andauern, besonders wird auch dessen »inhärente Sicherheit« gelobt. Die Salzschmelze würgt jedes Heißlaufen sofort ab, weil sie sich im Ernstfall ausdehnt und die Uranatome*

---

[243] https://www.zeit.de/2019/41/kernkraftwerke-atomkraft-energiewende-atommuell
[244] https://www.sueddeutsche.de/wissen/atomkraft-klimawandel-erderwaermung-energie-1.4233713

von selbst auseinandertreibt. Das bremst die Kettenreaktion ab, und die Flüssigkeit kühlt wieder auf Normaltemperatur herunter. Ein Vorgang, der selbst dann funktionieren soll, wenn alle Systeme heruntergefahren sind und das Kernkraftwerk evakuiert wird. **Eine Kernschmelze wird dadurch ausgeschlossen.**

Am privaten Institut für Festkörper-Kernphysik (IFK) in Berlin wurde der **Dual-Fluid-Reaktor** (DFR)[245] entwickelt. Die Vorteile sind, dass aus der Kombination des Flüssigsalzreaktors und der metallgekühlten Reaktoren (natriumgekühlter Reaktor, bleigekühlter Reaktor) wesentlich verbesserte Nachhaltigkeits-, Sicherheits- und Wirtschaftlichkeitsziele der so genannten »Generation IV« erreicht werden. Neben den extrem niedrigen Brennstoffkosten verfügt der Reaktor über die Fähigkeit, Aktinoide wie z.B. Plutonium   oder abgebrannten Brennstoff aus Leichtwasserreaktoren zu verbrennen. Die übrigbleibenden Abfälle sind nur Spaltprodukte, die innerhalb von 300 Jahren auf eine Radiotoxizität unterhalb der von Natururan abklingen.

6.5 Klimagesetze

In der letzten Oktoberwoche 2019 begann die Bundesregierung die erste Lesung ihrer Klimagesetze, die förmlich durch alle Instanzen »gepeitscht« werden sollten. *Geplant wurden Steuererleichterungen auf Bahnticktes sowie Änderungen beim Luftverkehrsgesetz. Benzin, Heizöl und Gas sollten mit einer CO_2-Abgabe belegt werden. Das wird zu Kostenbelastungen bei Auto- und Immobilienbesitzern führen und weitreichende Folgen für mehr als 4000 Unternehmen des Verkehrs- und Wärmesektors haben. Mit den Einnahmen aus den Zertifikatsverkäufen soll ein Teil der Erneuerbare-Energien-Umlage im Strombereich bezahlt werden. »Wirtschaft und Verbände sind entsetzt und höchst verärgert über die fast völlige Abschaffung der sonst üblichen Verbändekonsultationen«,* schrieb deshalb Daniel Wetzel in der WELT vom 23.10.2019 und am 26.08.2020 beschrieb er die möglichen Klimakosten, die etwa 20 Euro pro Monat für jeden Stromkunden erreichen können[246]. Das Klimagesetz wurde am Freitag, 15.11.2019 mit der Mehrheit der großen Koalition im Bundestag beschlossen[247]. Mehrere Gutachten stufen das Klimapaket als verfassungswidrig ein, wie die Welt bereits am 14.11.2019 verlauten ließ[248]. Doch die Bundesregierung plant ein schärferes Klimagesetz mit höheren CO_2-Preisen, bis zu 100 €/Tonne.

---

[245] https://dual-fluid-reaktor.de/
[246] https://www.welt.de/wirtschaft/plus214298792/CO2-Abgabe-Fuer-Autofahrer-und-Energieverbraucher-wird-2021-teuer.html
[247] https://www.euractiv.de/section/energie-und-umwelt/news/bundesregierung-beschliesst-deutschlands-erstes-klimagesetz/
[248] https://www.welt.de/wirtschaft/plus202339622/CO2-Abgabe-auf-Benzin-Heizoel-und-Gas-Kritiker-verreissen-Klimagesetze.html

Nach dem Urteil des Bundesverfassungsgerichts vom 21.04.2021 zum *Klimaschutzgesetz*, überschlagen sich förmlich die Vorschläge zu weiteren Verschärfungen. So schlägt die Boston Consulting Group (BCG) vor, dass ab **2023** beim Austausch einer Heizung in Bestandsgebäuden und auch in Neubauten **keine Öl- und Gasheizungen mehr installiert werden dürften**. Bereits schon **2030** statt 2038 müsse der **Ausstieg aus der Kohleverstromung** komplett vollzogen sein. Wenn das CO2-Einsparziel für 2030 von 55 auf 65 Prozent erhöht wird und **Klimaneutralität bereits 2045** erreicht werden soll, bedürfe es nun einer „unglaublichen Kraftanstrengung"[249].

Auch die europäische Kommission unterstützt die Klimaneutralität bis 2050 und schlug deshalb im März 2020 ein Europäisches Klimagesetz vor. Mit dem Europäischen Klimagesetz wird für 2050 das Ziel der Klimaneutralität gesetzt und der Kurs für die gesamte EU-Politik festgelegt.

Trotz der inzwischen häufig geäußerten Zweifel vieler Wissenschaftler am anthropogenen CO_2-Einfluss auf die Erderwärmung hält die Bundesregierung an ihrem gewählten Kurs fest. Klimaforscher, die Skepsis äußern, werden als Klimaleugner diffamiert. Fakten werden nicht zur Kenntnis genommen und erst recht nicht widerlegt. Wie unsicher schon eine Wettervorhersage für einige Wochen ist, zeigte beispielsweise die Prognose des **Weather Channel** für den Winter 2019/2020, der sehr kalt werden sollte. Die Erklärung für seinen gänzlich anderen Verlauf war dann: »*Die Unsicherheiten werden durch den Jetstream begründet, und da weiß man nicht so genau, wie dieser sich ausbildet*«.

Bei allen Klimasimulationen werden sowohl die Aktivität der Sonne als auch der Einfluss auf die Wolkenbildung kaum berücksichtigt. Hier ist eine wissenschaftliche Klärung lange überfällig! Sie müsste unverzüglich von der Politik eingefordert werden (mehr dazu im Kapitel 9.1).

7. Ausbau der Förderprogramme

2017 wurde im EEG das Ausschreibungsverfahren eingeführt, das erhebliche Auswirkungen auf den Bau von Windenergieanlagen hat.

7.1 Förderung Kohleausstieg

»Einigung beim Kohleausstieg: Zeitplan steht, Datteln 4 geht ans Netz, Hambacher Forst bleibt«, schrieb das Handelsblatt am 20.01.2020. *Die Regierung habe den Ministerpräsident(inn)en von Nordrhein-Westfalen, Sachsen, Sachsen-Anhalt und Brandenburg einen Stilllegungspfad vorgestellt, der mit den Betreibern der Braunkohle-Kraftwerke und -Tagebaue vertraglich festgelegt werden solle, teilte*

---

[249] https://www.handelsblatt.com/politik/deutschland/klimaschutzgesetz-das-teure-gesetz-was-mit-den-neuen-klimazielen-auf-die-wirtschaft-zukommt/27180550.html

Regierungssprecher Steffen Seibert am frühen Donnerstagmorgen, 16.01.2020, mit. Die Ministerpräsident(inn)en hätten diesem zugestimmt, heißt es weiter in der Mitteilung.

Der Beschluss wurde im Bundeskanzleramt vereinbart[250]. Beteiligt an dem Gespräch waren neben Bundeskanzlerin Angela Merkel und Kanzleramtsminister Helge Braun (beide CDU), die Bundesminister Olaf Scholz (SPD), Peter Altmaier (CDU) und Svenja Schulze (SPD) sowie die Ministerpräsidenten Dietmar Woidke (Brandenburg), Armin Laschet (Nordrhein-Westfalen), Michael Kretschmer (Sachsen) und Reiner Haseloff (Sachsen-Anhalt). Der konkrete Stilllegungspfad werde veröffentlicht, sobald mit den Unternehmen entsprechende Festlegungen getroffen seien. Die Liste wurde inzwischen wie nachstehend veröffentlicht.

Bundeswirtschaftsminister Altmaier sprach von einem **»historischen Durchbruch«. Deutschland sei »mit großen Schritten dabei, das fossile Zeitalter zu verlassen«[251],** erklärte Bundesfinanzminister Scholz. **Er kündigte Entschädigungsleistungen für die Kraftwerksbetreiber in Höhe von insgesamt 4,1 Milliarden Euro an, verteilt über 15 Jahre. Dies halte er für leistbar[252].** Am 29.01.2020 beschloss das Kabinett den **Gesetzentwurf zum Kohleausstieg[253]**. Auf 203 Seiten werden die Probleme, Ziele, Lösungen und Alternativen beschrieben. Der Gesetzentwurf sieht vor, dass die Braunkohlekraftwerksleistung 2022 auf 15 Gigawatt (GW) und im Jahr 2030 auf neun GW zurückgeht. Als erstes soll zum 31.12.2020 das Braunkohlekraftwerk Niederaußem D mit 300 MW abgeschaltet werden. Bis Ende 2021 sollen dann drei Kraftwerke mit insgesamt 900 MW, 2022 wieder drei mit 1 620 MW, bis 2028 fünf Kraftwerke mit 2600 MW und bis Ende 2029 weitere vier Kraftwerke mit 2200 MW abgeschaltet werden; das sind bis 2030 insgesamt 7620 MW. Die Betreiber von Braunkohlekraftwerken erhalten insgesamt 4,35 Milliarden Euro Entschädigung (s. auch 7.1). Tabelle 9 listet die Braunkohlekraftwerke auf, die bis 2030 abgeschaltet werden sollen [254,255].

---

[250] https://www.handelsblatt.com/unternehmen/energie/energiepolitik-einigung-beim-kohleausstieg-zeitplan-steht-datteln-4-geht-ans-netz-hambacher-forst-bleibt/25438748.html?ticket=ST-2005618-A04hc2enDZINEFu5iXbp-ap6

[251] https://www.faz.net/aktuell/politik/inland/endlager-debatte-altmaier-sieht-einen-historischen-durchbruch-12186106.html

[252] https://www.bundesfinanzministerium.de/Content/DE/Interviews/2019/2019-01-31-Handelsblatt.html

[253] https://www.bundestag.de/presse/hib/684118-684118

[254] https://www.mdr.de/nachrichten/politik/inland/stilllegung-braunkohle-100.html

[255] https://www.sueddeutsche.de/wirtschaft/energie-bergheim-rwe-legt-zuerst-block-d-im-kraftwerk-niederaussem-still-dpa.urn-newsml-dpa-com-20090101-200123-99-603890

Kraftwerksblöcke	Revier	geplante Stilllegung	Inbetriebnahme	Kapazität
Nord-Süd-Bahn (NSB)	Rheinland	31.12.2020	1959-1976	300
NSB	Rheinland	31.12.2021	1959-1976	300
NSB	Rheinland	31.12.2021	1959-1976	300
NSB oder Weisweiler	Rheinland	31.12.2021	1959-1976	300
NSB oder Weisweiler	Rheinland	1.4.2022	1959-1976	300
Brikettierung	Rheinland	31.12.2022	1959-1976	120
NSB	Rheinland	31.12.2022	1959-1976	600
NSB	Rheinland	31.12.2022	1959-1976	600
Weisweiler F	Rheinland	1.1.2025	1967	300
Jänschwalde A	Lausitz (Brandenburg)	31.12.2025 (Sicherheitsbereitschaft)	1981	500
Jänschwalde B	Lausitz (Brandenburg)	31.12.2027 (Sicherheitsbereitschaft)	1982	500
Weisweiler G	Rheinland	1.4.2028	1974	600
Jänschwalde C	Lausitz (Brandenburg)	31.12.2028	1984	500
Jänschwalde D	Lausitz (Brandenburg)	31.12.2028	1985	500
Weisweiler H	Rheinland	1.4.2029	1975	600
Boxberg N	Lausitz (Brandenburg)	31.12.2029	1979	500
Boxberg P	Lausitz (Brandenburg)	31.12.2029	1980	500
Niederaußem G	Rheinland	31.12.2029	1974	600
Niederaußem H	Rheinland	31.12.2029 (Sicherheitsbereitschaft)	1974	600

Tabelle 9.   Braunkohlekraftwerke, die bis 2030 abgeschaltet werden sollen

Wie schon ausgeführt, soll auch die Verstromung von Steinkohle spätestens 2033 enden. *»Steinkohlekraftwerke sollen entgegen der Empfehlung der Kommission bereits ab 2027 grundsätzlich entschädigungslos stillgelegt werden, in besonderen Fällen bereits ab 2024«*, schrieb das Handelsblatt am 22.05.2020. Und auch bei den Entschädigungszahlungen ist die Steinkohle im Vergleich zur Braunkohle im Nachteil.

Das so genannte Kohleverstromungsbeendigungsgesetz (KVBG) wurde vom Bundestag am 8. August 2020 verabschiedet. Aktuell sind in Deutschland noch Steinkohle-Kraftwerke mit einer Leistung von 22,5 Gigawatt am Netz. Nach den Empfehlungen der Kohlekommission sollen es im Jahre 2022 nur noch 15 Gigawatt sein.

Bis 2030 soll der Zielwert bei nur noch acht Gigawatt liegen.

Entschädigungen bei der Steinkohle sollen über Ausschreibungen ermittelt werden. Zunächst wird ab 2020 eine gewisse Menge Steinkohleleistung festgelegt, die vom Netz gehen soll. Dann fordert der Bund die Betreiber auf, Entschädigungsforderungen für die Abschaltung einzureichen.

2020 beträgt die Höchstsumme 165.000 Euro pro Megawatt, 2021 und 2022 je 155.000 Euro, die anschließend von Jahr zu Jahr um rund 25 Prozent gesenkt wird. 2026 sind es noch 49.000 Euro. Nach 2026 wird gar keine Entschädigung mehr gezahlt, weil die Anlagen dann nach Alter zwangsweise außer Betrieb gesetzt werden[256]. Der politisch beschlossene Kohleausstieg war für den Konzern RWE zum Schluss ein Geschäft. Der Bund sicherte 2,6 Milliarden Euro als Entschädigung für das Ende der Förderung und der Verstromung von Braunkohle zu[257].

Und wieder einmal geht es nur um das Verteilen von Geld. Die Länder werden zufriedengestellt, und die Kraftwerksbetreiber bekommen auch für alte Kohlekraftwerke noch hinreichend Geld. Die Versorgungssicherheit muss ja die Bundesnetzagentur (BNetzA) verantworten, und die kann Reservekapazitäten im In- und Ausland anfordern. Auch hier wurden politische Entscheidungen getroffen, die mit keinem technischen Argument begründbar sind.

7.2 Förderung von Kraft-Wärme-Kopplungs-Anlagen

Die Bundesnetzagentur führt auch Ausschreibungen zur Ermittlung der Zuschlagszahlungen für **Kraft-Wärme-Kopplungs-Anlagen (KWK-Anlagen)** durch. Dies betrifft *neue KWK-Anlagen mit einer elektrischen Leistung von mehr als 1 bis einschließlich 50 MW und modernisierte KWK-Anlagen mit einer elektrischen Leistung von mehr als 1 bis 50 MW.*

Das Gesetz für die Erhaltung, die Modernisierung und den Ausbau der Kraft-Wärme-Kopplung (KWKG) definiert und regelt die Modalitäten[258].

§ 3 KWKG regelt die Anschluss- und Abnahmepflicht für die Netzbetreiber. Danach müssen
1. hocheffiziente KWK-Anlagen an ihr Netz unverzüglich **vorrangig anschließen.**
2. Der in diesen Anlagen erzeugte KWK-Strom muss unverzüglich **vorrangig physikalisch abgenommen, übertragen und verteilt werden.**

§ 4 regelt die Direktvermarktung des KWK-Stroms und die Vergütung für nicht direkt vermarktete KWK-Anlagen. Danach gilt:

(1) Betreiber von KWK-Anlagen mit einer elektrischen KWK-Leistung von mehr als 100 Kilowatt müssen den erzeugten KWK-Strom direkt vermarkten oder selbst verbrauchen. Eine Direktvermarktung liegt vor, wenn der Strom an einen Dritten geliefert wird. Dritter im Sinne von Satz 2 kann auch ein Letztverbraucher sein.

[256] https://www.welt.de/print/die_welt/wirtschaft/article205232363/Steinkohle-ist-der-wahre-Verlierer.html
[257] https://www.handelsblatt.com/unternehmen/energie/energiewirtschaft-aerger-fuer-rwe-konkurrenten-gehen-gegen-milliarden-entschaedigung-fuer-kohleausstieg-vor/27102762.html#
[258] https://www.gesetze-im-internet.de/kwkg_2016/

(2) Betreiber von KWK-Anlagen mit einer elektrischen KWK-Leistung von bis zu 100 Kilowatt können den erzeugten KWK-Strom direkt vermarkten, selbst verbrauchen oder vom Netzbetreiber die kaufmännische Abnahme ihres erzeugten KWK-Stroms verlangen. Die kaufmännische Abnahme kann auch verlangt werden, wenn die Anlage an eine Kundenanlage angeschlossen ist und der Strom mittels kaufmännisch-bilanzieller Weitergabe in ein Netz angeboten wird. Der Anspruch auf kaufmännische Abnahme des KWK-Stroms aus KWK-Anlagen mit einer elektrischen KWK-Leistung von mehr als 50 Kilowatt entfällt, wenn der Netzbetreiber nicht mehr zur Zuschlagzahlung nach den §§ 6 bis 13 verpflichtet ist. Netzbetreiber können den kaufmännisch abgenommenen KWK-Strom verkaufen oder zur Deckung ihres eigenen Strombedarfs verwenden.

(3) Für den kaufmännisch abgenommenen KWK-Strom gemäß Absatz 2 ist zusätzlich zu Zuschlagszahlungen nach den §§ 6 bis 13 der übliche Preis zu entrichten. Der übliche Preis nach Satz 1 ist der durchschnittliche Preis für Grundlaststrom an der Strombörse European Energy Exchange (EEX) in Leipzig im jeweils vorangegangenen Quartal. Weist der Betreiber der KWK-Anlage dem Netzbetreiber einen Dritten nach, der bereit ist, den eingespeisten KWK-Strom zu kaufen, so ist der Netzbetreiber verpflichtet, den KWK-Strom vom Betreiber der KWK-Anlage zu dem vom Dritten angebotenen Strompreis abzunehmen. Der Dritte ist verpflichtet, den KWK-Strom zum Preis seines Angebotes an den Betreiber der KWK-Anlage vom Netzbetreiber abzunehmen.

Anlagen mit **Kraft-Wärme-Kopplung (KWK)**, deren Wärme für die Beheizung von Gebäuden oder für industrielle Zwecke genutzt wird und die zusätzlich Strom produzieren, erhalten dem Gesetz zufolge eine besondere Förderung, wenn die Anlagenbetreiber den Betrieb von Kohle auf andere Energieträger, etwa Erdgas oder Biomasse, umstellen. (s. Kapitel 1.3).

Die Auswirkungen des Kohleausstiegs auf die **Versorgungssicherheit** soll in den Jahren 2022, 2026, 2029 und 2032 jeweils geprüft werden. Die KWKG-Novelle wurde am 3. Juli 2020 von Bundestag und Bundesrat verabschiedet. Die Novelle 2020 beinhaltet wesentliche Veränderungen. KWK-Anlagen unter 1 MW scheinen dabei nicht im Förderfokus des BMWi zu stehen[259].

Hervorzuheben sind im **KWKG 2020** vor allem folgende Änderungen:
- Verlängerung der Geltungsdauer des KWK-Gesetzes
- Einschränkung der jährlichen Förderung
- Beschränkung der Zuschlagsgewährung bei Entfall der EEG-Umlage
- Neue Boni – aber nur für KWK-Anlagen über 1 MW
- Neuregelung Kumulierungsverbot

---

[259] https://www.bmwi.de/Redaktion/DE/Artikel/Service/kohleausstiegsgesetz.html

- Neufassung der Regelung bei negativen Stundenkontrakten
- Veränderungen bei der Förderung von Wärme- und Kältenetzen

Die Geltungsdauer der Förderung nach dem KWKG wurde bis zum 31. Dezember 2029 verlängert (§6 Abs. 1 KWKG-Entwurf 2019/2020). Diese Regelung gilt jedoch nicht für KWK-Anlagen bis einschließlich 50 MW elektrischer Leistung, sofern die Evaluierung im Jahre 2022 keine Fördernotwendigkeit zur Erreichung der KWK-Ziele im Jahre 2025 ergeben sollte. Das Ziel beträgt weiterhin 120 TWh KWK-Strom im Jahre 2025 und ist daher eher wenig ambitioniert.

7.3 Fördersätze für Biomasseanlagen

§ 42 EEG2017 veröffentlicht die Fördersätze für Biomasseanlagen[260,261]:

Für **Strom aus Biomasse** im Sinn der Biomasseverordnung, für den der anzulegende Wert gesetzlich bestimmt wird, beträgt

1. bis einschließlich einer Bemessungsleistung von 150 KW 13,32 Cent/kWh,

2. bis einschließlich einer Bemessungsleistung von 500 Kilowatt 11,49 Cent/kWh

3. bis einschließlich einer Bemessungsleistung von 5 Megawatt 10,29 Cent/kWh

4. bis einschließlich einer Bemessungsleistung von 20 Megawatt 5,71 Cent/kWh.

Von 2003 bis 2009 wurde zusätzlich eine **Energiepflanzenprämie von 45 Euro pro ha gezahlt**, um den Anbau von Pflanzen zur energetischen Verwendung in der Europäischen Union (EU) zu unterstützen. Für Anbau auf Stilllegungsflächen wurde hingegen keine Energiepflanzenprämie gezahlt.

Vergütungsaufschläge auf eingespeisten Strom durch den Nawaro-Bonus (Cent/kWh, nach EEG 2009)				
	0 bis 150 kW	151 bis 500 kW	501 bis 5000 kW	über 5000 kW
...jemeiner Nawaro-Bonus	6	6	4	0
...schlag Landschaftspflegematerial	+ 2	+ 2	0	0
...waro-Bonus für Strom aus Biogas	7	7	4	0
...schlag Güllebonus für Nawaro-Strom aus Biogas	+ 4	+ 1	0	0
...waro-Bonus Holzverstromung	2,5	2,5	2,5	0

Tabelle 10.   Basisvergütung für Strom aus Biomasse mit Nawaro-Bonus

In § 27 des EEG 2009 wird eine Basisvergütung für Strom aus Biomasse festgelegt. Durch den Nawaro-Bonus kann diese Vergütung aufgestockt werden. Neben dem allgemeinen Bonus gibt es einen leicht erhöhten Satz für Strom aus kleineren Biogasanlagen. *Bei mindestens 30 % Gülleeinsatz (Massenanteil am* Substrat) *kann der sogenannte* Güllebonus *aufgeschlagen werden. Bei überwiegendem Einsatz von Landschaftspflegematerial ergibt sich ein weiterer Bonus. Voraussetzung für die Boni und Aufschläge sind Auflagen, die im Einzelnen im EEG erläutert*

---

[260] https://www.gesetze-im-internet.de/eeg_2014/EEG_2017.pdf
[261] https://dewiki.de/Lexikon/Nawaro-Bonus

werden. Die in der Tabelle aufgeführten Werte gelten für eine Anlage, die im Jahre 2009 in Betrieb genommen wurde und sind für 20 Jahre festgelegt. Für im Folgejahr in Betrieb genommene Anlagen unterliegt der Nawaro-Bonus, wie auch die Basisvergütung, einer jährlichen Degression *von 1 % (§ 20 EEG 2009). Der Nawaro-Bonus kann auch mit anderen Zusatzvergütungen kombiniert werden. So ist unter Umständen ein gleichzeitiger Bezug des* Technologie-Bonus, *Formaldehydbonus und/oder des* KWK-Bonus *möglich. Der Güllebonus wird häufig als eigenständiger Bonus genannt, setzt jedoch einen Anspruch auf den Nawaro-Bonus voraus und ist daher mit diesem in Anlage 2 des EEG 2009 geregelt.*

7.4 Förderung von Windenergieanlagen

Die Bundesnetzagentur (BNetzA) gibt sechs bis acht Wochen vor dem jeweiligen Termin die wichtigsten Parameter der Ausschreibungsrunde auf ihren Internetseiten bekannt. Für Windenergieanlagen an Land ab einer Größe von 750 kW wird die Höhe der anzulegenden Werte durch Ausschreibungen bestimmt[262]. Erfolgreiche Gebote sind Berechnungsgrundlage für die Zahlungsansprüche (Marktprämie) des erzeugten Stroms. Somit müssen sich die Gebote auf einen bestimmten **anzulegenden Wert in Cent pro Kilowattstunde** nach x **(Gebotswert)** für den in den Anlagen erzeugten Strom und **auf eine in Kilowatt anzugebende Anlagenleistung (Gebotsmenge)** beziehen.

Den Zuschlag bekommt der Anbieter mit dem geringsten Preis für eine kWh. Die Auswirkungen dieser Änderungen sind offensichtlich. Es gehen durchschnittlich nur für ca. 50% des ausgeschriebenen Leistungsbereichs Angebote ein, und von den Zuschlägen werden dann auch nur 50% kurzfristig realisiert. Die Begründung dafür ist die zu erwartende geringere Rendite. Benachteiligt werden die Firmen mit den Anlagen in hochwertiger technologischer Ausführung. ENERCON hat die technisch leistungsfähigsten Anlagen, damit aber die höchsten Preise und kommt deshalb oft nicht zum Zug. Verbaut werden die billigeren doppelt gespeisten Anlagen, die aber die künftigen technischen Netzanforderungen nicht erfüllen können. Sie können kein Inselnetz aufbauen, keine Blindleistung liefern und sind nicht schwarzstartfähig. Es wird nur die Frequenz erzeugt, die im Netz vorgegeben ist (s. auch Kapitel 1.4.5). Bild 66 listet die Einspeisevergütungen für Windenergieanlagen mit einer Leistung über 750 kW an Land bei Inbetriebnahme nach dem 31.12.2018 auf. Die Einspeisevergütung für Offshore Anlagen zeigt Bild 67[263]

---

[262] https://www.bundesnetzagentur.de/DE/Sachgebiete/ElektrizitaetundGas/Unternehmen_Institutionen/Ausschreibungen/Wind_Onshore/Ausschreibungsverfahren/Ausschr_WindOnshore_node.html
[263] https://www.windbranche.de/wirtschaft/eeg-verguetung/eeg-festverguetung

Feste Einspeisevergütung Windenergie an Land

Vergütungssätze in Cent/kWh

Windenergieanlagen bis 750 kW / Pilotanlagen Inbetriebnahme nach 31.12.2018

Jahr 2020	Gebotsrunde	höchstes bezuschlagtes Gebot (Cent / kWh)
	Feburar 2018	6,28
	Mai 2018	6,28
	August 2018	6,30
	Oktober 2018	6,30
	Durchschnittswert für 2020	**6,29**

Jahr 2019	Gebotsrunde	höchstes bezuschlagtes Gebot (Cent / kWh)
	Mai 2017	4,78
	August 2017	4,29
	November 2017	3,82
	Durchschnittswert für 2019	**4,63**

Hinweis: Daten: Bundesnetzagentur, Alle Angaben ohne Gewähr

Grundlagen: § 46b EEG 2017 in Vebindung mit § 36 EEG, Stand: 05.02.2019

Bild 66. Einspeisevergütung für Onshore Anlagen[183]

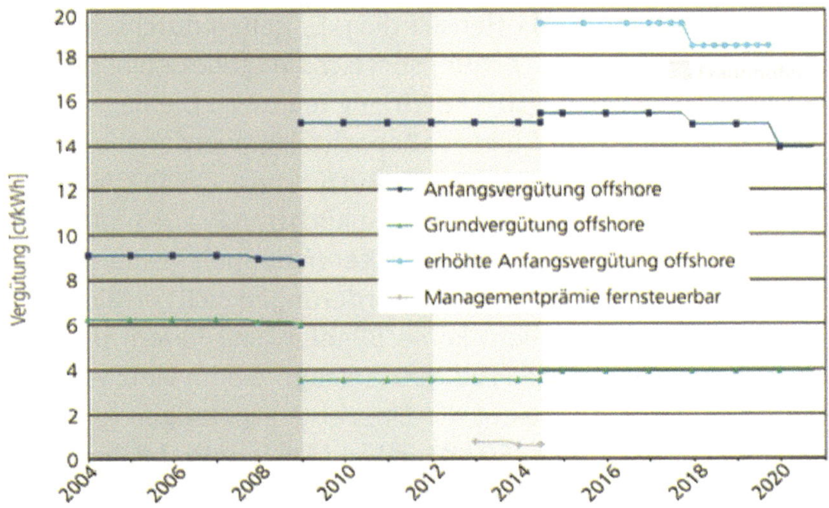

Bild 67. Einspeisevergütung für Offshore Anlagen

Die Novelle des **Wind**energie-auf-**See**-**G**esetzes (WindSeeG) birgt aus Sicht der Branche eine ganze Reihe positiver Elemente, etwa die Erhöhung der Ausbauziele für Offshore-Windkraftkapazitäten. Bei mehreren Null-Cent-Geboten soll dann eine zweite Ausschreibungsrunde eingeführt wird. Die zweite Gebotskomponente besagt im Kern, dass die Bewerber einen Betrag bieten, den sie zu zahlen bereit sind, um den Zuschlag zu bekommen. In der Branche ist wahlweise von »Eintrittsgeld« oder auch von »Strafzahlung« die Rede.

7.5 Förderung von Solaranlagen

Auch die Fördersätze für Solarstromeinspeisung werden regelmäßig angepasst (Bild 68)[264]. Die kumulierte elektrische Leistung der mehr als 1,7 Millionen netzgekoppelten Photovoltaikanlagen in Deutschland betrug Ende 2018 rund 45,3 Gigawattpeak. Den geplanten Förderstopp ab insgesamt 52 GW installierter Leistung hat das Kabinett am 18. Mai 2020 aufgehoben.

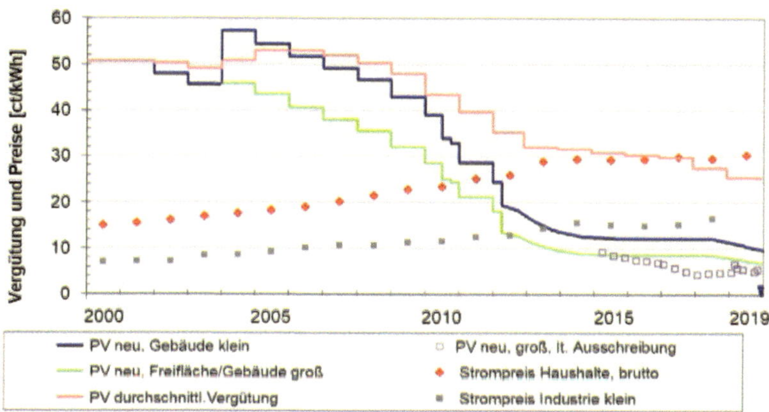

Bild 68. Vergütungssätze Solaranlagen, Inbetriebnahme ab Januar 2019 bis 2020[185]
Quelle Fraunhofer www.pv-fakten.de, Seite 10

Ab April 2021 liegt die Einspeisevergütung je nach Anlage zwischen 7,81 bis 5,36) Cent/kWh[265].

7.6 Förderung der Elektromobilität

Das Bundesministerium für Wirtschaft und Energie setzt sich schon lange für eine Reihe von Maßnahmen ein, um die Entwicklung des Markts für Elektromobilität zu beschleunigen. Mit einem umfangreichen Maßnahmenpaket wird der Markthochlauf der Elektromobilität unterstützt. Drei finanzwirksame Maßnahmen stehen dabei im Vordergrund: zeitlich befristete Kaufanreize, Ausbau der Ladeinfrastruktur sowie die öffentliche Beschaffung von Elektrofahrzeugen.

- *Umweltbonus: Bis zu 600 Millionen Euro wurden durch den Bund bereitgestellt, um mindestens 300 000 Elektrofahrzeuge bis 2019 zu bezuschussen. Die Automobilhersteller beteiligen sich in gleicher Höhe.*
  Mit 4 000 Euro wird der Kauf rein elektrischer Fahrzeuge gefördert. Dreitausend Euro können Käufer für Plug-In Hybride erhalten.

---

[264] https://www.ise.fraunhofer.de/content/dam/ise/de/documents/publications/studies/aktuelle-fakten-zur-photovoltaik-in-deutschland.pdf
[265] https://www.photovoltaik4all.de/aktuelle-eeg-verguetungssaetze-fuer-photovoltaikanlagen-2017

- *Ausbau von Ladesäulen: Mit 300 Millionen Euro fördert die Bundesregierung den Ausbau von Schnell- und Normalladepunkten mit dem Ziel, dass bis 2020 viele weitere der besonders aufwendigen und damit teuren Schnellladepunkte an den Verkehrsachsen und in den Metropolen verfügbar sein sollen.*
- *Mehr Elektromobilität in öffentlichen Fuhrparks: Die öffentliche Hand wird bei ihren eigenen Fuhrparks mit einem guten Beispiel vorangehen. Der Anteil der durch die Bundesregierung zu beschaffenden Elektrofahrzeuge sollte bis 2019 auf mindestens 20 Prozent erhöht werden. Für die öffentliche Beschaffung werden 100 Millionen Euro bereitgestellt.*
- *Verlängerung der Kfz-Steuerbefreiung von bisher fünf auf nun zehn Jahre.*

Der erhoffte Erfolg stellte sich jedoch nicht ein. Deshalb beschloss der Bundestag in erster Lesung am **Freitag, 27.09.2019** den Gesetzentwurf (19/13436)[266]. **Mit den darin angekündigten Förderungen stiegen 2019 die Zulassungszahlen auf 63 281 von insgesamt 3,6 Millionen Personenkraftwagen, das entspricht 1,8%** [267] (s. auch Kapitel 5.9.1)

Neben dem Elektromobilitätsgesetz hat die Bundesregierung noch weitere Maßnahmen beschlossen, die auch von der Europäischen Union Anfang 2020 genehmigt wurden. Danach soll die Ladeinfrastruktur ausgebaut, der Fuhrpark des Bundes verstärkt mit Elektrofahrzeugen bestückt und die Kaufprämien für Elektrofahrzeuge erhöht werden.

- E-Autos mit einem Netto-Listenpreis bis 40.000 Euro werden mit 6.000 Euro gesponsert (früher 4.000 €).
- E-Autos zwischen 40.000 Euro und 65.000 Euro erhalten künftig 5.000 Euro (früher 4.000 €).
- Die Prämie für Plug-In-Hybride, die zusätzlich zum Sprit an der Zapfsäule   Strom von der Steckdose tanken können, steigt um 50 Prozent auf 4.500 Euro für Autos unter 40.000 Euro Listenpreis und um 25 Prozent auf 3.750 Euro für teurere Wagen.
- **Gefördert werden Autos bis zu einem Neuwagenpreis von 65.000 Euro; für teurere Autos gibt es nichts.**

Dies gilt aktuell noch **für alle Erstzulassungen bis zum 31. Dezember 2020.** Mit den am 03.06.2020 vom Bundeskabinett beschlossenen Wirtschaftsfördermaßnahmen wurde die Prämie für E-Autos um 6.000 Euro erhöht.

Aufgrund der Coronakrise wurden die Förderprämien für E-Mobile ab 1. Juli 2020 als Innovationsprämie bis auf 11.000 Euro nochmals erhöht.

---

[266] http://dip21.bundestag.de/dip21/btd/19/134/1913436.pdf
[267] https://de.statista.com/statistik/daten/studie/244000/umfrage/neuzulassungen-von-elektroautos-in-deutschland/

Auch das Gesetz zur Änderung der Kfz-Steuer soll die E-Mobilität fördern. Das wird dann jeder an der Tankstelle merken, an der sich der Preis ab 1. Januar 2021 für 1 Liter Benzin zunächst um 7 Cent erhöhen wird.

7.7 Förderung der Ladeinfrastruktur

Verkehrswende schafft 255.000 Jobs in der Energiebranche. *Der Bundesverband E-Mobilität (BEM) sieht den erwarteten Hochlauf der Elektromobilität als Jobmotor für die Energiewirtschaft. Der Ausbau der öffentlich zugänglichen Ladeinfrastruktur soll gemäß einer hauseigenen Studie des Verbands in den kommenden zehn Jahren bis zu 255.000 neue Arbeitsplätze schaffen, teilte der BEM mit. Neue Jobs in der Automobilindustrie sowie in der Batterieherstellung seien in dieser Prognose noch nicht berücksichtigt, betonte der Verband*[268].

Am 24. März 2021 veröffentlichte das Bundesministerium für Verkehr und digitale Infrastruktur die Richtlinie über den Einsatz von Bundesmitteln im Rahmen des BMVI-Programms »Ladeinfrastruktur vor Ort«[269]. Unter der Präambel *Elektrofahrzeuge leisten einen wichtigen Beitrag zur Senkung der CO_2-Emissionen und damit zur Erreichung der Klimaschutzziele sowie zur Reduzierung lokaler Schadstoff- und Lärmemissionen*, soll der Ausbau der Ladeinfrastruktur *für Elektrofahrzeuge in Deutschland unter der Verwendung von Strom aus erneuerbaren Energien* gefördert werden.

Das BMVI veröffentlichte im März 2021 die Richtlinie »Ladeinfrastruktur vor Ort«[269]. Nach dem Masterplan Ladeinfrastruktur sollen bis Ende 2021 zusätzliche 50.000 öffentliche Ladepunkte aufgebaut werden.

Das Gesamtfördervolumen beträgt rund 300 Millionen Euro. Die Zuwendung wird im Wege der Projektförderung als nicht rückzahlbarer Zuschuss als Anteilfinanzierung gewährt. In Tabelle 11 sind die maximal möglichen Förderbeträge aufgeführt.

	maximaler Förderbetrag	
Normal-Ladepunkte im Sinne von Nummer 1.3 Buchstabe f dieser Förderrichtlinie (AC & DC)	80 %	4 000 Euro
Schnell-Ladepunkte im Sinne von Nummer 1.3 Buchstabe g dieser Förderrichtlinie (ausschließlich DC) mit Ladeleistung von über 22 kW bis 50 kW	80 %	16 000 Euro

5.3 Maximale Förderbeträge für Netzanschlüsse pro Standort

	maximaler Förderbetrag	
Anschluss an das Niederspannungsnetz	80 %	10 000 Euro
Anschluss an das Mittelspannungsnetz	80 %	100 000 Euro
Kombination Pufferspeicher mit Netzanschluss	wie dazugehöriger Netzanschluss	

Tabelle 11.   Förderbeträge nach dem BMVI-Programm »Ladeinfrastruktur vor Ort«

---

[268] https://edison.media/erklaeren/verkehrswende-schafft-255-000-jobs-in-der-energiebranche/25116630.html
[269] https://www.bmvi.de/SharedDocs/DE/Anlage/K/richtlinie-ladeinfrastruktur-vorort.pdf?__blob=publicationFile

8. Privatwirtschaftliche Verluste

Die Ökoinstitute feiern den Erfolg der Energiewende mit dem Ende der Energieträger Kohle und Öl. *Endlich – so ertönt es unisono – hätten die großen Energieerzeuger die Zeichen der Zeit erkannt und würden nun auch auf regenerative Energien setzen.* E.on und RWE spalteten sich in zwei Gesellschaften auf[270]. E.on trat das konventionelle Geschäft, die Erzeugung von Strom mit Kernenergie, Kohle oder Gas, an RWE ab. Sicher nicht ohne Grund: E.on musste im Jahr 2015 einen Verlust von 7 Mrd. Euro und RWE von ca. 3,9 Mrd. Euro verkraften, wie auch der Absturz der Aktienkurse dieser Unternehmen zeigte. Bild 69 zeigt die geplante Aufteilung der Geschäftsbereiche von E.on und RWE.

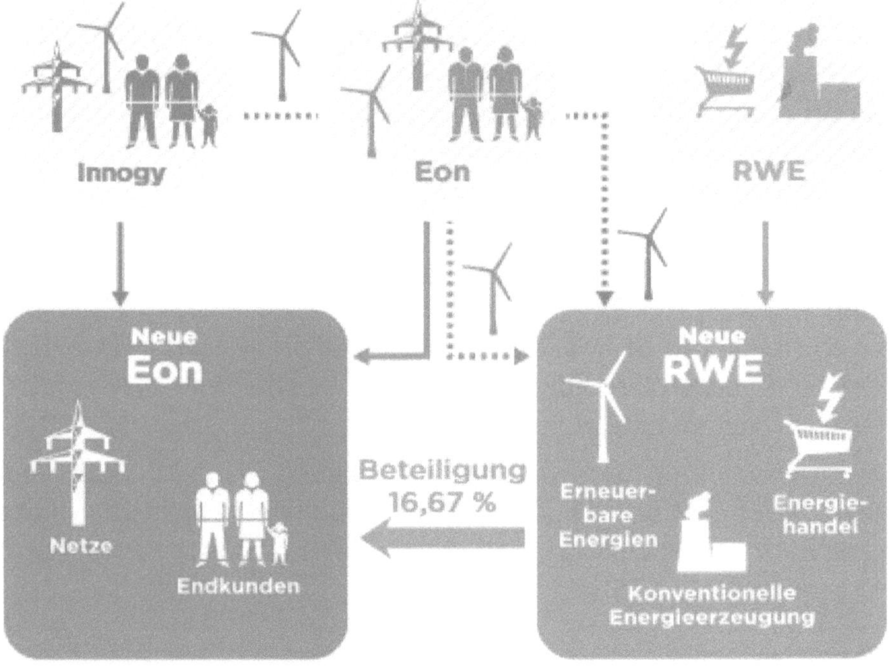

Bild 69. geplante Aufteilung der Geschäftsbereiche von E.on und RWE

Die RWE-Aktie sank vom Höchststand 82,51 € im April 2007 auf den Tiefstand von 9,60 € am 25.10.2015. Ähnlich der Kurs der E.on-Aktie, der von über 30 € in 2007 seinen Tiefstand von 6,13 Euro am 25.11.2017 Euro erreichte. Beide Aktienkurse haben sich inzwischen wieder erholt, und die Firmen stellen sich nun auf den Klimakurs ein, denn sie erwarten hohe Entschädigungszahlungen. So wirbt E.on nur

---

[270] https://www.handelsblatt.com/unternehmen/energie/energieunternehmen-eon-chef-teyssen-wird-nach-der-fusion-mit-innogy-auch-den-neuen-konzern-fuehren/23801376.html

noch mit grüner Energie. Der Konzern erzeugt keinen Strom mehr, dafür verteilt er die Energie mit Hilfe der Übertragungsnetze und den Vertrieb zum Kunden. Johannes Teyssen hat mehr als ein Jahrzehnt lang den Konzern geprägt. Zum 1. April 2021 gab der 61-Jährige den Vorstandsvorsitz an das langjährige Vorstandsmitglied Leonhard Birnbaum ab.

»RWE wird grün! *Die RWE-Ökostrom-Chefin Anja-Isabel Dotzenrath kündigt die Expansion in neue Märkte an«,* vermeldete *das Handelsblatt am 25.11.2019[271]. Der Energiekonzern RWE sieht seine Zukunft bei den erneuerbaren Energien. Nach der Freigabe durch alle Genehmigungsbehörden übernahm E.on die RWE-Tochter Innogy. E.on behält aber nur die Sparten Vertrieb und Netz. RWE erhält die Aktivitäten bei den erneuerbaren Energien von Innogy – und bekommt die entsprechenden Aktivitäten von e.on dazu.*

Vorstandschef Rolf Martin Schmitz kündigte im Handelsblatt am 26.09.2020 an[272], *dass RWE bis 2022 die installierte Leistung bei den erneuerbaren Energien von über neun auf 13 Gigawatt aufstocken will.* Am 08.02.2021 gab Schmitz bekannt[273], dass er den Chefposten an Finanzvorstand Markus Krebber übergeben werde. Die beiden arbeiteten seit 2016 im Zwei-Mann-Vorstand eng zusammen. Im Gegensatz zu Schmitz hat der 47-jährige promovierte Ökonom Krebber einen Großteil seiner Karriere in der Finanzbranche verbracht.

Die Politik wird für die vorgesehenen Entschädigungszahlungen gelobt, die Aktienkurse steigen entsprechend.

Auch viele **Stadtwerke** haben erhebliche finanzielle Probleme[274]. Im Vertrauen auf politische Aussagen zur Förderung der Kraft-Wärme-Kopplung und der erforderlichen schnellen Regelleistung wurden millionenschwere Investitionen in neue Gaskraftwerke getätigt. Deren wirtschaftlicher Betrieb setzt aber jährliche Laufzeiten von über viertausend Stunden voraus. Diese Betriebszeiten sind aufgrund der Bevorzugung regenerativer Energien nicht erreichbar, und mit jährlichen Betriebszeiten von 500 bis 1000 Stunden können nur Verluste erzeugt werden.

Verluste werden aber auch mit **regenerativen Anlagen** gemacht. Nach Ablauf der 20-jährigen Förderung kommen diese nun ebenfalls wie alle anderen konventio-

---

[271] https://www.handelsblatt.com/unternehmen/energie/erneuerbare-energien-rwe-oekostrom-chefin-kuendigt-expansion-in-neue-maerkte-an/25265158.html

[272] https://www.handelsblatt.com/unternehmen/energie/rolf-martin-schmitz-im-interview-rwe-chef-will-milliarden-in-solar-wind-und-wasserstoff-investieren/26121836.html

[273] https://www.handelsblatt.com/unternehmen/energie/rolf-martin-schmitz-rwe-chef-hoert-frueher-auf-irgendwann-ist-auch-mal-gut/26893508.html?ticket=ST-1739912-U6WDQXTanniHe6N0bYFJ-ap5

[274] https://www.welt.de/wirtschaft/article152480955/Dutzende-deutsche-Stadtwerke-stehen-vor-der-Pleite.html

nellen Kraftwerke in die Verlustzone. So wurde aus Thüringen im März 2016 gemeldet, dass viele Biogasanlagen in den kommenden Jahren vom Netz gehen werden. Die VDI-Nachrichten schrieben am 21.08.2020, dass in 2020 erstmalig 168 Anlagen stillgelegt werden und somit insgesamt weniger Strom aus Biomasse gewonnen werde. Auch Windenergieanlagen werden wieder abgebaut.

8.1 Niedergang der Solarwirtschaft

Erst ging es steil aufwärts: **Solarion AG startet Werksneubau in Zwenkau bei Leipzig** – am 18.05.2011[275]. *Der Photovoltaikspezialist investierte 40 Millionen Euro und schaffte dabei 90 neue Arbeitsplätze. Insgesamt waren 140 Mitarbeiter in der Anlage mit einer Produktionsfläche von 12000 Quadratmetern tätig. Das jährliche Produktionsvolumen war auf 20 Megawatt ausgelegt. Anfang 2012 nahm die Fabrik ihren Betrieb auf.* Doch schon am 24. August 2015 diese Meldung:

Solarion wird nach zwei Insolvenzen abgewickelt[276].

Die sächsische Zeitung SZ.de berichtete am 12.07 2018: ***Sachsens letzte große Solarfabrik vor dem Aus[277]***. In Freiberg hatte Solarworld einmal mehr als 2000 Menschen beschäftigt. Die aktuellen technischen Zahlen für die Solarbranche können der Homepage der Solarwirtschaft entnommen werden[278].

Und das Solar-Chaos geht weiter. So schrieb der Focus am 28.08.2020: *Tausende Anlagen vor Abschaltung[279]: Wird Politik nicht aktiv, wandert Strom in die Tonne.* Ab 1. Januar 2021 könnten 18.000 private Haushalte ihre intakten und längst amortisierten Solaranlagen vom Netz nehmen, weil sie nach 20 Jahren aus der EEG-Förderung fallen.

Und so geht es weiter; ntv berichtete am 20. November 2013[280]:
Solarworld übernimmt Bosch-Werk. *Bosch treibt den Ausstieg aus der Solarsparte voran. Mit der Solarzellenfertigung in Arnstadt verbrennt Bosch Milliarden im Solargeschäft. In der Solar-Industrie in Brandenburg an der Havel legt Bosch Solar CISTech GmbH die Forschungsabteilung zum Jahresende still. 160 Mitarbeiter sind von der Schließung betroffen.*

[275] https://www.photovoltaik-guide.de/solarion-ag-startet-werksneubau-in-zwenkau-bei-leipzig-photovoltaikspezialist-investiert-40-millionen-euro-19693
[276] https://www.stefanschroeter.com/1126-solarion-wird-abgewickelt.html#.XabcbGbgqUk
[277] https://www.saechsische.de/sachsens-letzte-grosse-solarfabrik-vor-dem-aus-3974602.html
[278] https://www.solarwirtschaft.de/fileadmin/user_upload/bsw_faktenblatt_pv_2019_3.pdf
[279] https://flipboard.com/topic/de-bett/tausende-anlagen-vor-abschaltung-wird-politik-nicht-aktiv-wandert-strom-in-die/a-l-6s9XeCQIKOqgfGLxoYPA%3Aa%3A2503098804-b8b8a4669b%2Ffocus.de
[280] https://www.n-tv.de/wirtschaft/Solarworld-steigt-auf-Bosch-uebertraegt-Arnstaedter-Werk-an-Asbeck-article11795526.html

Die Zeitung **Augsburger Allgemeine** beschrieb am 17.05.2017 die Entwicklung dieser Branche[281]. *Noch in den 2000er Jahren lief es für die deutsche Solarindustrie hervorragend. Die rot-grüne Koalition hatte mit dem Erneuerbare-Energien-Gesetz, kurz EEG, die Vergütung von Solarstrom kräftig angehoben. Unternehmen in China übernahmen die deutsche Expertise und bauten selbst riesige Fabriken zur Herstellung von Solarzellen und -modulen in dieser einfachen Technologie. Deutschland hat also mit seiner Förderung dafür gesorgt, dass die Solarwirtschaft global wettbewerbsfähig wurde, doch die heimische Wirtschaft hatte wegen der hohen Lohnkosten bald nicht mehr viel davon. Im Jahr 2013 lag die Beschäftigtenzahl noch bei 56.000. Für das Jahr 2015 meldete das Ministerium nur noch 31.600 Beschäftigte. Die aufsummierten Kosten der Solarförderung für den Zeitraum von 2000 bis 2012 liegen bei über 107 Milliarden Euro. Die Firma Solarworld hat inzwischen mehrere Insolvenzverfahren durchgemacht.*

Die Märkische Allgemeine berichtete am 19.05.2016[282]: *Bosch beendet sein Engagement.*

Doch die **grün.power-Community** sagt, *»wie Sie ihre Solaranlagen retten können[283]: Wir haben die Lösung für den Weiterbetrieb Ihrer* PV-Anlage nach *dem EEG. Registrieren Sie hier Ihre Anlage und erfahren Sie mehr!«*

8.2 Niedergang der Windenergiebranche

Eine ähnliche Entwicklung wie bei der Solarbranche zeichnet sich auch für die Windenergie ab.

1985   wurde die Fördergesellschaft Windenergie (FGW) gegründet[284] zu einer Zeit, als die ersten größeren Windenergieanlagen in Deutschland errichtet wurden. Damals hat sich die FGW als institutionelle Plattform zur effektiven Verzahnung der technischen, wirtschaftlichen und politischen Aspekte der Windenergienutzung in Deutschland und darüber hinaus etabliert.

Dann kam Schwung in das Thema:

Gegründet wurden weitere Windinstitute:

1989   Windtest Kaiser Wilhelm Koog wurde 2013 von DNV GL Garrad Hassan Deutschland GmbH übernommen[285].

1990   Deutsches Windenergie-Institut (DEWI) GmbH in Wilhelmshaven, ab 2014 UL International GmbH[286].

---

[281] https://www.augsburger-allgemeine.de/wirtschaft/Der-Niedergang-der-deutschen-Solarwirtschaft-id41477701.html
[282] https://www.maz-online.de/Lokales/Brandenburg-Havel/Schluss-bei-Bosch-160-stehen-auf-der-Strasse
[283] https://gruenpower.eu/pv-weiterbetrieb/?gclid=Cj0KCQjwzbv7BRDIARIsAM-A6-
33bths8ibQLyEWlRKNPtTwoXdsOMGX2jXSPEagNXIhuch8B4pnCBYaAqqEEALw_wcB
[284] https://wind-fgw.de/
[285] https://www.bloomberg.com/profile/company/8120834Z:GR
[286] https://www.windbranche.de/news/nachrichten/artikel-27672-dewi-ist-jetzt-eine-ul-gesellschaft

1990   WIND-consult Rostock[287].

2001   **Deutsche WindGuard Consulting GmbH** in Varel[288].

2005   Die Stiftung **OFFSHORE-WINDENERGIE** in Varel[289].

Die Branche explodierte förmlich, immer mehr Unternehmen wollten ihr Geschäft machen. Einige Beispiele aus Deutschland:

1984   **ENERCON** in Aurich

1985   **Tacke** Windtechnik GmbH & Co. KG in Salzbergen

1985   **Nordex** SE mit Sitz in Rostock

1986   **VESTAS** Deutschland am deutschen Markt

1976   **MULTIBRID** GmbH, daraus wurde

> 2000   **Adwen-Gamesa** GmbH in Bremerhaven, dann
>
> 2015   **AREVA Wind** in Bremerhaven, dann
>
> 2017   **Auflösung,** weil Fusion mit **Siemens Gamesa**
> Siemens schließt die Produktionsstätte in Bremerhaven und baut in Cuxhaven eine neue Fabrik auf. Doch der Erfolg will sich nicht so recht einstellen. So schreibt die FAZ am 28.08.2020: »*Siemens Gamesa im Krisenmodus! Es ist gegenwärtig das größte Sorgenkind – mit einem aufgelaufenen Nettoverlust in den ersten neun Monaten 2019/2020 (30. September) von allein 806 Millionen Euro.*«

2008   **REpower** feiert Richtfest seiner Offshore-Fabrik in Bremerhaven

2016   **Repower** Systems wird von **Senvion** übernommen

2019   **Senvion** beantragt Insolvenz

27.08.2019 - Senvion in Bremerhaven schließt, 200 Mitarbeiter verlieren ihre Arbeitsplätze.

Doch der Stellenabbau geht weiter[290]:

»Die Windindustrie verliert in einem Jahr zehntausende Arbeitsplätze«, schrieb Daniel Wetzel in der Welt am 11.08.2019. *»Demnach nahm die Bruttobeschäftigung im Bereich Windenergie an Land von 133.800 Personen im Jahre 2016 bis Ende 2017 auf 112.100 ab. Die Beschäftigtenzahl im Bereich Offshore-Windkraft sank von 27.200 Personen auf 23.000. In nur einem Jahr sind in der Windindustrie*

---

[287] https://www.wind-consult.de/
[288] https://www.windguard.de/
[289] https://www.offshore-stiftung.de/
[290] https://www.welt.de/wirtschaft/article198299117/Windindustrie-In-einem-Jahr-26-000-Arbeitsplaetze-abgebaut.html

insgesamt 26.000 Arbeitsplätze abgebaut worden und damit mehr Mitarbeiter, als insgesamt in der Braunkohle beschäftigt sind«.

Schon im August 2018 die ersten Schlagzeilen: ***ENERCON streicht 835 Stellen bei Zulieferbetrieben***, die exklusiv für das Unternehmen produzieren[291] (Ostfriesenzeitung 23.08.2018) und **2019** weitere **3 000** Stellen[292].

Da ist es nur konsequent, die verfehlte Energiepolitik verantwortlich zu machen und die Politik um Unterstützung zu bitten[293]: *Die vom Jobabbau beim Windanlagenbauer Enercon betroffenen Mitarbeiter sollen sozial aufgefangen werden. Das kündigte Sachsen-Anhalts Arbeitsministerin Petra Grimm-Benne (SPD) im November 2019 an.*

Der dänische Windanlagenbauer **Vestas** will in seinem brandenburgischen Werk in Lauchhammer rund 500 Arbeitsplätze abbauen, wie das Handelsblatt am 27.09.2019 schrieb[294].

Auch **Nordex** plante schon 2017 den Abbau von 500 Stellen[295].

Die Windbranche hatte sich zu lange auf die hohen Subventionen verlassen. Die angestrebten Renditen für die Investoren von über 6% ließen sich nicht mehr realisieren. Folglich gingen die Investitionen zurück. Die von der Bundesnetzagentur ausgeschriebenen Parkleistungen konnten nur noch zu 50% platziert werden, und von denen wurden dann auch nur 50% kurzfristig realisiert.

Doch der nächste Schock kündigte sich schon an: *»Das 70.000-Tonnen-Problem der Energiewende«*, titelte Daniel Wetzel in der Welt vom 02.11.2019[296]. *»Laut der Studie des Umweltbundesamts fallen Tausende Tonnen Rotorblattschrott an, wenn in den nächsten Jahren immer mehr Windräder der ersten Generation das Ende ihrer 20- bis 30-jährigen Lebensdauer erreichen. Allein im Jahr 2021 sind es demnach mehr als 50.000 Tonnen sogenannte GFK-Verbundwerkstoffe. Bis zum Jahr 2038 kann der Abfallberg in der Spitze auf mehr als 70.000 Tonnen pro Jahr ansteigen. Das Umweltbundesamt fordert auch den Rückbau der Betonfundamente«.*

Und damit nicht genug: Die Betreiber der Windkraftanlagen legen offenbar auch nicht genug Geld zurück, um den ordnungsgemäßen Rückbau und das Recycling ihrer Altanlagen finanzieren zu können. Laut Studie zeigt sich, dass vor allem ab

---

[291] https://www.oz-online.de/-news/artikel/424786/Enercon-streicht-Stellen

[292] https://www.faz.net/aktuell/wirtschaft/unternehmen/windenergie-enercon-streicht-bis-zu-3000-stellen-16476087.html

[293] https://www.heise.de/newsticker/meldung/Enercon-Mitarbeiter-sollen-aufgefangen-werden-Standort-Magdeburg-bleibt-4589787.html

[294] https://www.handelsblatt.com/unternehmen/energie/energie-windanlagenbauer-vestas-streicht-500-jobs-in-deutschland/25062676.html?ticket=ST-2035765-7jIWJ6PfaZahuFdE2ddO-ap6

[295] https://www.windbranche.de/news/nachrichten/artikel-34398-nordex-streicht-bis-zu-500-stellen

[296] https://www.welt.de/wirtschaft/plus202835056/Windrad-Schrott-Das-70-000-Tonnen-Problem-der-Energiewende.html

Mitte 2020 erhebliche Finanzierungslücken abzusehen waren. Für das Jahr 2038 prognostiziert das Umweltbundesamt eine Lücke von 300 Millionen Euro.

Doch der BDEW ist da optimistisch[297]: ***Rückbau - alles gut geregelt!***

Das ist echte Planwirtschaft! Da wird eine Anschubfinanzierung beschlossen, um unser künftiges Energieversorgungsproblem zu lösen. Eine Branche explodiert förmlich. Bis zu 12% Rendite wurden zu Anfang erreicht, die Planzahlen wurden übererfüllt und alles jubelte. Und das Dank dem EEG, das eine bevorzugte Stromabnahme zu einem vertraglich fest gesicherten Abnahmepreis je kWh und für 20 Jahre garantierte. Und jetzt nach 20 Jahren? Die alten Anlagen sind ineffizient und nicht mehr wirtschaftlich zu betreiben. Ohne Subventionen geht halt nichts!! Deshalb ist Repowering angesagt. Die alten Anlagen werden durch neuere mit größeren Leistungen und höheren Türmen ersetzt. Das ist doch gut so: mit gleichem Platzbedarf werden weniger neue Anlagen jedoch mit einer wesentlich höheren Leistung aufgebaut! Und das Beste daran ist, die Anlagen sind wieder wirtschaftlich, denn jetzt beginnt eine neue Förderperiode mit bevorzugter Stromabnahme zu einem vertraglich gesicherten Abnahmepreis je kWh und das garantiert für weitere zwanzig Jahre. Damit kann man doch leben!! Unsere Stromversorgungssicherheit wird zwar immer weiter abgebaut, die konventionellen Kraftwerke werden immer unwirtschaftlicher, doch darüber wird nicht geredet sondern nur geklagt.

Allein 2020 sind in Niedersachsen alte Windkraftanlagen mit einer Leistung von 1 GW aus der EEG-Förderung herausgefallen, bundesweit geht es um knapp 4 GW. »Und mit Blick auf die Klimaziele 2030 sieht es noch dramatischer aus«, schlägt der niedersächsische Umweltminister Olaf Lies Alarm[298,299]: *»Wenn wir jetzt nicht handeln, verlieren wir bis 2030 in Niedersachsen fast 6 GW und bundesweit sogar über 24 GW an installierter Stromleistung«.* Das sind rund 50 Prozent der aktuell installierten Windenergieleistung, zu lesen auf dem Solarserver *«Das Internetportal für erneuerbare Energien«.*

Es muss an dieser Stelle jedoch die Frage erlaubt sein, ob es Ziel einer Förderung sein kann, nur mit Fördergeldern allein einen wirtschaftlichen Betrieb zu realisieren, denn die Konsequenzen der überzogenen Förderung und der überhöhten Strompreise werden dann sichtbar: *»Derweilen verabschiedet sich die Industrie*

---

[297] https://www.wind-energie.de/themen/anlagentechnik/rueckbau/
[298] https://www.ndr.de/nachrichten/niedersachsen/Lies-warnt-Tausende-Windraeder-vor-dem-Aus,windenergie606.html
[299] https://www.handelsblatt.com/politik/deutschland/windenergie-wir-steuern-auf-eine-katastrophe-zu-niedersachsen-warnt-vor-ende-der-windkraft-foerderung/26117352.html

und die dazu gehörige Infrastruktur leise weinend aus dem Land«, schrieb die Onlinezeitung achgut am 31.10.2018 im Artikel[300]: *GAU im Illusionsreaktor (2): Fröhlich in die Energie-Kulturrevolution.*

Und hier ein Überblick über

die aktuell abgebauten Stellen in Deutschland (lt. Google):

BASF 6.000, Bayer 12.000, BMW 10.000, Continental 15.000, Covestro 900, Siemens 2.400, Ford 5.000, Volkswagen 7.000, Thyssenkrupp 4.000, Kaufhof 2.600, Kuka 350, Sanofi 140, Deutsche Bank 18.000, WMF 400, Audi 13.500, Bosch 15.000, NordLB 2.400, Goodyear 1.100, Unicredit 2.500, Opel 2.000, Schaeffler 1.300, Airbus 1.100, Telekom 2.000 pro Jahr, EON 5.000, Merck 650, SAP 4.400, Commerzbank 4.300, Miele 770, Windindustrie 26.000. In Summe sind das 165 800 Arbeitsplätze.

8.3 Neue Arbeitsplätze durch Rückbau alter Windanlagen

Doch neue Probleme erfordern andere Problemlösungen und schaffen dadurch auch neue Arbeitsplätze. Alte Windanlagen, die aus der EEG-Förderung fallen, werden ab- und rückgebaut. Das Baugesetzbuch schreibt klipp und klar vor (§ 35,5), dass ungenutzte Kraftwerke nicht in der Landschaft herumstehen dürfen, sondern zurückzubauen sind und die Bodenversiegelungen beseitigt werden müssen.

Dazu musste sich der Investor verpflichten und dies auch finanziell absichern. Rund 20.000 Euro kostet der Abbau einer 1-MW-Anlage laut Bundesverband Windenergie. Der Bundesverband der Windenergie (BWE) bekräftigt: ***Rückbau - alles gut geregelt!***[301].

Die immissionsschutzrechtliche Genehmigung umfasst Bau und Errichtung wie auch den Betrieb der Windenergieanlage. Wird die Anlage nicht mehr zur Erzeugung von Strom genutzt, wird sie abgebaut, entsorgt, und das Grundstück muss in den ursprünglichen Zustand zurückversetzt werden. Die Bedingungen für den Rückbau werden in der Regel in der Baugenehmigung erwähnt und im Pachtvertrag geklärt.

Das »Zentrum für Ressourceneffizienz« des Vereins Deutscher Ingenieure (VDI) kommt zu dem Schluss, dass eine Gesamtanlage »zu 80 bis 90 Prozent recycelt« werden kann. Stahl und Kupfer fänden Abnehmer, der Beton aus dem Turm könne zerkleinert und weiterverwendet werden. Die Rotorblätter machen je nach Aufbau noch erhebliche Probleme. Ein echtes **Recycling der Rotorblätter** ist kaum möglich, denn sie sind aus Verbundwerkstoffen aufgebaut, beispielsweise

---

[300] https://www.achgut.com/artikel/gau_im_illusionsreaktor_2_froehlich_in_die_energie_kulturrevolution
[301] https://www.wind-energie.de/themen/anlagentechnik/rueckbau/

aus Glasfasermatten, die eine Innenlage aus Holz umhüllen. Eine Trennung der Schichten wäre aufwendig. »Rotorblätter auf Glasfaserbasis werden geschreddert und in einem speziellen Zementwerk verbrannt«, sagt Fraunhofer-Forscherin Seiler vom Fraunhofer-Institut für Chemische Technologie ICT, Pfinztal. So werde der hohe Brennwert für die energieintensive Zementherstellung genutzt. Die Asche wird dem Zement als Zusatz beigemengt[302].

Auch eine andere Entsorgung sei möglich, klärt Jan Oliver Löfken in Spiegel Wissenschaft auf: *Die Mehrzahl der abgebauten deutschen Anlagen, meist gut gewartet und mit teils reparierten Rotorblättern, sind in **Polen, Russland und ehemaligen GUS-Staaten** hoch begehrt. »Bei guter Pflege können Anlagen deutlich länger als 20 Jahre betrieben werden«, bestätigt Christian Schnibbe vom Unternehmen wpd, dem deutschen Marktführer unter den Windpark-Projektierern.*

Bei **Offshore-Windkraftanlagen** stellen sich die gleichen Fragen und Probleme, nur dass hier wegen des deutlich höheren Aufwands auch der **Rückbau viel teurer** ist. Die Kosten werden auf 2 bis 10 % der Investitionssumme geschätzt. Das Bundesamt für Seeschifffahrt und Hydrographie (BSH) erteilt Genehmigungen für Windparks im Meer nur, wenn eine ausreichend hohe Rückbau-Sicherung zur Verfügung steht. Bei einem Windpark mit 80 Anlagen seien dies durchschnittlich 50 Millionen Euro, erklärt Nico Nolte vom BSH.

9. Viele Forschungsinstitute leben nicht schlecht davon

Die freie Forschung geht durch »political correctness« verloren. »Wes Brot ich ess, des Lied ich sing«. Der Spruch stammt aus dem 30-jährigen Krieg und der Zeit der Verwerfungen, die die Reformation Luthers mit sich brachte. Bekannte sich der Landesherr, von denen es um das Jahr 1500 viele in Deutschland gab, zu den »Reformierten« oder auch mal wieder zurück zu den »Katholischen«, so hatten ihm die Landeskinder zu folgen und fortan das für diese Kirche geltende Gesangbuch zu verwenden, also die Lieder des Landesherrn (Brotgeber) zu singen. Diese Bedeutung hat die Kirche heute nicht mehr, an ihre Stelle sind die »Klimaprediger« getreten. Heute gibt es einen neuen Glauben: der Glaube, das Klima retten zu können, und das ist ja auch politisch gewollt. Der Glaube kann und muss nicht bewiesen werden, und deshalb verhält man sich, wie es das vorgenannte Sprichwort vorgibt.

Der Club of Rom kämpfte schon 1972 für eine nachhaltige Entwicklung und setzte sich für den Schutz von Ökosystemen ein. Mit dem 1972 veröffentlichten Bericht »Die Grenzen des Wachstums« erlangte der Club of Rom weltweite Beachtung.

---

[302] https://www.ict.fraunhofer.de/content/dam/ict/de/documents/medien/ue/UE_klw_Poster_Recycling_von_Windkraftanlagen.pdf

Prognostiziert wurde darin, dass durch das ungebremste Wachstum der Erdbevölkerung das Ende der Rohstoffvorkommen vor 2100 erreicht würde[303].

Auf der UN-Umweltkonferenz in Stockholm 1972 wurde die Verpflichtung zum Umweltschutz umfunktioniert zum Klimaschutz. Der damalige Generalsekretär Maurice Strong machte die Treibhausgase, die die reichen Industrieländer ausstoßen, für die Erderwärmung verantwortlich.

Allein mit freiwilligen Maßnahmen dieser Länder könne man aber den Planeten nicht retten, also musste ein anderer Druck aufgebaut werden.

Das Thema war etabliert. Die Begriffe ***Ökologischer Fußabdruck*** und ***Klimakatastrophe*** wurden definiert, die heute im Rahmen der CO_2-Diskussion eine bedeutende Rolle spielen und sogar in den EU-Ökodesign-Richtlinien wiederzufinden sind. Das musste nun wissenschaftlich untermauert werden.

9.1 *Intergovernmental Panel on Climate Change* (IPCC)

Die UN gründete 1988 den *Intergovernmental Panel on Climate Change (IPCC)*[304], ein von den Regierungen unabhängiges wissenschaftliches Gremium, in dem hunderte Wissenschaftler*innen aus der ganzen Welt mitwirken. Der Auftrag des IPCC besteht darin, weltweit den aktuellen Stand der Klimaforschung zusammenzutragen, zu bewerten und anhand anerkannter Veröffentlichungen den neuesten Kenntnisstand zum Klimawandel zu veröffentlichen. Mit den unumgänglichen Aktionen lässt sich nebenbei auch noch lohnend Geld verdienen.

Der IPCC bietet die Grundlagen für wissenschaftsbasierte Entscheidungen der Politik, ohne jedoch konkrete Lösungswege vorzuschlagen oder politische Handlungsempfehlungen zu geben. Mit über 10.000 Teilnehmern aus 178 Staaten wurde 1992 die »UN-Konferenz für Umwelt und Entwicklung«, der so genannte Erdgipfel in Rio de Janeiro, durchgeführt. Verabschiedet wurden dort fünf Dokumente einer »UN-Rahmenkonvention zum Klimawandel«. Die Unterzeichner verpflichteten sich darin, das Klima zu schützen. Die Produktion von Klimagasen sollte eingeschränkt werden. Explizit wurde eine Zielvorgabe definiert, nämlich die **wissenschaftliche Grundlage für die anthropogene** (durch den Menschen verursachte) **Klimaänderung** zu liefern. IPCC History and Mission[305]: *The Intergovernmental Panel on Climate Change (IPCC) was established in 1988 under the auspices of the United Nations Environment Programme and the World Meteorological Organization for the purpose of assessing »the scientific, technical and* ***socioeconomic information relevant for the understanding of the risk of human-***

---

[303] https://www.1000dokumente.de/index.html?c=dokument_de&dokument=0073_gwa&l=de
[304] https://www.ipcc.ch/
[305] https://www.ucsusa.org/resources/ipcc-who-are-they#.WfmReHaDOic

induced climate change. It does not carry out new research nor does it monitor climate-related data. It bases its assessment mainly on published and peer reviewed scientific technical literature«. The goal of these assessments is to inform international policy and negotiations on climate-related issues.

Die physikalische Grundlage lieferte dafür der schwedische Physiker und Chemiker **Svante Arrhenius.** Er veröffentlichte 1895 die ***Theorie zum Treibhauseffekt***: *»Kohlendioxid wirkt als Treibhausgas, indem es die von der Erdoberfläche kommende Wärmestrahlung absorbiert und teilweise wieder zurückstrahlt. Dadurch führt eine Erhöhung der CO_2-Konzentration zu einer Erwärmung der Oberfläche«.*

Klimaforscher nahmen diese Aussage zum Thema ihrer Forschungsaktivitäten, obwohl diese Theorie schon 1909 von Dr. Wilh. R. Eckardt. widerlegt wurde[306].

Prof. Dr. **Stephen Henry Schneider** war ein US-amerikanischer Plasmaphysiker und einer der international einflussreichsten Klimawissenschaftler seiner Zeit. Er war über 40 Jahre in der Klimaforschung tätig und hat über 450 wissenschaftliche Publikationen verfasst. Er gründete 1979 eine erste Fachzeitschrift, Climatic Change, und prognostizierte, dass eine Verdoppelung des CO_2-Gehalts in der Atmosphäre eine Erwärmung um 1,5°C bis 4,5°C zur Folge hätte[307].

Schon früh während seiner Karriere beschäftigte er sich mit der Frage, wie wissenschaftliche Erkenntnisse zum Klimawandel der Öffentlichkeit am besten vermittelt werden könnten. Er nahm die Empfehlung der Anthropologin Margareth Mead auf und sagte 1989: ***»Wir müssen Schrecken einjagen, Szenarien ankündigen, vereinfachende dramatische Statements machen und irgendwelche Zweifel, die wir haben mögen, nicht erwähnen«.*** Er war ein engagierter Befürworter von Maßnahmen zum Klimaschutz und eine Leitfigur in der politischen Kontroverse um die globale Erwärmung. Schneider war langjähriger Mitarbeiter des Weltklimarats (IPCC) und ab dem ersten Sachstandsbericht als Autor beteiligt. Er war von 1994 bis 1996 Leitautor in der Arbeitsgruppe I für den zweiten Sachstandsbericht sowie von 1997 bis 2001 koordinierender Leitautor der Arbeitsgruppe II für den dritten Sachstandsbericht. Auch am vierten Sachstandsbericht war er als koordinierender Leitautor der Arbeitsgruppe II sowie an der Erstellung des zusammenfassenden Berichts (*Synthesis Report*) beteiligt.

Der amerikanische Geophysiker und Klimatologe **Raymond Thomas Pierrehumbert** lehrt und forscht seit 2015 an der University of Oxford, nachdem er zuvor

---

[306] https://klimakatastrophe.wordpress.com/2008/10/29/svante-arrhenius-theorie-zum-treibhauseffekt-wurde-schon-vor-100-jahren-in-frage-gestellt/
[307] https://news.stanford.edu/news/2010/july/schneider-071910.html

über 25 Jahre an der University of Chicago tätig gewesen war. Er befasst sich vorrangig mit den physikalischen Grundlagen klimatischer Prozesse auf Planeten, sowohl innerhalb des Sonnensystems als auch auf Exoplaneten. Zudem zählt er zu den führenden Klimaforschern in Fragen der globalen Erwärmung und war maßgeblich am dritten Sachstandsbericht des Intergovernmental Panel on Climate Change (IPCC) beteiligt[308].

Er ist einer der maßgebenden Wissenschaftler im Bereich der globalen Erwärmung der Erdatmosphäre. In der Veröffentlichung *Infrarot-Strahlung und planetarische Temperatur* aus dem Jahr 2011 schreibt er (siehe kommentierte Rohübersetzung von Dipl.-Physiker Jochen Ebel [*Seite 19*] [309].

Der CO_2-Treibhauseffekt ist direkt sichtbar bei Satellitenbeobachtungen mit dem herausgenommenen Graben im IR-Spektrum in der Nähe von 667 cm, ein Merkmal, dessen Details genau mit den Ergebnissen der Berechnungen auf dem Grundprinzip der Strahlungstransportberechnungen übereinstimmen...

*Die genaue Größe der resultierenden Erwärmung **hängt von** der ganz gut bekannten **Größe an Verstärkung durch Wasserdampf-Feedbacks** und **von der Größe des weniger gut bekannten Wolke-Feedbacks ab. Tatsächlich gibt es Unsicherheiten in der Größenordnung und den Auswirkungen der anthropogenen globalen Erwärmung**, aber die grundlegende Physik des Strahlungsantriebs des anthropogenen Treibhauseffekts ist unangreifbar.«*

Zweifel wurden nur kurz angedeutet, aber nicht zugelassen. Somit wurde CO_2 als Ursache des Treibhauseffekts festgeschrieben und das Forschungsziel eindeutig vorgegeben. Der mögliche Einfluss von Methan (CH_4) spielte dabei auch keine Rolle mehr. Es sollte nicht um alternative Begründungen für mögliche Ursachen des Klimawandels gehen, **sondern, wie es in den Gründungsprotokollen steht, es sollte begründet werden, dass der Mensch dafür verantwortlich ist.** So konnten alle Forscher und ihre Forschungsanträge, die den Einfluss der Sonne auf das Klima untersuchen wollten, sofort abgelehnt werden. Ein wissenschaftlicher Nachweis für die anthropogene Ursache konnte bisher nicht erbracht werden. Es werden nur Simulationsergebnisse, die eine gewisse Wahrscheinlichkeit prognostizieren, genannt. Zunehmend finden sich aber Veröffentlichungen, die erhebliche Zweifel anmelden[310].

Auch die Veröffentlichung im Januar 2009 von Prof. Dr. Gerhard Gerlich »The Atmospheric CO2 Greenhouse Effects Within The Frame Of Physics« wurde trotz

---

[308] https://www2.physics.ox.ac.uk/contacts/people/pierrehumbert
[309] http://www.ing-buero-ebel.de/Treib/Pierrehumbert.pdf
[310] https://www.welt.de/debatte/kommentare/article13466483/Die-CO2-Theorie-ist-nur-geniale-Propaganda.html

statistischer thermodynamischer Berechnungen als nicht wissenschaftlich abgewertet, weil angeblich grundlegende Strahlungstheorien nicht beachtet wurden. *»Deshalb wurde sie in keiner einzigen uns bekannten Veröffentlichung der IPCC-kritischen Klimaexperten erwähnt oder gar zitiert«*, sagte der Physiker Horst-Joachim Lüdecke[311,312].

Der dänische Physiker Hendrik Svensmark war von 1988 bis 1993 an der University of California, Berkeley, am Nordic Institute of Theoretical Physics und am Niels-Bohr-Institut tätig. Svensmark wurde zusammen mit Eigil Friis-Christensen 1997 durch eine Arbeit über den Zusammenhang zwischen kosmischer Strahlung und Klimaveränderung bekannt. Untersucht wurde die Korrelation zwischen kosmischen Strahlen und Wolkenbildung in der unteren Atmosphäre sowie zwischen Sonnenaktivität und kosmischer Strahlung. Die Forscher konnten einen Zusammenhang zwischen der Sonnenaktivität und den Klimaänderungen experimentell, nicht jedoch eine anthropogene Beeinflussung nachweisen[313].

Damit war Svensmark nicht im IPCC willkommen; er wurde ausgegrenzt, ja sogar diffamiert.

Stolz wird argumentiert, dass 97% aller Klimaforscher den anthropogenen Einfluss des Menschen für den Klimawandel verantwortlich machen[314,315]. Die Zahl der 97-prozentigen Einigkeit resultiert aus einer Metastudie aus dem Jahr 2013 und wird seitdem als Wahrheit präsentiert. In dieser Metastudie hat John Cook 11.944 Forschungsarbeiten zu den Themen Klima und Umwelt darauf untersucht, **ob die Autoren dem Menschen die Schuld am Klimawandel geben oder nicht.**

Er ging folgendermaßen vor: *Für die Einordnung der zu untersuchenden Veröffentlichungen unterteilte Cook sieben Kategorien.*

Einzelne Arbeiten werden doppelt gezählt, weil sie sich inhaltlich mit mehreren Kategorien überschneiden.

Kategorie 1	der Mensch zu über 50 Prozent für den Klimawandel verantwortlich	*64 Arbeiten, 0,54%*
Kategorie 2	machte zwar den Menschen verantwortlich, legte sich aber nicht darauf fest, wie stark der Mensch das Klima beeinflusst	922 Arbeiten, 7,72%.
Kategorie 3	machte den Menschen geringfügig verantwortlich	2.910 Arbeiten, 24,36%
Kategorie 4	äußerte sich **nicht** zum menschlichen Einfluss auf das Klima, wurde nicht gezählt	7.970 Arbeiten, 66,73%

[311] https://arxiv.org/PS_cache/arxiv/pdf/0707/0707.1161v4.pdf
[312] https://rlrational.wordpress.com/2010/04/11/widerlegung-zur-veroffentlichung-von-gerlich-und-tscheuschner/
[313] https://principia-scientific.org/strong-evidence-that-svensmark-s-solar-cosmic-ray-theory-of-climate-is-correct/
[314] https://www.anti-spiegel.ru/2020/menschengemachter-klimawandel-wie-einig-ist-sich-die-wissenschaft-wirklich/
[315] https://www.anti-spiegel.ru/2020/klimawandel-die-97-einigkeit-unter-wissenschaftlern-die-es-nie-gegeben-hat/

Kategorie 5	sprach sich eher gegen den menschlichen Einfluss aus	54 Arbeiten, 0,45%
Kategorie 6	sprach sich etwas deutlicher gegen den menschlichen Einfluss aus	15 Arbeiten, 0,13%
Kategorie 7	sprach sich gegen den menschlichen Einfluss aus und sagte, der menschliche Einfluss liege bei weniger als 50 Prozent	9 Arbeiten, 0,08%

Damit bleiben also 3896 Arbeiten aus insgesamt 4014 Arbeiten, die den anthropogenen Einfluss nicht ausschließen; das ergibt 97 Prozent.

Auch Prof. Schellnhuber, ehemaliger Leiter des Potsdamer Instituts für Klimafolgenforschung, antwortete am 16. März 2017 schriftlich auf meine Frage, ob an seinem Institut Klimavorhersagen gemacht würden. Zitat: *»Streng genommen machen wir am Potsdam-Institut für Klimafolgenforschung natürlich keine Klima-Vorhersagen. Was wir leisten können, sind Prognosen bzw. Wenn-dann Aussagen basierend auf Szenarien. Einfach gesagt, würde dies zum Beispiel bedeuten, dass, wenn der CO_2-Ausstoß weiter so ansteigt wie bisher (sogenanntes Weiter-wie-bisher-Szenario, entspricht RCP8.5), dann erhalten wir eine globale Erwärmung von 4 bis 5 °C bis zum Ende des Jahrhunderts.«*

Und sein Nachfolger Prof. Edenhofer antwortete nach einem Vortrag unter sechs Augen auf die Frage, was er denn mache, wenn sich herausstellt, dass CO_2 nicht die Hauptursache für die Erderwärmung ist: ***Dann müssen wir halt unsere Modelle ändern!!***

Die Simulationsergebnisse können nicht die Entwicklung der letzten 100 Jahre abbilden.

Neue Simulationen werden neu interpretiert, wie Prof. Marotzke, Direktor des Hamburger Max-Planck-Instituts für Meteorologie im Spiegel vom 18. November 2018 freudig erklärte[316]: ***Unerwarteter Zeitgewinn im Klima-Szenario: »Unsere Galgenfrist verlängert sich um rund zehn Jahre***. *Damit haben wir mehr Zeit zur Dekarbonisierung, unsere früheren Klimamodelle waren zu empfindlich!«*

Simulationsergebnisse ermöglichen jede gewollte Manipulation, man muss nur die gewünschten Modelle benutzen.

So lassen sich immer wieder neue Schlagzeile definieren!

9.2 Agora Energiewende

Nach Verabschiedung des geänderten Atomgesetzes war das Aus der Kernkraftwerke spätestens bis 2022 beschlossen. Als Ersatz für die Kernkraftwerke sollten die regenerativen Energiequellen ausgebaut werden. Zur Unterstützung und zur

---

[316] https://www.spiegel.de/wissenschaft/klimawandel-galgenfrist-verlaengert-a-00000000-0002-0001-0000-000159786817

öffentlichen Förderung dieser Aufgabe wurde 2012 von der privaten Stiftung Mercator[317] des Handelskonzerns Metro und der European Climate Foundation (sie firmiert unter *Europe Plattform (SEFEP) gGmbH Smart Energy for Europe* in Berlin) die Berliner Denkfabrik **Agora Energiewende** gegründet[318]

Agora Energiewende beschreibt ihre Vision und Mission im Internet:

Wie gelingt uns die Energiewende? Welche konkreten Gesetze, Vorgaben und Maßnahmen sind notwendig, um die Energiewende zum Erfolg zu führen? Agora Energiewende will den Boden bereiten, damit Deutschland in den kommenden Jahren die Weichen richtig stellt. Wir verstehen uns als Denk- und Politiklabor, in dessen Mittelpunkt der Dialog mit den relevanten energiepolitischen Akteuren steht.

Bis zum 8. Januar 2014 war der Diplom-Volkswirt **Rainer Baake** Direktor der Agora Energiewende. 1991 wurde er von Joschka Fischer zum Staatssekretär ins Hessische Umweltministerium berufen. Von 1998 bis 2005 war Baake beamteter Staatssekretär im Bundesumweltministerium unter Jürgen Trittin. In dieser Zeit hatte er die Verantwortung für die umweltpolitischen Großbaustellen der damaligen Bundesregierung: Atomausstieg, Erneuerbare-Energien-Gesetz (EEG), Emissionshandel und Kyoto-Protokoll. Von 2006 bis 2012 war Baake Bundesgeschäftsführer der Deutschen Umwelthilfe und beschäftigte sich dort schwerpunktmäßig mit Klima- und Energiefragen. In dieser Funktion baute er Agora Energiewende auf, bis er Anfang 2014 vom Bundespräsidenten auf Vorschlag der Bundesregierung zum Staatsekretär im Bundesministerium für Wirtschaft und Energie berufen wurde. Im März 2018, nach Bildung einer erneuten großen Koalition, erklärte Baake seinen Rücktritt.

Sein Nachfolger als Direktor der Agora Energiewende wurde Dr. **Patrick Graichen**, der ideologisch auf gleicher Linie liegt. Graichen studierte Volkswirtschaftslehre und Politikwissenschaft und promovierte am Interdisziplinären Institut für Umweltökonomie der Universität Heidelberg über kommunale Energiepolitik.

Dr. Patrick Graichen war schon als stellvertretender Direktor unter Rainer Baake tätig. Von 2001 bis 2012 arbeitete er im Bundesumweltministerium – zunächst im Bereich der internationalen Klimapolitik, von 2004 bis 2006 als Persönlicher Referent des Staatssekretärs und ab 2007 als Referatsleiter für Energie- und Klimapolitik.

In dieser Zeit hat er unter anderem die Ausgestaltung der ökonomischen Instrumente des Kyoto-Protokolls, das Integrierte Energie- und Klimaprogramm der

---

[317] https://de.wikipedia.org/wiki/Stiftung_Mercator
[318] https://www.agora-energiewende.de/

Bundesregierung von 2007, das EU-Klima- und Energiepaket 2008 und die Gesetzgebungsverfahren im Bereich des Energiewirtschaftsrechts federführend verhandelt. Das Bundesumweltministerium hat Patrick Graichen für seine Tätigkeit bei Agora Energiewende beurlaubt.

Agora Energiewende ist ein Institut mit klar definierter Ausrichtung, wie es der Selbstbeschreibung zu entnehmen ist: ***Förderung einer Klima- und Energiepolitik, die die europäischen Treibhausgasemissionen deutlich senkt.***

Und weiter definiert sie im Internet ihre Arbeitsziele wie folgt. Zitat[319]:

Agora Energiewende erarbeitet wissenschaftlich fundierte und politisch umsetzbare Wege, ***damit die Energiewende gelingt. Wir verstehen uns als Denk- und Politiklabor, in dessen Mittelpunkt der Dialog mit den energiepolitischen Akteuren steht.***

Agora Energiewende will den Boden bereiten, damit in den kommenden Jahren in Deutschland die richtigen energiepolitischen Weichenstellungen erfolgen. Im Mittelpunkt der Arbeit steht daher der Dialog mit wichtigen energiepolitischen Akteuren darüber, wie die zentralen Ziele der Energiewende erreicht werden können.

Ausgewählte politische Entscheidungsträger aus Bund und Ländern, strategische Köpfe aus Wirtschaft und Zivilgesellschaft, Wissenschaftler sowie weitere Multiplikatoren kommen regelmäßig als Rat der Agora zusammen.

Fakten werden entsprechend interpretiert, wie in der veröffentlichten Analyse von Agora zur Energiewende im Stromsektor für 2015 nachgelesen werden kann[320].

Dort wird der erhöhte Stromexport in 2015 mit 60,9 Terawattstunden als Erfolg der erneuerbaren Energien gefeiert. Verschwiegen wird dabei, dass ein großer Teil dieses Exports zu minimalen Preisen, verschenkt oder sogar mit negativen Strompreisen zur Stabilisierung des Stromnetzes ins Ausland abgegeben werden musste.

Bemängelt wird in der gleichen Veröffentlichung auch der hohe Anteil des in Kohlekraftwerken erzeugten Stroms. **Es wird nicht darauf hingewiesen**, dass für die Bereitstellung der konstanten Netzfrequenz von 50 Hz der Betrieb dieser Grundlastkraftwerke zwingend erforderlich ist und auch bei 100-prozentiger Abdeckung mit regenerativem Strom zusätzlich über 30% in konventionellen Kraftwerken erzeugter Strom für die Netzstabilität erforderlich sind.

Auch Rainer Baake scheute sich nicht, in seiner Veröffentlichung in *Die Zeit* vom 12. Dezember 2014 unter dem Titel »Saubere Wende« Fakten zu verdrehen[321].

---

[319] https://www.agora-energiewende.de/ueber-uns/
[320] https://www.wind-energie.de/presse/meldungen/detail/agora-veroeffentlicht-analyse-zur-energiewende-im-stromsektor-fuer-2015/
[321] https://www.zeit.de/zustimmung?url=https%3A%2F%2Fwww.zeit.de%2F2014%2F51%2Fenergiewende-klimawandel

So behauptete er, dass trotz Zuwächsen der regenerativen Energien (Zitat) *»die Stromproduktion aus fossilen Kraftwerken in Deutschland auf gleichem Niveau verblieb«*. Seine Begründung: *»Den Betreibern von Kohlekraftwerken gelang es in den vergangenen Jahren, immer größere Strommengen ins Ausland **zu verkaufen**.«* Baake erwähnte nicht, dass zur Aufrechterhaltung der Netzstabilität die konventionellen Kraftwerke ca. 30% des Leistungsbedarfs einspeisen müssen, und darum in vielen Fällen die dann überschüssige Energie aus regenerativen Quellen mit negativen Strompreisen entsorgt werden musste.

Der Volkswirt Jochen *Flasbarth* (SPD) ist seit 2013 Staatssekretär im Bundesministerium für Umwelt, Naturschutz, Bau und Reaktorsicherheit. In einem Interview am 3. April 2019 wurde ihm die Frage gestellt, welche Energieform nach der Abschaltung der Kohle- und Kernkraftwerke die Grundlast sichern bzw. diese Kraftwerke ersetzen solle. Flasbarth antwortete[322]: *»Grundlast wird es im klassischen Sinne nicht mehr geben. Wir werden ein System von Erneuerbaren, Speichern, intelligenten Netzen und Lastmanagement haben.«*

Eine gesicherte Stromversorgung ist jedoch ohne eine garantierte Grundlast nicht realisierbar. Flasbarths Erfahrungen gründen sich auf verschiedene Positionen, die er als Natur- und Umweltschützer aktiv besetzte. 2003 wurde er vom damaligen Bundesumweltminister Jürgen Trittin zum Abteilungsleiter *Naturschutz und nachhaltige Naturnutzung* in das BMUB berufen. In dieser Funktion war er wesentlich an der Vorbereitung von COP 9 (Conference of the Parties) der Biodiversitätskonvention 2008 in Bonn beteiligt. Im August 2009 wurde er Präsident des Umweltbundesamts und 2013 als beamteter Staatssekretär in das BMUB berufen. Bei den Klimaverhandlungen 2015 in Paris war er neben Bundesministerin Barbara Hendricks der wichtigste deutsche Unterhändler zur Erzielung eines relevanten Klimaabkommens.

Agora Energiewende bezeichnet sich selbstbewusst als wichtigstes Beratungsinstitut, das auf ***wissenschaftlich fundierten*** Erkenntnissen das Bundeswirtschaftsministerium informiert und somit die Richtung der Energiepolitik und deren Gesetze vorbestimmt. Den Abgeordneten bleibt mangels fachlicher Kompetenz und aufgrund des imperativen Mandats, bei dem die Abgeordneten an inhaltliche Vorgaben ihrer Fraktion gebunden sind, nur das Durchwinken der Gesetzesvorlagen.

Das ist die Praxis: Agora definiert Forschungsziele, schreibt diese aus und wählt die dann geeigneten Forschungsinstitute für die Bearbeitung aus.

---

[322] https://www.tichyseinblick.de/kolumnen/lichtblicke-kolumnen/energiewender-flasbarth-erklaert-energiewende/

9.3 Agora Verkehrswende

Agora Verkehrswende wurde im Juli 2016 nach dem Vorbild Agora Energiewende von der privaten Stiftung Mercator und der European Climate Foundation gegründet[323]. Unter dem Motto »*Eine erfolgreiche Energiewende braucht ein klimafreundliches Verkehrssystem*« sollen »*die notwendigen Grundlagen für eine umfassende Klimaschutzstrategie für den Verkehrssektor in Deutschland bis hin zu seiner vollständigen Dekarbonisierung bis 2050 erarbeitet werden*«[324].

Die European Climate Foundation (ECF) finanziert vor allem die Entwicklung wirksamer Klimapolitik. Direktor der Agora Verkehrswende ist **Christian Hochfeld**, der nun die Debatte über eine klimagerechte Verkehrswende vorantreiben soll. Christian Hochfeld leitete bei der Deutschen Gesellschaft für Internationale Zusammenarbeit (GIZ) das Programm für Nachhaltigen Verkehr in China, bevor er im Februar 2016 Geschäftsführer der Agora Verkehrswende wurde. Von 2004 bis 2010 war er Mitglied der Geschäftsführung des Öko-Instituts e. V., Institut für angewandte Ökologie, davor seit 1996 wissenschaftlicher Mitarbeiter am gleichen Institut. Seit 2015 ist er Mitglied des Internationalen Beirats der chinesischen Plattform Elektromobilität (China EV100). Er postuliert: »*Die direkte Stromnutzung in batterieelektrischen Fahrzeugen für den Straßenverkehr ist nicht nur die energieeffizienteste Option, sondern auch die volkswirtschaftlich günstigste Variante der Dekarbonisierung. Sinkende Batteriekosten und steigende Reichweiten sollen die Elektromobilität attraktiv machen.*« Im Zentrum dieser Klimaschutzstrategie steht die Umstellung des gesamten Verkehrssystems von fossilen Kraftstoffen auf Strom oder auf Kraftstoffe aus erneuerbaren Energien. Die Verkehrswende schließt die Effizienzsteigerung im gesamten Verkehrssystem ein, durch Vermeidung unnötiger Verkehre, die Verlagerung auf umweltfreundliche Verkehrsträger sowie Verbesserungen bei den einzelnen Verkehrsträgern. Die klimafreundliche Entwicklung des Stadtverkehrs wird als ein zentraler Baustein des notwendigen Wandels verstanden. Das Ende des Verbrennungsmotors wird schon zum Jahr 2030 angestrebt.

Unterschiedliche Themen werden behandelt und mit Studien veröffentlicht, u.a. zu *Stadtverkehr, Neue Mobilität, Elektromobilität & Fahrzeugtechnik, Kraftstoffe, Fuß- und Radverkehr, Ländlicher Verkehr, Güter Verkehr, Infrastruktur und Sektorkopplung.* Auch Projekte *wie Chancen und Risiken des automatisierten Fahrens, Ladeinfrastruktur in Städten oder Int-E-Grid – Elektromobilität und Stromnetz in Polen und Deutschland* werden bearbeitet.

---

[323] https://www.agora-verkehrswende.de/ueber-uns/agora-verkehrswende/
[324] https://www.agora-verkehrswende.de/fileadmin/Projekte/2017/12_Thesen/Agora-Verkehrswende-12-Thesen-Kurzfassung_WEB.pdf

10. Umsetzung der politisch vorgegebenen Ziele

10.1 Klare Vorgabe

Das Klima muss gerettet werden. Die Begründung dafür liefern der IPCC und die sich darin engagierenden Wissenschaftler. CO_2 als Ursache der möglichen Erderwärmung wird als gesichert vorausgesetzt. Damit ist die eigentliche Zielvorgabe klar definiert: Vollständige Dekarbonisierung der Energieversorgung, was Verzicht auf jegliche Verbrennung kohlenstoffhaltiger Energieträger, Öl, Kohle, Erdgas heißt. Regierung und Ministerien suchen Unterstützer und gründen neue Stiftungen, Vereine und Institute.

10.2 Aufbau - Entwicklung der wissenschaftlichen Institutionen

Neben den zahlreichen Neugründungen von Instituten und Stiftungen, die durch ihre Forschung zur Klimarettung beitragen wollen, ändern sich auch die Arbeitsschwerpunkte in den schon bestehenden wissenschaftlichen Einrichtungen.

Tabelle 12 stellt eine Übersicht der politisch initiierten Einrichtungen zusammen. Der rechtliche Rahmen wird politisch durch Gesetze, Richtlinien und Verordnungen vorgegeben und medial verstärkt.

Tabelle 13 zeigt die Stiftungen, Vereine und Institute, die nach 1988 gegründet wurden, um das Klima zu retten. Eine gesicherte Finanzierung garantieren ihre politischen Auftraggeber, die natürlich dann auch ihrem Wunsch entsprechend bedient werden wollen.

Ab 1998 erhöhte sich die Anzahl auf 18 Neugründungen, alle mit dem Ziel, das Klima zu retten, die Umsetzung der Energiewende zu unterstützen und die Regierung bei diesen Themen zu beraten.

Dazu wurden und werden Studien und Gutachten nach Wunsch erstellt, um so die wissenschaftliche Grundlage darzustellen.

Auch werden kostenlose Lehrmaterialien entwickelt und kostenlos an Lehrer und Schüler verteilt. Das befördert dann auch die öffentliche Meinung im positiven Sinn.

Gründung Ort	Name	Selbstdarstellung - Zieldefinition
1971/1986 Berlin	Sachverständigenrat Umweltfragen (SRU)	Beratung der Bundesregierung in Sachen Umweltpolitik, unabhängig, interdisziplinär. Bestimmt selbst die Themen.
1974 Dessau-Roßlau	Umweltbundesamt (UBA)	**Deutschlands zentrale Umweltbehörde,** Themenpalette reicht von der Abfallvermeidung über den Klimaschutz bis zu Pflanzenschutzmitteln.
1974 Paris	internationale Energieagentur (IEA)	Erforschung, Entwicklung, Markteinführung und Anwendung von Energietechnologien.
1975 Radolfzell	Deutsche Umwelthilfe (DUH)	**Kämpft für den Klimaschutz, Reduktion der** Treibhausgase, Ausstieg aus der Kohle - nicht nur aus Klimaschutzgründen
1990 Osnabrück	Deutsche Bundesstiftung Umwelt (DBU)	Schutz der Umwelt, ökologische, ökonomische, soziale und kulturelle Projekte, definiert auszuschreibende Förderthemen, z.B. Parlamentarier Netzwerk für erneuerbare Energie, Förderzeitraum ab Mai 2018, Dauer 2 Jahre.
1992 Berlin	Beirat globale Umweltveränderung (WBGU)	Politikberatung zum Globalen Wandel, besonders beim Klimawandel
2000 Berlin	Deutsche Energieagentur (dena)	Das Kompetenzzentrum für Energieeffizienz, erneuerbare Energien und intelligente Energiesysteme, als »Agentur für angewandte Energiewende« trägt es zum Erreichen der energie- und klimapolitischen Ziele der Bundesregierung bei.
2012 Berlin	Agora Energiewende	Herausforderungen der Energiewende anpacken, Orientierung an den Klima- und Energiezielen der Bundesregierung und der Europäischen Union, die selbst mit definiert wurden.
2016 Berlin	Agora Verkehrswende	Will zusammen mit Akteuren aus Politik, Wirtschaft, Wissenschaft und Zivilgesellschaft bis 2050 eine vollständige Dekarbonisierung des Verkehrssektor erreichen.
August 2020 Berlin	Expertenrat für Klimafragen	Das Bundeskabinett hat fünf WissenschaftlerInnen in den Expertenrat für Klimafragen berufen. Er unterstützt die Bundesregierung bei der Anwendung des Bundesklimaschutzgesetzes.

Tabelle 12.   Neugründungen nach 1971 zur Unterstützung der politischen Arbeit

Das Bundesministerium **für Umwelt**, Naturschutz und nukleare Sicherheit (BMU), das **Umweltbundesamt** (UBA), das Bundesministerium für Bildung und Forschung (BMBF), das **Bundesministerium für Verkehr** und digitale Infrastruktur (BMVI), das **Bundesministerium für Wirtschaft** und Energie (kurz BMWi) und das **Bundesministerium für Arbeit und Soziales** (BMAS), alle diese Ministerien lassen sich von den einzelnen Instituten zuarbeiten für die Themen Klimawandel, Energiewende und Elektromobilität und vergeben entsprechende Aufträge für Gutachten und Studien. Gleichzeitig sind sie in den entsprechenden wissenschaftlichen Beiräten vertreten und können so direkt Einfluss nehmen.

Gründung	Name	Selbstdarstellung - Zieldefinition
1991 Bonn	Germanwatch Verein	Setzt sich für globale Gerechtigkeit und den Erhalt der Lebensgrundlagen ein. *»Gemeinsam schaffen wir eine globale Klimagerechtigkeit!«*, unterstützt die Musterklage eines mexikanischen Bauern gegen RWE-Kohlekraftwerke
1997 Berlin	Heinrich Böll Stiftung	grüne politische Stiftung, aus dem *Stiftungsverband »Regenbogen«*
2001 Berlin	Weltrat erneuerbare Energien, gegr. von H. Scheer	weltweite unabhängige Organisation als Stimme für die Erneuerbaren Energien.
2006 Karlsruhe	**iRees** - das Institut für Ressourceneffizienz und Energiestrategien	dem Klimaschutz und der Ressourcenschonung verpflichtet, Ziel: nachhaltiger Energie- und Ressourcennutzung.
2007 Berlin	Klima Allianz Deutschland	Bündnis zivilgesellschaftlicher Organisationen für Klimaschutz, strebt Vermeidung der Treibhausgasemissionen an.
2007 Karlsruhe	Energie und Klimaschutz Baden-Württemberg	Zusammenhänge zwischen Energiewirtschaft und Klimaschutz beleuchten.
2009 Potsdam	Institute for Advanced Sustainability Studies (IASS), Gründung als Initiative der Bundesregierung, des Landes Brandenburg und der Forschungsorganisationen der Wissenschaftsallianz	Förderung von Wissenschaft und Forschung zur globalen Nachhaltigkeit im Bereich Klimawandel und nachhaltiger Entwicklung mit dem Ziel, gesellschaftliche Wandlungsprozesse zur nachhaltigen Gesellschaftsentwicklung aufzuzeigen, zu befördern und zu gestalten.
2009 Bremerhaven	Deutsche Klimastiftung Bremerhaven	setzt sich für den Klimaschutz ein, informiert über den Klimawandel.
2009 Bonn	International Renewable Energy Agency (IRENA)	Regierungsorganisation für *erneuerbare Energien* im weltweiten Ausbau.
2010 Berlin	IKEM, gemn. Verein, unabh. An-Institut, UNI Greifswald	analysieren, bewerten, entwickeln Strategien zur Reduzierung Treibhausgas-Emissionen.
2012 Berlin	2-Grad Unternehmerstiftung	Stiftung, die sich für langfristiges Engagement im Klimaschutz engagiert. Ziel ist es, die durchschnittliche globale Erderwärmung auf unter 2° C zu beschränken.

Tabelle 13.   Neugründungen der Stiftungen, Vereine und Institute nach 1988

10.3 Und die Wissenschaft macht auch mit

Das Prinzip der Wissenschaft besteht darin, auf wissenschaftlicher Basis reproduzierbare (wiederholbare) und verifizierbare (überprüfbare) Ergebnisse zur Beschreibung von beobachtbaren Naturereignissen zu erhalten. Die Ergebnisse müssen erst von einer breiten wissenschaftlichen Gemeinde nachvollzogen, anerkannt und gesichert sein, bevor daraus eine Theorie abgeleitet wird. Ja, das war einmal! Heute werden *wissenschaftliche* Erkenntnisse politisch und ideologisch instrumentalisiert, und Wissenschaftler stehen zunehmend unter Druck!

Karl R. **Popper** schreibt in seinem Buch »Auf der Suche nach einer besseren Welt« auf Seite 50:
Wissenschaft ist Wahrheitssuche, *und es ist durchaus möglich, dass manche unserer Theorien in der Tat wahr sind. Aber auch wenn sie wahr sind, so können wir das niemals sicher wissen.*

Diese Einsicht hatten schon die alten Griechen mit der Platonischen Akademie 500 Jahre vor Christi Geburt. Sie organisierten eine Form des wissenschaftsähnlichen Lehrbetriebs, die unsere wissenschaftliche Entwicklung entscheidend geprägt hat.

Alle folgenden anerkannten Philosophen verstärkten diese Grundauffassung.

René **Descartes** formulierte um 1620 in seinen *Regeln zur Ausrichtung* der Erkenntniskraft:

Es muss das Ziel der wissenschaftlichen Studien sein, die Erkenntniskraft darauf auszurichten, dass sie über alles, was vorkommt, ***unerschütterliche und wahre Urteile herausbringt.***

Auch **Kant** wendet sich mit seinem kritischen Denkansatz *»Habe Mut, dich deines eigenen Verstandes zu bedienen«* gegen unbewiesene Weissagungen, wie sie von religiösen Propheten und schon damals auch von Politikern gemacht wurden. Er sagte:

»Ich kann, weil ich will, was ich muss«, und kritisch zu wissenschaftlichen Erkenntnissen:

»Wenn die Wissenschaft ihren Kreis durchlaufen hat, so gelangt sie natürlicher Weise zu dem Punkte eines bescheidenen Misstrauens«,

Im Hinblick auf die Zukunft der Wissenschaft sagte **Popper** 1975 in einem Vortrag »Wissenschaft und Kritik« zum 30. Geburtstag des Europäischen Forum Alpbach: *»Ich sehe in den neuen gigantischen Organisationen der wissenschaftlichen Forschung eine ernste Gefahr für die Wissenschaft«.*

Auch Carl Friederich v. **Weizsäcker** äußerte sich 1978 in seinem Buch »Deutlichkeit« auf Seite 37 dazu: *»Wissenschaftliche Wahrheit wird im Gespräch gefunden, sie wird im Meinungsstreit erprobt. Die moderne Wissenschaft verdankt ihren Fortschritt dem Prinzip der Öffentlichkeit, der Freilegung jedes Ereignisses für die Widerlegungsversuche durch die anderen Forscher. Politische Einsicht ist zugleich kontrovers, denn sie ist zugleich Instrument des Machtkampfs«.* Weiter führt er auf Seite 46 aus, *dass die Gemeinschaft der Wissenschaftler nicht eine Gemeinschaft der fraglosen Wissenden sondern eine Gemeinschaft der in Wahrheit suchenden, einander kritisch Verbundener ist.*

Carl Friederich v. **Weizsäcker** weist aber auch auf Seite 59 darauf hin, *dass in großen Firmen und staatlichen Administrationen und Forschungszentren selbstverständlich nicht die volle Äußerungsfreiheit herrscht. Nicht nur im sozialistischen, sondern auch in unserem liberalen System gilt, dass man sich seine Karriere leichter macht, wenn man privat und öffentlich das sagt, was die Vorgesetzten privat und öffentlich hören wollen.*

Und auf Seite 163 definiert er die Macht der Wissenschaft:
»Die Wissenschaft stellt Gesetzeshypothesen auf und testet sie durch ihre Fähigkeit der Vorhersage. Wer aber Gesetze kennt, die Ereignisse von Experimenten vorherzusagen gestatten, der kann selbst Zukunft gestalten; er hat Macht!«

Bundespräsident Frank-Walter **Steinmeier** (SPD) sieht eine
»tödliche Gefahr für unser politisches Gemeinwesen« darin, dass in der Öffentlichkeit *»eine immer aggressivere Abneigung gegen Fakten zu beobachten«* sei[325].

Er hält es für überlebenswichtig für unsere demokratische Gesellschaft, dass *»Debatten auf der Grundlage von Fakten geführt werden, denn nur so erhalten wir unsere Fähigkeit zum produktiven, Wahrheit suchenden Dialog«* (Zitat FAZ online vom 06.12.2016).

Die Aussage von **Artikel 5** (3) des Grundgesetzes *»**Kunst** und **Wissenschaft, Forschung** und **Lehre sind frei«,** wird jedoch unterlaufen, indem ideologisch begründete Forschung vom Staat bezahlt wird. Von den Forschungsaufträgen leben die Institute monetär und personell; auch das Equipment wird daraus finanziert. Die gewünschten Forschungsthemen werden bearbeitet, junge Forscher qualifizieren sich darüber mit ihren Promotionsarbeiten, sie passen sich an. So werden die formulierten Forschungsziele erreicht, wie man sie hören möchte.

Die politische, ideologische Ausrichtung der Wissenschaft wird durch **Institutsneugründungen** und durch **Forschungsaufgaben mit klar definierten Forschungszielen** gefördert.

Politische Konsequenzen können aus diesen Erkenntnissen immer nur unter Vorbehalt und auf Zeit gezogen werden. Aber ist die Meinung erst gefasst und veröffentlicht, kann politisch davon kaum wieder abgerückt werden.

---

[325] https://www.faz.net/aktuell/politik/inland/steinmeier-sieht-toedliche-gefahr-fuer-die-demokratie-14512852.html

Albert Einstein hat es geahnt: *»Es ist schwieriger, eine vorgefasste Meinung zu zertrümmern als ein Atom.«*

Und der französische Philosoph **Albert Camus** würde nicht widersprechen, nur ergänzen:
»Wer keinen Charakter hat, muss sich wohl oder übel eine Methode zulegen.«

Oder um es mit **Friedrich Nietzsche** zu sagen:
»Man hat nur spät den Mut zu dem, was man eigentlich weiß.«

Schon **Konfuzius** warnte vor den Folgen:
»Wer einen Fehler gemacht hat und nicht korrigiert, begeht einen zweiten«.

Die neue Präsidentin der Deutschen Forschungsgemeinschaft (DFG) Katja Becker startete mit dem Motto »Wissenschaft muss alle Menschen ansprechen« die Initiative DFG2020[326]. Mit *»DFG2020 – Für das Wissen entscheiden«* will die DFG ihre Überzeugung für **eine freie und erkenntnisgeleitete Forschung** in die Gesellschaft tragen. In einem Pressegespräch im Wissenschaftsforum in Berlin am 13.01.2020 wies die Präsidentin darauf hin, dass *die Freiheit der Wissenschaft nicht mehr und überall selbstverständlich sei, obgleich sie durch die globalen Herausforderungen wie Klimawandel, Artensterben, Ressourcenknappheit und Bevölkerungswachstum immer wichtiger werde. »Deshalb wollen wir unser Bekenntnis für eine unabhängige Wissenschaft in die Gesellschaft tragen und die Menschen in unserem Land dazu einladen, sich ebenfalls dafür zu engagieren.«*

*»**Wissenschaft ist keine moralische Dimension**«*, sagt **Dr. Sandra Kostner**, die an der Pädagogischen Hochschule Schwäbisch Gmünd lehrt und forscht, sie spricht von *»**Agenda-Wissenschaftlern**«, denen es um Macht, nicht um Erkenntnis gehe. Der **Perspektivwechsel** sei bei vielen nicht erwünscht, sondern sei ihnen verdächtig*[327].

Diesen Wissenschaftlern gehe es nicht mehr um Erkenntnis, vielmehr hätten sie eine gesellschaftspolitische Agenda, der in der Regel eine Idealgesellschaft zugrunde läge.

*Das zeige sich zum Beispiel beim Thema **Klimagerechtigkeit**: Das sei eine Agenda, die durch Wissenschaft verfolgt werde.*

*All das habe auch Folgen für die **Studenten**: Es sind Lehrende, die Studierende maßregeln, auch über Disziplinierungsmaßnahmen, die hat man beispielsweise in*

---

[326] https://news.idw-online.de/2020/01/13/dfg2020-fuer-das-wissen-entscheiden-bundesweite-kampagne-zeigt-den-wert-freier-wissenschaft/

[327] https://www.deutschlandfunkkultur.de/forschung-in-gefahr-abhaengige-wissenschaftler-neigen-zur.1005.de.html?dram:article_id=469832

der Notengebung. Es wird dann behauptet: Das dürft ihr nicht sagen, damit darf man sich nicht beschäftigen. Das wird nicht offen kommuniziert, aber letztlich ist klar, dass es so gemeint ist."

Fazit: Wissenschaftler sind keine Ersatz-Politiker und sollten sich auch nicht so fühlen. Hier besteht offenbar Klärungsbedarf innerhalb der Profession.

Es bleibt zu hoffen, dass sich die Forschungsinstitute daran erinnern, dass **Wissenschaft Wahrheitssuche ist** und keine endgültigen Wahrheiten kennt.

Am Beispiel von Klimawandel und Energiewende wird die politische Vorgehensweise und die Beeinflussung der öffentlichen Meinung durch die Medien gemäß der Kant'schen These ***»Wenn wir die Ziele wollen, wollen wir auch die Mittel«*** aufgezeigt.

10.4 Die Medien verstärken und profitieren

Und die **Medien als »Vierte Gewalt«** wissen, wie man politische Meinungen beeinflussen und verstärken kann. Dazu lieferte die Anthropologin Margareth Mead methodische Anleitungen. Im Jahr 1975 hielt sie in Bethesda, Maryland *USA*, einen wegweisenden Vortrag mit der Quintessenz: *»Wir stehen vor einer Periode, in der die Gesellschaft Entscheidungen im globalen Rahmen treffen muss. Was wir von Wissenschaftlern brauchen, sind plausible, möglichst widerspruchsfreie* ***Abschätzungen****, die Politiker nutzen können,* ***ein System künstlicher, aber wirkungsvoller Warnungen aufzubauen****, Warnungen, die den Instinkten entsprechen, die Tiere vor dem Hurrikan fliehen lassen. Es geht darum, dass die notwendige Fähigkeit, Opfer zu erbringen, stimuliert wird. Es ist deswegen wichtig, unsere Aufmerksamkeit auf die Betonung großer möglicher Gefahren für die Menschheit zu konzentrieren.«*

Begierig wurde diese praktische Anleitung zur Massentäuschung der Öffentlichkeit vom IPCC, der Politik mit voller Unterstützung der Medien und zuletzt sogar von Greta Thunberg mit ihrer jugendlichen Gefolgschaft unter der Überschrift *Klimakatastrophe von Menschenhand gemacht* verbreitet. CO_2 wurde als Ursache des Treibhauseffekts festgeschrieben und das Forschungsziel **der Reduktion von CO_2 eindeutig vorgegeben**. Um CO_2-Emissionen zu reduzieren, braucht man die Energiewende, und das war nun das einzige Thema. Politisch gewollt, medial unterstützt und wissenschaftlich begierig aufgenommen. Über 100.000 Wissenschaftler arbeiten auf diesem Thema, werden dafür bezahlt und qualifizieren sich über Master- und Promotionsarbeiten, den Denkspruch *»Wes Brot ich ess, des Lied ich sing«* immer im Gedächtnis. Was der Chef hören will, wird auch aufgeschrieben, so sind dann auch Folgeaufträge für neue Studien gesichert.

Die Berufsethik der Presse gerät da schnell in Vergessenheit. Im Dezember 1973 veröffentlichte der Deutsche Presserat den **Pressekodex**. Mit den ersten drei Ziffern werden die wichtigsten Regeln genannt, nach denen Informationen veröffentlicht werden sollen[328]:

Ziffer 1 *Wahrhaftigkeit und Achtung der Menschenwürde*
Ziffer 2 *Sorgfalt*
*Der journalistischen Sorgfaltspflicht soll vor allem durch eine umfassende **Recherche** und Prüfung des Wahrheitsgehalts nachgekommen werden.*
Ziffer 3 *Richtigstellung*
Veröffentlichte Nachrichten oder Behauptungen, insbesondere personenbezogener Art, die sich nachträglich als falsch erweisen, hat das Publikationsorgan, das sie gebracht hat, unverzüglich von sich aus in angemessener Weise richtigzustellen.

*Der Berliner Medien-Professor **Norbert Bolz** sieht die Schuld in einem Meinungsjournalismus, der vor allem Haltung transportiere und weniger die Fakten. Doch die seien oft zu komplex und brächten keine richtige Schlagzeile zustande. Damit könne auch nicht die Auflage erhöht werden, und die breite Masse registriere das überhaupt nicht. Deshalb werde es anders gemacht[329].*

Dazu im Folgenden einige Beispiele, wie das Ganze funktioniert.

11. Manipulierte Informationen täuschen die Öffentlichkeit

Die technischen Zusammenhänge der elektrischen Stromversorgung sind komplex. Ein Studium der elektrischen Energietechnik dauert mindestens acht Semester. Die breite Öffentlichkeit besitzt deshalb auch keine speziellen Kenntnisse darüber oder kann die globalen Zusammenhänge dafür nicht abschätzen. Das öffnet die Türen, um gezielte Falschinformationen zur Beeinflussung der öffentlichen Meinung zu verbreiten. Genutzt wird das von Politikern, die sich für ihre Wunschvorstellungen eine größere Akzeptanz erhoffen. Es profitieren auch zahlreiche außeruniversitäre Forschungsinstitute, die sich überwiegend aus Aufträgen politischer Instanzen finanzieren.

Der einfachste Zusammenhang zwischen elektrischer Leistung in kW und der elektrischen Energie in kWh ist vielen nicht bekannt. Wenn behauptet wird, dass ein Windpark zweitausend Haushalte versorgen könnte, heißt das nicht, dass diese Haushalte auch zu jeder Zeit die erforderliche elektrische Leistung daraus

[328] https://www.presserat.de/pressekodex.html
[329] https://www.die-tagespost.de/gesellschaft/feuilleton/Medienwissenschaftler-Bolz-beklagt-Gesinnungsjournalismus;art310,196546

beziehen können. Gerechnet wird die erzeugte Energie in kWh, die die Anzahl der Haushalte auch benötigen. Verglichen wird dann der Bedarf der Haushalte mit der **theoretisch erzeugbaren Energie** des Windparks mit seiner installierten Leistung. Darin sind aber die Pausenzeiten bei Flauten, wie auch die Überschussanteile bei zu viel Wind enthalten, die verschenkt oder gar mit negativen Strompreisen entsorgt wurden.

Bei Windflaute steht keine Leistung zur Verfügung, und deshalb bekommen die Haushalte dann den in konventionellen Kraftwerken erzeugten Strom. Die gleiche Rechnung wird auch immer wieder bei den »energieautarken« Häusern gemacht. Bei Überschussstrom wird dieser im Netz entsorgt; diese abgegebene Energiemenge wird dann später bei Strommangel dem Netz wieder entnommen. Im Ausgleich sind beide Energiemengen gleich groß. Dass dann aber bei Strommangel konventionelle Kraftwerke den Strom erzeugen müssen, wird nicht erwähnt, denn das elektrische Versorgungsnetz kann keine Energie speichern.

Genauso falsch ist die Behauptung, ein Windpark würde eine bestimmte Anzahl konventioneller Kraftwerke ersetzen. Dies ist eine rein theoretische Aussage, die die installierte Leistung der Windanlagen mit der Kraftwerksleistung gleichsetzt. Bekanntlich bestimmt die Windgeschwindigkeit in der dritten Potenz die Leistung der Windenergieanlage: Kein Wind, dann auch keine Leistung. Statistisch liefern Windenergieanlagen an Land, die On-shore Anlagen, nur 10% ihrer installierten Leistung. Die Offshore Anlagen im Meer sind da effektiver, sie können bis zu 40% ihrer installierten Leistung im Jahresmittel liefern.

Für die Solaranlagen gelten die gleichen Aussagen. Nachts scheint keine Sonne und die Solaranlage erzeugt deshalb keinen Strom.

Im Folgenden nun einige Beispiele für manipulierte Informationen:

11.1 Neue Studie »Windanlagen auf See liefern jeden Tag Strom«

Die Stiftung **Offshore Windenergie** in Varel beauftragte 2017 das Fraunhofer Institut IWES, eine aktuelle Studie zu diesem Thema zu machen[330].
Den Wunsch erfüllte das Institut natürlich gern. In einer Pressemitteilung stellte dann die Juristin Dr. Ursula Prall, Vorstandsvorsitzende der Stiftung OFFSHORE-WINDENERGIE, diese 48seitige Pressemitteilung vor[331]. *»Die Anlagen liefern vergleichsweise konstant Strom und die Erträge sind gut vorhersagbar. Mit einem höheren Anteil der Offshore-Windenergie in den Jahren 2030 bis 2050 wird die Volatilität der Residuallast reduziert, damit sinken der Bedarf und die Kosten zur*

---

[330] https://www.offshore-stiftung.de/sites/offshorelink.de/files/documents/Studie_Energiewirtschaftliche%20Bedeutung%20Offshore%20Wind.pdf
[331] https://www.offshore-stiftung.de/neue-studie-windanlagen-auf-see-liefern-jeden-tag-strom-dr-ursula-prall-st%C3%A4rkerer-ausbau-der

Bereitstellung von Flexibilität (wie u.a. Reservekraftwerke).« Doch diese Aussage ist für den Auftraggeber noch nicht deutlich genug. Aber man kennt sich ja und unterstützt sich gern gegenseitig. So wird die Deutsche Windguard in Varel um Unterstützung gebeten. Diese veröffentlicht eine Grafik **Strommix** (Bild 70), die jetzt den gewünschten Zielen entspricht: Dargestellt sind gemittelte Energiewerte, keine Leistung, kein Strom. Die Mittelungszeit wird nicht angegeben. Bei einer Darstellung über den gesamten Zeitraum eines Jahres wird man keine Tages- oder Wochenmittelung wählen, und über einen Monat gemittelt sind sogar die eingespeisten Energien immer größer Null. Der Chart ist inzwischen im Internet gelöscht worden.

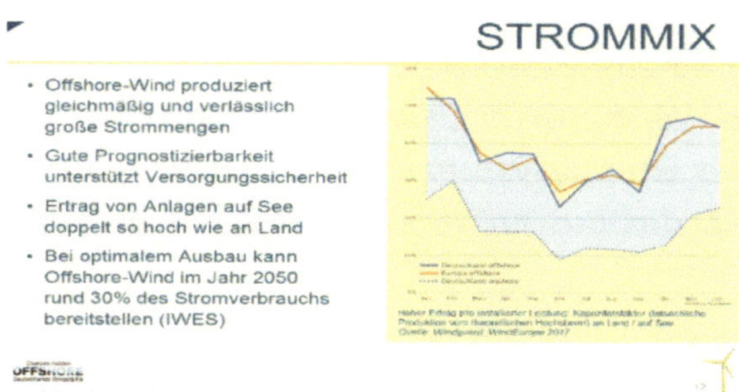

Bild 70. Strommix-Offshore Anlagen

Fakt ist aber, dass beispielsweise am 11.01.2018 die gesamte Offshore-Leistung < 0,1 GW war, wie Bild 71 entnommen werden kann[332].

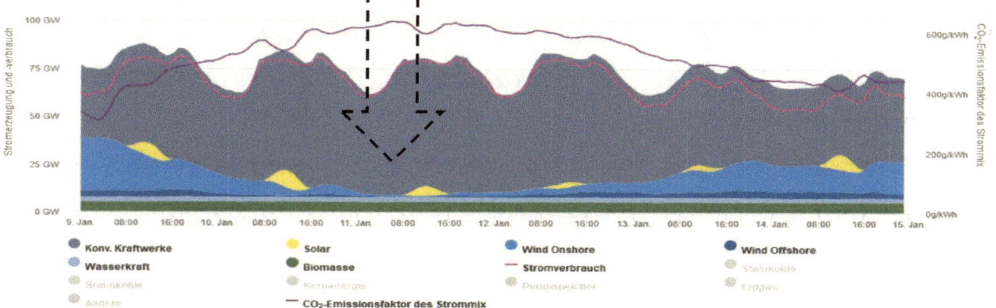

Bild 71. Stromerzeugung und Verbrauch in der Zeit vom 9. Bis 15. Januar 2018

Da ist das Fraunhofer Institut besonders aktiv und liefert die Schlagzeile:

Offshore-Wind liefert 363 Tage im Jahr Strom!

Das Fraunhofer-Team rechnet schon für die nahe Zukunft mit beachtlichen Werten. *Heute liefern Kraftwerke auf See im Durchschnitt die Menge an Energie, die 3.170 Stunden mit maximaler Produktion entspricht. Im Jahr 2030 bereits wird dieser Wert auf 4.160 Stunden ansteigen. So erreichen die Windräder im*

---

[332] https://www.agora-energiewende.de/service/agorameter/chart/power_generation/09.01.2018/14.01.2018/

Mittel 47 Prozent ihrer maximal möglichen Stromproduktion. Und sie werden durchschnittlich an 363 Tagen im Jahr Energie liefern, also rund um die Uhr[333].

Und noch ein Beispiel:

11.2 Einhundert Prozent regenerative Energien für Strom und Wärme

Am 12. November 2012 veröffentlichte das Fraunhofer Institut ISE die Studie[334]. Für eine Winterwoche wird dann dort auf Seite 21 festgestellt:

*Sobald die notwendige Energie aus diesen Speichern nicht mehr ausreicht, **springt das Spitzenlastkraftwerk (GuD) zur Versorgung an.***

Unterstützt wird dieses Kraftwerk durch die Strombereitstellung der zentralen KWK-Anlagen (Blockheizkraftwerke).

Auf Seite 31 der Studie wird dann zusammengefasst: *Die Bereitstellung von 100 % erneuerbaren Energien im Strom- und Wärmesektor Deutschlands **ist technisch möglich. Außerdem benötigt ein solches Energiesystem einen Langzeitspeicher in Form synthetischen Gases (Methan), das aus erneuerbarem Strom erzeugt wird.***

Das sind wohl die Wünsche und Träume der Verfasser der Studie.

In einer Studie vom 8. März 2016 veröffentlichte das Fraunhofer Institut IWES *Kombikraftwerk*[335]: ***Ist eine 100%ige regenerative Stromversorgung technisch möglich?***

Er stellt darin auf Seite 26 fest: *Eine sichere und stabile Stromversorgung Deutschlands aus 100% erneuerbaren Quellen ist zukünftig technisch möglich, wenn erneuerbare **Erzeugung, Speicher und Backupkraftwerke mit erneuerbarem Gas intelligent zusammenwirken.***

In anderen Veröffentlichungen des Fraunhofer Instituts wird in diesem Zusammenhang auch darauf verwiesen, dass BackUp Kraftwerke mit einer Leistung von ca. 60 GW erforderlich wären.

Festzuhalten ist aber, dass eine 100-prozentige Stromversorgung nur aus erneuerbaren Energien derzeit technisch absolut ausgeschlossen und auch nicht absehbar ist. Das hat auch die Bundesnetz Agentur so festgestellt, wie im Kapitel 3 schon ausgeführt wurde.

Bei einer regenerativ installierten Leistung zwischen 127 GW bis 181 GW wären weiterhin konventionelle Kraftwerke zwischen 80 GW bis 67 GW erforderlich!

---

[333] https://www.aktiv-online.de/news/energie-offshore-windparks-tragen-in-zukunft-zur-versorgungssicherheit-bei-2166
[334] https://www.ise.fraunhofer.de/content/dam/ise/de/documents/publications/studies/studie-100-erneuerbare-energien-fuer-strom-und-waerme-in-deutschland.pdf
[335] https://daten.verwaltungsportal.de/dateien/news/3/2/5/1/6/1/kaspar_knorr_komikraftwerk_benw.pdf

Im Klartext bedeutet dies, dass ein zweites, komplett konventionelles Stromversorgungssystem vorgehalten werden muss! Das muss dann der Stromkunde auch bezahlen und der Strompreis steigt und steigt (s. Kapitel 4.6)!

11.3 Exportieren wir massiv PV-Strom ins europäische Ausland?

Das untersucht das Fraunhofer Institut ISE in der Studie »*Aktuelle Fakten zur Photovoltaik in Deutschland*« vom 07.01.2020 und kommt auf Seite 22 zu nachstehender Schlussfolgerung[336]: »*Nein, der gewachsene Exportüberschuss kommt v.a. aus Kohlekraftwerken. Die Monatswerte zeigen, dass der Exportüberschuss ausgerechnet im Winter auffällig hoch liegt, also in Monaten mit einer besonders niedrigen PV-Stromproduktion. Der mittlere, bei der Stromausfuhr erzielte Preis pro kWh liegt seit einigen Jahren etwas unterhalb des mittleren Einfuhrpreises... Dass der deutsche Kraftwerkspark vermehrt für den Export produziert, dürfte auch mit den geringen Erzeugungskosten für Kohlestrom, insbesondere den geringen CO2-Zertifikatspreisen der letzten Jahre zusammenhängen.*«

Kein Hinweis auf die erforderliche Mindestleistung von konventionellen Kraftwerken zur Aufrechterhaltung der Netzstabilität (s. Kapitel 3). Auch kein Hinweis, dass der Überschussstrom aufgrund der Winterstürme durch die Windenergieanlagen erzeugt wurde. Auch wird nicht erklärt, wie die Kraftwerke mit negativen Strömen ihre Gewinne einfahren können. Aber mit diesen Halbwahrheiten wird die Öffentlichkeit bewusst getäuscht!

11.4 Medien unterstützen den Zubau von Windenergieanlagen

WindGuard veröffentlichte im Auftrag des Bundesverbandes der Windenergie (BWE) und des Verbandes Deutscher Maschinen- und Anlagenbau e. V. (VDMA) im Herbst 2019 den »*Status des Windenergieausbaus an Land in Deutschland*«[337]:

Danach wurden im ersten Halbjahr 2019 in Deutschland onshore 86 Windenergieanlagen (WEA) errichtet. Das entspricht einem Brutto-Zubau von 287 MW und stellt den geringsten Zubau in einem Halbjahr seit Einführung des Erneuerbaren Energiegesetzes dar. Von den 86 Anlagen sind 51 abgebaute alte Anlagen abzuziehen. Davon wurden 12 Anlagen mit 41 MW durch Repowering ersetzt, so dass sich netto ein Leistungszubau von 231 MW ergibt. Das ist der geringste Zubau seit Beginn der Energiewendezeiten. Offshore kamen 68 Anlagen mit 373 MW hinzu.

---

[336] https://www.ise.fraunhofer.de/content/dam/ise/de/documents/publications/studies/aktuelle-fakten-zur-photovoltaik-in-deutschland.pdf
[337] https://www.wind-energie.de/fileadmin/redaktion/dokumente/publikationen-oeffentlich/themen/06-zahlen-und-fakten/20190725_Factsheet_Status_des_Windenergieausbaus_an_Land_-_Halbjahr_2019.pdf

Mit dem Repowering startet dann wieder eine neue Förderperiode. Der Strom wird vorrangig wie bisher mit einer festen Vergütung für 20 Jahre abgenommen. 2020 betrug diese Anfangsvergütung 7,91 Cent/kWh, wenn die zu ersetzenden Anlagen vor 2002 in Betrieb gegangen sind (siehe auch Kapitel 6.5.1).

Die 2019 insgesamt installierte Leistung aller **30.956** WEA-Anlagen stieg um 2,047 GW auf 60,4 GW. Doch allen Anlageherstellern geht es wirtschaftlich schlecht, der Zubau ist praktisch eingebrochen. Hilfe wird gefordert, und die bot sich unter der Schlagzeile *»Rekord beim Windstrom - aber kaum neue Anlagen«* geradezu an. Das Thema wurde sofort von allen überregionalen Zeitungen und auch vom kleinsten Tageblatt aufgenommen[338,339]. Alle berichteten unter der gleichen Überschrift, und auch die Finanzmärkte reagierten. Wallstreet online schrieb am 02.12.2019[340]:

Der Ausbau der Windenergie in Deutschland stockt, die Stromerzeugung mit Wind erreicht dagegen Rekordwerte. Bis zum Wochenende hatten die Windräder an Land und auf See nach Berechnungen des Energiekonzerns E.on fast 108.000 Gigawattstunden (108 TWH) Strom erzeugt. Das seien etwa 15 Prozent mehr als zum gleichen Zeitpunkt des vergangenen Jahres und fast genauso viel wie im gesamten vergangenen Jahr. Mit der in diesem Jahr bereits erzeugten Menge an Windenergie ließe sich E.on zufolge der Stromverbrauch aller deutschen Haushalte für ein komplettes Jahr decken. Grund für den Rekord sei das bisher ungewöhnlich windreiche Jahr 2019. Intensive Tiefdruckgebiete hätten im Frühjahr und im Herbst für überdurchschnittlich viel Windstrom gesorgt. Ende November hätten zudem Ausläufer des ehemaligen Tropensturms »Sebastien« die Windräder besonders kräftig angetrieben. Nach Zahlen der Bundesnetzagentur lieferten Windkraftanlagen am Donnerstag rund 48 Prozent der an diesem Tag in Deutschland erzeugten Strommenge. Zunächst ist wieder festzuhalten, dass nur von der Energie in Gigawattstunden gesprochen wird. Wenn aber alle Haushalte mit Strom versorgt werden könnten, müsste auch **jederzeit** die erforderliche Leistung zur Verfügung stehen, das wären durchschnittlich 15 GW und entspräche 25% des minimalen Leistungsbedarfs der Bundesrepublik von 60 GW. In den Monaten April bis September 2019 war das aber nicht gegeben, wie dem Bild 48 auf Seite 73 zu entnehmen ist. Sechs Monate betrug die Windleistung weniger als 12 GW bei 59,4 GW installierter Leistung. Es gab auch Zeiten, in denen eine geringere Windleistung zur Verfügung stand.

[338] https://www.welt.de/wirtschaft/article203938932/Rekord-beim-Windstrom-aber-kaum-neue-Anlagen.html
[339] https://www.mz-web.de/wirtschaft/rekord-beim-windstrom---aber-kaum-neue-anlagen-33545662
[340] https://www.wallstreet-online.de/nachricht/11945219-rekord-windstrom-anlagen

Verschwiegen wird auch, dass über einen Zeitraum von 89 Tagen in den Monaten Januar bis März 2019 während der Frühjahrsstürme ca. 10 Gigawatt zu einem geringen, teilweise sogar negativen Strompreis exportiert wurden, das entspricht einer Energiemenge von 21,4 GWh. Auch bei den Herbststürmen in 2019 fiel sehr viel Windleistung an, wobei auch während einer Zeitspanne von 30 Tagen ca. 7 GW zu einem Preis von ca. 4 Cent je kWh exportiert wurden (sieh auch Kapitel 4.1).

Der gewünschte Eindruck, dass mehr Windenergie gewonnen werden könnte, wenn nur mehr Anlagen verfügbar wären, relativiert sich damit. Wären diese Anlagen verfügbar, hätte auch entsprechend mehr Leistung exportiert werden müssen und das zu noch geringeren Exportpreisen.

11.5 Meeresspiegel-Anstieg

Vor uns die Sintflut? Wassertemperatur und Meeresspiegel steigen seit Jahrhunderten an, in der Arktis und Antarktis schmilzt das Eis, während Starkregen, Hitzeperioden und Stürme immer häufiger auftreten. Panik wird durch die Medien geschürt. So veröffentlichte der Spiegel schon 1986 auf der Titelseite seiner Nummer 44 das Bild 72. Durch die Klima-Katastrophe steht der Kölner Dom im Meerwasser[341].

Bild 72. Kölner Dom im Meerwasser- Titelbild der SPIEGEL-Ausgabe 33/1986

Das **Deutsche Klima-Konsortium** beobachtet weltweit die Veränderungen des Meeresspiegels[342]. Bild 73 und Bild 74 wurden 2017 veröffentlicht. Danach stieg der Meeresspiegel in der Zeit von 1993 bis 2012 weltweit konstant an, auf der Nordhalbkugel mit weniger als 1 mm pro Jahr.

---

[341] https://www.spiegel.de/spiegel/print/index-1986.html
[342] https://www.deutsches-klima-konsortium.de/de/klimafaq-13-1.html

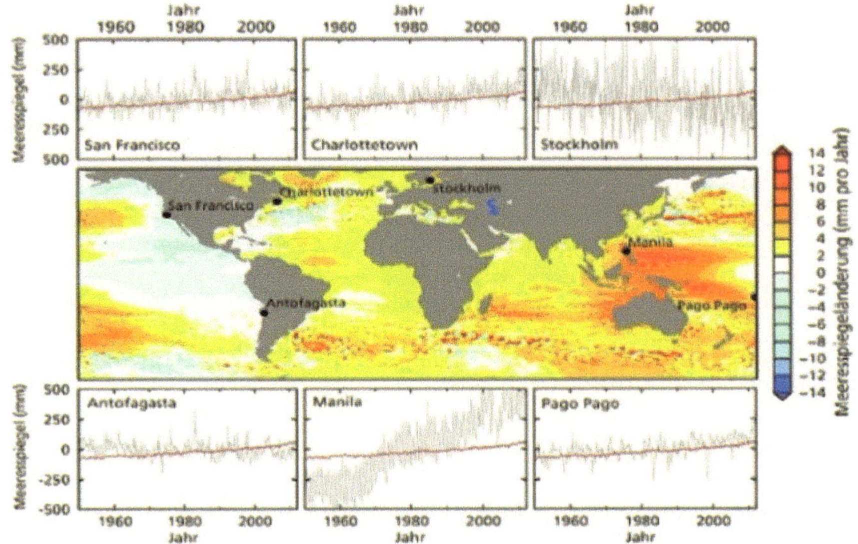

Bild 73. Meeresspiegeländerungen in mm /Jahr an den unterschiedlichen Küsten
(FAQ 13.1 Abbildung 1 – Quelle: IPCC 2014, Klimaforschung und Klimawandel)

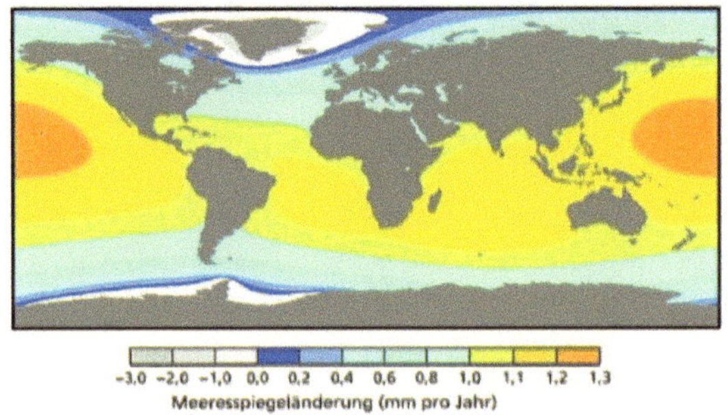

Bild 74. Meeresspiegeländerungen im Vergleich an den Küsten der Weltmeere (FAQ 13.1)
Quelle: IPCC, Chapter 13 from Church, J.A., P.U. Clark, A. Cazenave, J.M. Gregory, S. Jevrejeva, A. Levermann, M.A. Merrifield, G.A. Milne, R.S. Nerem, P.D. Nunn, A.J. Payne, W.T. Pfeffer, D. Stammer and A.S. Unnikrishnan, 2013: Sea Level Change. In: *Climate Change 2013: The Physical Science Basis. Contribution of Working Group I to the Fifth Assessment Report of the Intergovernmental Panel on Climate Change* [Stocker, T.F., D. Qin, G.-K. Plattner, M. Tignor, S.K. Allen, J. Boschung, A. Nauels, Y. Xia, V. Bex and P.M. Midgley (eds.)]. Cambridge University Press, Cambridge, United Kingdom and New York, NY, USA.

Aber diese Fakten werden nicht publiziert. Es wird vielmehr vor einem Meeresspiegelanstieg von über 1 m gewarnt. Die Welt berichtete am 31.10.2019 unter dem Titel: *»Neue Studie sieht Bremen und Papenburg unter Wasser verschwinden«,* wie die Prognosen von Climate Central in der Zeitschrift Nature veröffentlicht wurden[343]. Gezeigt werden die zu erwartenden Überschwemmungsgebiete an der Nordseeküste. Es findet sich aber kein Hinweis auf die Existenz der Deiche[344]!

---

[343] https://www.welt.de/wissenschaft/article202781106/Klimawandel-Hochwasser-bedroht-mehr-Menschen-als-angenommen.html

[344] https://www.nlwkn.niedersachsen.de/startseite/hochwasser_kustenschutz/kustenschutz/antworten_auf_haufig_gestellte_fragen/kuestenschutz-und-deichbau-in-niedersachsen-45182.html

Auch das ZDF berichtete darüber am 27.09.2019: *Meeresspiegel steigt stark an - Wie der Klimawandel Nord- und Ostsee gefährdet*[345].

Am 20. Mai 2020 formulierte Prof. Stefan Rahmstorf vom Potsdam-Institut für Klimafolgenforschung (PIK) als Ko-Autor in einer Studie[346]: *Der Meeresspiegel könnte bis 2100 um mehr als 1 Meter ansteigen: Umfrage unter 100 Experten! Die Wissenschaftler zeigen die verbleibenden Unsicherheiten auf, erklären aber auch, wie klar jetzt sei, dass frühere Schätzungen des Meeresspiegelanstiegs zu niedrig waren. Die von Wissenschaftlern der Nanyang Technological University (NTU) in Singapur geleitete Studie erscheint in dem Nature Partner Journal Climate and Atmospheric Science.* Bild online übernimmt das sofort als Schlagzeile.

Der Niedersächsische Landesbetrieb für Wasserwirtschaft, Küsten- und Naturschutz (NLWKN) nennt dagegen andere Daten:

Der relative **Meeresspiegelanstieg** am Pegel der ostfriesischen Insel Norderney ist um 2,32 mm/Jahr angestiegen und wurde für die deutsche **Nordseeküste** insgesamt auf 2 mm/Jahr geschätzt, während er bei Hirtshals im Norden Dänemarks um -0,23 mm/Jahr gesunken ist. Der Pegel Norderney zeigt mit 0,18 cm/Jahr einen ähnlichen Trend. Gegen Ende des 18. Jahrhunderts sind im deutschen Küstengebiet erste Pegelmessungssonden errichtet und betrieben worden, um die Wasserstandsentwicklung zu dokumentieren. Die Auswertung langer Pegelaufzeichnungen ergibt einen säkularen Anstieg des mittleren Tidehochwassers von ca. 25 cm in 100 Jahren an der offenen Küste. Dieser Anstieg setzt sich aus einer Erhöhung des Wasserspiegels und einer Landsenkung zusammen und unterlag dabei gewissen Schwankungen.

NLWKN sagt: *Mit dem Norderneyer Pegel kann aber nach wie vor ein beschleunigter Anstieg des Meeresspiegels nicht nachgewiesen werden*[347].

11.6 Gefahr durch Kohlekraftwerke

Kohlekraftwerke sind Luftverschmutzer, erzeugen das Treibhausgas Kohlendioxid und führen so zur Klimakatastrophe. Und das muss nun ständig von den Klimaaktivisten wiederholt werden. Eine Studie des World Wide Fund For Nature (*WWF*) kommt sogar zu dem Ergebnis, dass Kohlekraftwerke für 23.000 vorzeitige Todesfälle in Europa verantwortlich sind. Das dazu passende Bild 75 wird auch gleich mitgeliefert[348].

---

[345] https://www.zdf.de/nachrichten/heute/wie-gefaehrlich-ist-der-klimawandel-fuer-die-nordsee-100.html

[346] https://www.pik-potsdam.de/de/aktuelles/nachrichten/der-meeresspiegel-koennte-bis-2100-um-mehr-als-1-meter-ansteigen-umfrage-unter-100-experten

[347] https://www.nlwkn.niedersachsen.de/startseite/hochwasser_kustenschutz/kustenschutz/antworten_auf_haufig_gestellte_fragen/kuestenschutz-und-deichbau-in-niedersachsen-45182.html

[348] https://de.wikipedia.org/wiki/Niederau%C3%9Fem#/media/Datei:Niederau%C3%9Fem_Impression.JPG

Bild 75. Tödliche Kohle-Glocke über Europa – Kraftwerk Niederaußem in Bergheim
          Quelle: Achim Raschka / CC-BY-SA-4.0

Die abgebildeten »Rauchschwaden« der Bilder 76 können Laien schon sehr beeindrucken. Die weißen Emissionen sind reiner Wasserdampf aus den Kühltürmen, ohne jede Verschmutzung vom Kraftwerk.

Erschreckend ist, dass alle Medien diese Bilder immer wieder zeigen, um damit vor den Gefahren zu warnen. Sogar das Ärzteblatt hält sich dabei nicht zurück: In einer Veröffentlichung aus dem Jahr 2013 warnte es vor **_Gesundheitsschäden durch Kohlekraftwerke:_**
Neue Studie befeuert Debatte[349]. _Schadstoffe aus Kohlekraftwerken machen krank. Die Folgekosten für Gesundheitswesen und Volkswirtschaft betragen in Deutschland bis zu 6,4 Milliarden Euro pro Jahr...._

Bild 76. Links Kraftwerk Duisburg Walsum (Autor: Regionalplaner), rechts Foto dpa

---

[349] https://www.aerzteblatt.de/archiv/138004/Gesundheitsschaeden-durch-Kohlekraftwerke-Neue-Studie-befeuert-Debatte

Greenpeace spricht von etwa 3.100 vorzeitigen Todesfällen pro Jahr in Deutschland[350] und zeigt dazu Luftaufnahmen des Braunkohlereviers zwischen Spremberg und Weißwasser in der Lausitz. Die immer wieder veröffentlichten Bilder von »rauchenden« Kühltürmen sollen die angebliche Gefährlichkeit der Kohlekraftwerke unterstreichen.

Die wahren Fakten moderner Steinkohlekraftwerke werden ignoriert. Das Steinkohlekraftwerk der Firma **ONYX, früher engie**, in Wilhelmshaven mit einer Leistung von 731 MW ging im März 2014 mit Volllast ans Netz[351]   (Bild 77). Es ist nach Aussage von **ONYX**: »Das modernste und umweltfreundlichste Steinkohlekraftwerk seiner Art. Mit einem Wirkungsgrad von 46% übertrifft es weit den deutschen und europäischen Durchschnitt.«

Es ist auch wichtig zu wissen, dass **Onyx** alle gesetzlich vorgegebenen Emissionsgrenzwerte **unterschreitet**. Die weiße Fahne aus dem Schornstein in Bild 77 wird in der Bevölkerung oft sehr kontrovers diskutiert. Darin ist auch das Rauchgas enthalten, inclusive der schädlichen Gase **Schwefeldioxid** (SO_2) und **Stickoxid** (NO_x). Doch zu sehen ist Wasserdampf, der aufgrund der niedrigen Rauchgastemperatur direkt nach dem Austritt aus dem Schornstein kondensiert.

Bild 77.   Steinkohlekraftwerk der Firma ONYX Power in Wilhelmshaven (privat)

Wie die Wilhelmshavener Zeitung am 1. Juli 2020 berichtete, verkündete der niedersächsische Umweltminister Olaf Lies und die SPD Bundestagsabgeordnete Siemtje Möller, dass das Onyx Kraftwerk mit den milliardenschweren Förderpro-

---

[350] https://www.greenpeace.de/themen/energiewende-fossile-energien/kohle/schmutzig-gemacht
[351] https://de.wikipedia.org/wiki/Kraftwerk_Wilhelmshaven_(Engie)

grammen bis 2025 auf den Betrieb mit Biomasse umgerüstet werden soll. Sie sagten nicht, wo denn die erforderlichen riesigen Mengen von Biomasse herkommen sollen.

12. Fazit

Die industrielle Entwicklung der letzten hundert Jahre war nur durch eine zuverlässige und preisgünstige Energieversorgung möglich, denn zu **jeder Zeit war und ist die geforderte elektrische Leistung** zu vernünftigen Preisen verfügbar. Schon mehrfach fanden in den letzten Jahren regional begrenzte Blackouts statt; so im November 2005 im Münsterland, wo durch umstürzende Strommasten wegen zu hoher Schneelasten 250.000 Menschen bis zu drei Tagen und Nächten ohne Strom waren[352]. Auch am Dienstag, 19. Februar 2019, fiel der Strom für rund 30.000 Haushalte sowie 2.000 Gewerbebetriebe in den Berliner Stadtteilen Köpenick und Müggelheim aus[353,354]. Betroffen waren auch Teile des Bahnnetzes. Schulen und Kindergärten in mehreren Ortsteilen blieben zudem am Mittwoch geschlossen. Auch Abwasserpumpanlagen sowie Schalt- und Lichtanlagen der Bahn fielen aus. Zur Absicherung vor Plünderungen kontrollierten nachts vermehrt Polizeistreifen. Die Folgen eines großflächigen Blackouts wären wesentlich katastrophaler und teurer, wie unter 5.6 ausgeführt.

Da stellt sich die Frage: Wohin steuert die Energiewende?

Noch hat Deutschland eine gesicherte elektrische Stromversorgung mit konstanter Frequenz und Spannungen in engen Toleranzen. Das Stromversorgungsnetz ist europäisch stark vernetzt. Darüber kann jederzeit die zwingend erforderliche Gleichheit zwischen Verbrauch und Erzeugung garantiert werden.

Doch das soll sich ändern. Die Energieversorgung soll auf dezentrale und regenerative Erzeugung umgestellt werden. Überwiegend sollen Wind- und Solaranlagen die elektrische Leistung liefern, denn die Abschaltung von konventionellen Kraftwerken ist politisch beschlossen. 2022 wird das letzte Kernkraftwerk abgeschaltet, und spätestens 2038 sollen alle Kohlekraftwerke vom Netz gehen, ohne dass eine belastbare Vorstellung darüber besteht, wie diese Leistung ersetzt werden soll.

Mit den derzeit verfügbaren Systemen kann keine gesicherte Stromversorgung mehr garantiert werden. Es fehlt die erforderliche Kraftwerksleistung, die die konstante Netzfrequenz von 50 Hz vorgibt, und es fehlen Langzeitspeicher, die

[352] https://www.wetteronline.de/extremwetter/schneechaos-in-westdeutschland-hunderttausende-ohne-strom-2005-11-25-ms
[353] https://www.tagesspiegel.de/berlin/blackout-in-koepenick-der-groesste-und-laengste-stromausfall-in-berlin-seit-jahrzehnten/24019418.html
[354] https://www.bz-berlin.de/berlin/was-ein-tagelanger-blackout-fuer-berlin-bedeuten-wuerde

die wetterabhängigen Einspeisepausen von Wind- und Solaranlagen überbrücken. Alle derzeit bestehenden und auch geplanten Wind- und Solaranlagen sind nicht in der Lage, ein eigenes 50 Hz-Netz aufzubauen. Windanlagen mit doppelt gespeisten Generatoren sind prinzipiell nicht dafür geeignet. Als Ersatz für die abgeschalteten Kohle- und Kernkraftwerke müssten neue Gaskraftwerke gebaut werden, und zwar mindestens mit der Leistung, die durch die abgeschalteten Kraftwerke fehlt. Die für den Betrieb benötigte Gasmenge soll regenerativ erzeugt oder als Erdgas importiert werden. Nur diese Kraftwerke können eine gesteuerte Mindestleistung einspeisen.

Wo liegt da das Problem?

Als erstes müsste die installierte Leistung der regenerativen Anlagen erheblich gesteigert werden. Weil aber für Wasser- und Biogaskraftwerke kaum Ausbaumöglichkeiten bestehen, bleibt nur die Erhöhung der Anzahl der Wind- und Solaranlagen. Doch fehlende Bauflächen und zunehmende Bürgerproteste verzögern deren Zubau. Aber Wälder abzuholzen, um dort Windparks aufzubauen, ist auch keine Lösung[355].

Zweitens muss Energie eingespart werden, sowohl beim Stromverbrauch, im Verkehr und bei der Wärmeversorgung.

Drittens muss mit regenerativ erzeugtem Strom Wasserstoff hergestellt werden, der dann zu Ammoniak oder mit der Methanisierung zu Erdgas gewandelt wird. Theoretisch ist das kein Problem, und auch die technischen Anlagen dafür sind verfügbar und erprobt. Doch warum wird dieser Prozess noch nicht großtechnisch in die Praxis umgesetzt? Das synthetische Gas ist, mit Wind- oder Solarstrom in Deutschland produziert, viel zu teuer und das Gesetz zur Förderung der regenerativen Energien (kurz EEG) verhindert eine Änderung.

Mit dem EEG haben die Initiatoren Gutes gewollt, die negativen Auswirkungen jedoch nicht bedacht. So bevorrechtigt das EEG die regenerativen Anlagen durch eine garantierte Abnahme ihrer Leistung zu einem Festpreis und das für die Dauer von 20 Jahren. Das soll die Anschubfinanzierung sein. Bei einem Leistungsüberangebot (zu viel Wind und Sonne) wird die nicht benötigte Leistung abgenommen, bezahlt und dann zum Teil verschenkt   oder gar mit negativen Strompreisen im Ausland entsorgt. Unsere europäischen Nachbarn sind darüber aber nicht erfreut, weil dann ihre eigenen Kraftwerke nicht mehr wirtschaftlich arbeiten können. Sie haben zu geringe Betriebsstunden. In Konsequenz wurden deshalb zu den Niederlanden und nach Polen so genannte Stromsperren gebaut, die

---

[355] https://mueef.rlp.de/de/pressemeldungen/detail/news/News/detail/hoefken-rheinland-pfalz-ist-vorreiter-bei-windenergie-im-wald/?no_cache=1

den Stromimport in diese Länder dann verhindern sollen. Die deutschen Windparkbetreiber erhalten ihren festen Vergütungssatz, wenn die Leistung über die vorhandenen elektrischen Leitungen abgeführt werden kann. Ist das nicht möglich, muss der Windpark abgeschaltet oder abgeregelt werden. Dann erhalten die Betreiber die feste Vergütung für die theoretisch, nach dem verfügbaren Windangebot, erzeugbare Leistung. Es wird dann von Geisterstrom gesprochen, der bezahlt wird. Würde vor Ort mit dieser nicht benötigten Leistung Wasserstoff hergestellt werden, entfiele die feste Vergütung, aber mit dem erzeugten Wasserstoff könnten die Betreiber kein Geld verdienen. Jeder weitere Zubau von Wind- und Solaranlagen verschärft dieses Problem und führt dazu, dass die heimischen Kraftwerke mit immer weniger Betriebsstunden laufen und damit unwirtschaftlicher werden.

Nach Ablauf der 20 Jahre fällt bei den regenerativen Anlagen die Festpreisvergütung weg. Damit werden diese Anlagen unwirtschaftlich und wieder abgebaut. Viele Biogaskraftwerke und auch Windparks verschwinden so. Es sei denn, sie werden durch neue Anlagen ersetzt, und es beginnt damit eine neue Förderphase von 20 Jahren, das so genannte Repowering. Bemerkenswert ist jedoch, dass Wind- und Solarstrom, die ja keine Brennstoffkosten haben, mit dem schwankenden Marktpreis für elektrische Energie nicht wirtschaftlich betrieben werden können.

Die Netzstabilität wird immer weiter gefährdet. Fehlende Leistung bei Flauten konnten bisher über Importe ausgeglichen werden. Das wird zunehmend schwieriger, weil bei hohem Strombedarf unsere Nachbarn zuerst die Eigenversorgung sichern und die Übertragungsleitungen für die erforderlichen hohen Leistungen nicht ausgelegt sind.

Hinzu kommt das spekulative Verhalten einiger Stromhändler. Strompreisänderungen führen zu häufigeren Umschaltvorgängen von Netzmaschen im Viertelstundentakt. Spekulationen auf höhere Preise für Reserveleistungen führten im Juni 2019 zu einer Verknappung des Angebots.

Deutschland hat weltweit die höchsten Strompreise, und es ist nicht absehbar, dass es zu einer Stabilisierung kommt. Im Gegenteil, die anfallenden Netzausbaukosten und die zunehmenden Redispatchmaßnahmen werden den Strompreis weiter in die Höhe treiben. So sagt Hans W. Häfner Dipl.-Ing. (FH) VDI, Leiter des Arbeitskreises Energie und Umwelt im Konservativen Aufbruch der CSU:

»Makroökonomische Modelle weisen darauf hin, dass der wirtschaftliche Verlust durch Erneuerbare wesentlich größer sein könnte als einfach nur deren Mehrkosten, da erhöhte Produktionskosten alle anderen Branchen schwächen und das Wachstum drosseln[356]«.

Mit Hilfe der Energiewende soll das Weltklima gerettet bzw. durch Reduktion von Kohlendioxydemissionen (CO_2) die Erderwärmung begrenzt werden. Angestrebt wird eine vollständige Dekarbonisierung; d.h. Verbot von Kohle, Öl, Benzin und Erdgas. Dieses Ziel wird politisch vorgegeben, obwohl bisher kein wissenschaftlicher Beweis erbracht wurde, dass CO_2 die Hauptursache für die Erderwärmung darstellt. Der s.g. »Green Deal« ist europäisch definiert und wird in Deutschland übersteigert praktiziert, bei dem die Verhältnismäßigkeit auf der Strecke bleibt. Wenn 2019 von den weltweiten CO_2 Emissionen allein China 88% zu verantworten hatte, sind doch die 2,06% aus Deutschland vernachlässigbar. Die vollständige Dekarbonisierung verstößt gegen den Grundsatz der Verhältnismäßigkeit und ist damit eine Rechtsbasis für mögliche Prozesse. China, Indien und die USA kümmern sich ohnehin nicht um Emissionen und bauen viele neue Kohlekraftwerke. Nach Greenpeace-Angaben sind allein chinesische Unternehmen und Banken auch an der Finanzierung von mindestens 13 Kohleprojekten auf dem afrikanischen Kontinent beteiligt, weitere neun befinden sich in Vorbereitung.

Mit dem Schlagwort »Klimakatastrophe« wurde medial vor allem in Deutschland eine Panikstimmung erzeugt. Mehr Forschung wurde gefordert. In Konsequenz wurden nach 1988, nach der UN-Gründung des IPCC (Intergovernmental Panel on Climate Change) 21 neue Institute, Stiftungen und Vereine gegründet, die unter dem Motto »Klimarettung« die Bundesregierung beraten und diese bei der Umsetzung der Energiewende unterstützen wollen. Vertreter der Bundesregierung sind in den wissenschaftlichen Beiräten der Institute vertreten und fördern diese durch Beauftragung neuer Studien und Gutachten. Dabei wird das Ergebnis zielorientiert vorgegeben. So qualifizieren sich inzwischen über 100.000 Wissenschaftler mit diesen Themen. Ihre Aktivitäten werden flankierend von den Medien, Presse, Funk und Fernsehen intensiv unterstützt. Schlagzeilen wie der Meeresspiegelanstieg, der die gesamte Nordseeküste unter Wasser setzt, erhöhen die Auflagen und Zuschauerquoten. Studien und Gutachten werden veröffentlicht oder nach eigener Interpretation vorgestellt. Die steigenden Anteile der regenerativen Energieerzeugung werden gefeiert. Dass dadurch aber keine entsprechende Verfügbarkeit der Leistung gegeben ist, wird verschwiegen. Werden Charts mit der Überschrift »Stromverbrauch« vorgestellt, die aber die »Energie«

---

[356] https://konservativer-aufbruch.bayern/wp-content/uploads/2020/01/Realit%C3%A4t-der-deutschen-Energiepolitik.pdf

darstellen, ist das eine Irreführung, ein Betrug mit Vorsatz. Und wenn das Ganze dann auch noch als gesicherte Wissenschaftserkenntnis deklariert wird und daraus kostenlose Unterrichtsmaterialien für Lehrende und SchülerInnen erstellt werden, grenzt das an bewusste Täuschung. Die Aktion »Friday for future« zeigt die erfolgreiche Wirkung dieser Methode. Die Politiker denken an ihre zukünftigen Wähler und unterstützen das. Kritiker werden öffentlich als »Klimaleugner« diffamiert.

Fast alle im Bundestag vertretenen Parteien haben die Energiewende auf ihre Fahnen geschrieben. So werden ständig neue Förderprogramme zu den Themen E-Mobilität, Kraftwärme/Kopplung und Wärmepumpen beschlossen. Kraftwerksbetreiber und die betroffenen Regionen erhalten für das Abschalten ihrer Kohlekraftwerke erhebliche finanzielle Unterstützung. Und wenn das Geld nicht reicht, werden Steuern und Abgaben erhöht. Deutschland will ein Vorbild sein, doch keiner folgt uns.

Wie bereits festgestellt: Der Öffentlichkeit sind diese Fakten und technischen Argumente nicht bekannt. Damit kann die breite Mehrheit auch nicht die wirtschaftlichen Konsequenzen abschätzen. Die Forderungen nach einer saubereren Umwelt und grünem Strom, um so das Klima zu retten, erscheinen so konsequent und notwendig. Es wäre zu wünschen und zu hoffen, dass unsere Politiker zu realistischeren Erkenntnissen gelangen und die Wissenschaftler die utopischen Forderungen kritisch hinterfragen, wissenschaftlich untersuchen und dann auch belegen.

Eine ergebnisoffene Diskussion ist längst überfällig.

Auf der Basis bestehender Fakten, wissenschaftlicher Grundlagen sowie technischer und praktischer Erfahrungen sollten die Entscheidungen für unsere zukünftige, gesicherte Energieversorgung getroffen werden. Dieser Verantwortung muss sich alle Politiker bewusst sein, um die ökonomischen und politischen Verwertungen auf der Grundlage technischer und wissenschaftlicher Erkenntnisse abzuschätzen.

Dieses Buch soll einen kleinen Beitrag dazu liefern.

13. Literaturverzeichnis

[1]   Strom ist nicht gleich Strom, Michael Limburg, Fred F. Mueller,
      TvR Medienverlag, Jena

[2]   Die kalte Sonne: Warum die Klimakatastrophe nicht stattfindet, Fritz
      Vahrenholt, Sebastian Lüning,
      HOFFMANN UND CAMPE VERLAG GmbH

[3]   Die Abrechnung ...mit der Energiewende:
      Der Energiewende-Check,
      Klaus Maier,
      tredition; Auflage: 1 (21. Juli 2020)

[4]   Fritz Vahrenholt, Sebastian Lüning
      Unerwünschte Wahrheiten
      Verlag: Langen/Müller

[5]   Frank Henning
      Klimadämmerung
      FBV - Münchner Verlagsgruppe GmbH